## Physics & Art

| 일러두기 |

- 본문에 등장하는 인명의 영문명 및 생몰연도를 첨자 스타일로 국문명과 함께 표기하였다.
  (예 : 레오나르도 다 빈치 Leonardo da Vinci, 1452-1519)
- 미술이나 영화 작품 및 시는 〈 〉로 묶고, 단행본은 『 』, 논문이나 정기간행물은 「 」로 묶었다.
- 본문 뒤에 작품과 인명 색인을 두어, 작가명 또는 가나다 순으로 작품과 인명을 찾아볼 수 있도록 하였다.
- 인명, 지명의 한글 표기는 원칙적으로 외래어 표기법에 따랐으나, 일부는 통용되는 방식을 따랐다.
- 미술작품 정보는 '작가명, 작품명, 제작연도, 기법, 크기, 소장처' 순으로 표시하였다.
- 작품의 크기는 세로×가로로 표기하였다.

PHYSICS AND ART

명화에서 찾은 물리학의 발견 | 개정증보판 |
# 미술관에 간 물리학자

서민아 지음

어바웃어북

**개정판 머리말**

# 빛의 파도 끝에 열린 미술관

얼마 전 짧은 안식년을 가지며 잠시 캘리포니아 작은 시골 마을에 머문 적이 있다. 종종 차를 몰고 가까운 해변에 나갔다. 겨우 헤엄이나 칠 정도의 실력이라 바다에서 보드를 타는 사람들은 부러움과 동경의 대상이었다. 유난히 서퍼들이 많은 해변에 갔다가 깜짝 놀랐다. 어떻게 저들은 주저 없이 자기 몸을 저 넓은 바다에 던질 수 있을까.

수영장이라는 울타리가 없으면 필자는 수영할 엄두를 못 낸다. 넘실대는 파도는 예측 불가이며, 바다라는 무한한 공간은 아직 공포다. 파도에 몸을 던지는 이들이 존경스러울 뿐이다. 필자는 짬이 날 때마다 같은 해변을 다시 찾아가 그렇게 자연에 몸을 맡기는 이들을 하염없이 바라보기도 했다. 새로운 일에의 도전과 설렘은 나이를 불문하고 사람에게 자극을 주고 행복 호르몬을 만들어내는 것 같다. 언젠가 나도 저들처럼 파도에 몸을 던질 용기를 낼 수 있지 않을까. '매번 책을 쓰고 사람들에게 다가가는 일도 큰 용기가 필요한데, 이렇게 다시 도전할 수 있지 않은가' 하면서 작은 희망의 씨앗을 틔워본다.

노트북 또는 연필과 종이만 있다면 시간과 장소에 구애받지 않고 하는 일이 있으니 바로 글쓰기다. 이곳에서 느끼는 태평양의 햇살은 주머니에 담아가고 싶을 만큼 사랑스럽고 소중하다. 온종일 쏟아지는 햇볕에 얼굴이 타고 주근깨가 늘어도 아무 상관이 없다. 어느 날 늦은 오후에 수영장

선베드에 기대어 생각한다. 여기서 보고 느끼는 작렬하는 빛과 색채, 그리고 작은 여러 미술관에서 만난 그림들에 관한 이야기를 온전히 글로 다 풀어낼 수 있다면 얼마나 좋을까. 그림을 소개하는 재미난 이야기꾼이 되고 싶다는 욕망은 끝도 없이 마음속에서 파도를 일으킨다. 그 파도는 수영장의 잔잔한 물결에서 시작해 이내 필자를 집어삼키며, 어느새 드넓은 생각의 바다로 인도한다.

물속에 들어가 물결이라는 프리즘을 통과해 햇살이 만들어낸 무지갯빛을 한동안 바라보곤 했다. 뉴턴이 말한 빛의 스펙트럼이 물결을 통해 바닥에 어지러이 펼쳐진다. 이렇게 수영장 물결 위에 춤추는 빛을 보고 한 영국 화가는 캘리포니아에 정착하기로 결심했다지.

《미술관에 간 물리학자》 초판이 나와 많은 이들의 사랑을 받으며 함께 새로운 미술관의 문을 두드린 게 벌써 5년 전이다. 그 사이 인공지능이 세상을 지배하고 비약적으로 발전한 과학기술은 놀라운 성능의 디스플레이를 통해 미술관을 안방 안으로 성큼 끌고 들어왔다. 그러나 우리는 미술관에 가기를 멈추지 않을 것이다. 미술관에서만 볼 수 있는, 그림 속 붓질에 남아있는 그 시절 빛의 흔적을 쫓으며 함께 호흡하기 위해 미술관에 찾아갈 것이다.

이 책을 읽으며 여러분이 빛이 채색한 찬란한 세상의 아름다움을 다시금 상기하는 시간을 가지길 바란다. 잠시 디지털 세상에서 벗어나 색채의 아름다움으로 여전히 우리들을 기다리고 있는 미술관으로 함께 여행하기를 간절히 바라본다.

머리말

## 물리학은 예술가들에게
## 가장 큰 영감을 선사한 뮤즈였다!

요하네스 베르메르, 〈작은 거리〉, 1657~1658년경, 캔버스에 유채,
54.3×44cm, 암스테르담국립미술관

2006년 2월 작은 트렁크를 끌고 네덜란드 델프트Delft 중앙역에 도착했다. 시곗바늘이 밤 10시를 지날 무렵이었다. 캄캄한 길에는 인적 하나 없었다. 차가운 겨울 공기는 바짝 긴장한 몸을 더 움츠러들게 했다. 델프트라는 도시의 첫인상은 '적막'이었다.

몇백 년은 족히 되었을 오래된 집과 돌 바닥. 내 뒤를 따르는 트렁크 바퀴는 연신 덜커덕 덜커덕거리며 도시의 적막을 깼다. 걷다 보니 마치 중세 시대가 배경인 영화의 한 장면 속으로 빨려들어 가는 것 같았다.

박사과정을 시작한 지 2년째였다. 필자는 물리학 중에서도 '광학Optics'을 공부했다. 델프트공대 교수에게 실험 기술을 배워가기 위해 한 달 치 짐을 싸서 네덜란드로 온 참이었다.

그때까지 네덜란드에 관해 아는 것이라곤 바다보다 땅이 낮은 나라, 튤립과 풍차의 나라, 화가 고흐의 나라 정도였다. 언어와 문화가 전혀 다른, 게다가 아는 것도 거의 없는 나라에서 혼자 지내며 어려운 공부와 씨름할 생각에 여느 여행자가 느끼는 것 보다는 한 단계 더 증폭된 두려움으로 가득했던 것 같다.

그러나 델프트의 첫인상은 한 달만에 바뀌었다. 낮에 보는 델프트 풍경은 매우 고즈넉하고 평화로웠다. 골목마다 수로와 다리가 있고, 수상 가옥도 있어 거리 풍경은 매우 독특하고 재미있었다. 운 좋게도 연구실에서 새로운 기술을 잘 배웠고, 실험 결과도 잘 나왔다. 그 뒤로도 수년간 한 달 또는 두 달씩 델프트에 머물며 이곳 과학자들과 공동 연구를 했고, 여러 편의 국제 논문을 출판했다.

연구에 대한 고민과 부담, 이방인의 외로움을 달래준 것은 베르메르, 렘브란트, 고흐, 브뢰헬 등 이름만 들어도 설레는 많은 네덜란드 화가들이었다. 서양미술사를 뒤흔든 걸출한 화가들을 배출한 나라인 만큼, 네덜란드는 도시 곳곳이 이들의 예술혼으로 가득했다.

델프트는 한나절이면 중요한 명소를 거의 다 둘러볼 수 있을 만큼 작은 도시다. 델프트에 잠시만 머무르더라도, 도시 곳곳에서 어렵지 않게 베르메르의 흔적을 만나게 된다. 베르메르는 평생 델프트를 떠난 적 없는, 델프트를 정말 사랑했던 화가다.

필자에게 델프트는 여러 의미에서 고마운 도시다. 기대 반 두려움 반으로 시작했던 낯설고 이상한 나라에서 보낸 시간과 델프트공대에서 배웠던 실험과 쌓은 경험은 십여 년이 훌쩍 지난 지금까지 같은 연구를 계속할 수 있게 해주는 원동력이다.

고생 끝에 처음으로 레이저 실험 장치로 전자기장 방향 성분의 이미지를 얻었을 때, 실험실의 플랑켄 Paul C. M. Planken 교수는 내게 이런 말을 해줬다.

"너는 이 행성에서, 우리가 교과서에서 배웠던 맥스웰 방정식을 처음으로 실험실에서 시각화시키는 데 성공한 사람이야."

어린 친구의 작은 성공을 진심으로 축하하고 응원해주었던 플랑켄 교수의 말은 오래도록 큰 울림으로 남아 연구에 지치거나 힘들 때마다 용기를 주곤 했다.

물리학자의 길로 들어서기 전까지 '과학자'와 '화가'라는 상반된 꿈

사이를 오가며 방황하던 시절이 있었다. 대학 시절, 화구 통을 어깨에 메고 미대를 기웃거리며 디자인 수업을 듣기도 했고, 어린이 교구에 들어갈 삽화를 그리는 아르바이트로 생활비를 벌기도 했다. 드로잉과 입체 조형 수업을 들을 때면, "물리학과 학생이 미대 수업에 웬일로 들어왔지?"라는 질문을 받기 일쑤였다. 화가의 꿈을 접고 본격적으로 실험 물리를 공부하기 시작하면서, 미술과는 조금씩 멀어지는 것 같았다.

우연히 베르메르의 혼이 깃든 델프트에 머무르면서, 자연스럽게 베르메르의 그림을 쫓게 되었다. 그림을 보면 볼수록, 작품을 이해하려고 노력하면 할수록 깨달은 것이 있다. 바로 '미술'과 '물리학'이 아주 밀접하게 연관되어 있다는 사실이다.

흔히 과학은 이성과 논리, 예술은 감성과 상상이 지탱하는 근본적으로 다른 분야라고 생각한다. 그러나 미술과 문학, 음악 등 예술은 사실 과학과 매우 긴밀하게 연결되어 있다. 특히 미술은 물리학 및 광학의 발전과 궤를 같이한다. 르네상스 시대 예술가들의 뮤즈muse가 인문학이었다면, 르네상스 시대 이후 예술가들의 뮤즈는 물리학이었다.

"누군가는 내 그림에서 시를 보았다고 하지만, 나는 오직 과학만 보았다."

신인상주의 화가 쇠라가 한 말이다. 쇠라는 그림은 선으로 그려야 한다는 미술사의 오랜 고정 관념을 과감하게 깬 화가이자, 직접 수많은 실험과 시행착오를 통해 자신의 이론을 스스로 증명하고자 했던 실험가였다. 그는 광학과 물리학을 집요하게 탐구했다. 그리고 단 한 점의 그림을 완성하기 위해 2년간 40여 점의 스케치와 20여 점의 소묘를 그렸다. 캔버스를 가득 채운 작은 점들은 물리학을 바탕으로 한 치밀한 계산의 결과다.

양자역학으로 변혁의 시기를 맞은 현대 물리학은 사람들의 생각뿐만 아니라 미술 사조에도 큰 영향을 끼쳤다. 현대 물리학에서 다루는 빛과 색에 관한 다양한 이론과 실험 결과는 인상주의와 이후 다양하게 쏟아져 나온 미술 사조가 태동하는 데 동력으로 작용했다. 과학자들은 '빛이란 무엇인가?'에 대한 해답을 갈구했고, 화가들은 빛을 캔버스에 그리고자 했다. 그리고 진보된 광학 기술은 명화를 분석하고 보존하는 일을 돕고 있다.

이 책에서는 물리학자의 시각에서 명화와 화가의 삶을 재조명할 것이다. 물리학과 미술의 상호작용으로 잉태된 작품들을 살펴보고, 현대 과학 기술을 이용한 다양한 미술작품 분석 기법에 관해서도 이야기해보려 한다. 마음을 열고, '물리학'이라는 새로운 눈으로 다시금 그림을 감상한다면 그동안 느낀 것과 전혀 다른 새로운 감동을 느낄 수 있을 것이다.

세관원으로 일하며 그림을 그렸던 루소의 별명은 '일요일의 화가'였다. 필자 역시 휴일이면 붓을 든다. 과거에는 내가 사랑하는 '미술'과 '물리'라는 두 분야가 물과 기름처럼 결코 합치될 수 없다고 생각했다. 그러나 지금은 생각이 바뀌었다. 물리학을 탐구하면 할수록 그림을 더 깊이 이해하게 되고, 그림을 가까이할수록 물리학을 새로운 시선에서 바라보게 된다.

오래전 델프트에서 출발한 '파동'이 오늘에 이르러 한 권의 책이 되었다. 파동을 매개한 '매질'은 십여 년 넘게 해외에 갈 때마다 들렸던 그곳 미술관에서 만난 수많은 그림이다.

이 책이 나올 수 있도록 도움을 주신 많은 분께 감사 인사를 드린다. 델프트에서 연구할 기회를 주신 서울대학교 물리천문학부 김대식 교수님, 내가 그림책을 내면 꼭 사주겠다고 한 델프트공대의 플랑켄 교수님, 델프트에서 많은 추억을 선물하고 물리학자의 길을 함께 걸어준 친구들, 델프트공대의 오렐Aurèle J. L. Adam 교수님, 책을 기획하고 준비하는 모든 단계마다 아낌없는 칭찬과 격려를 보내주신 고려대학교 박규환 교수님께 감사의 말씀을 드린다. 그리고 가까이에서 응원해주신 한국과학기술연구원 센서시스템 연구센터 박사님들께도 감사 인사를 드린다. 필자의 거친 생각을 잘 다듬어주신 김은숙 편집자님께도 고마운 마음을 전한다. 원고의 첫 독자였던 민지, 항상 곁에서 지켜주고 힘을 주는 남편, 과학자 엄마를 자랑스러워하는 두 아이에게 이 책이 작은 선물이 되었으면 좋겠다.

서민아

# CONTENTS

| 개정판 머리말 | 빛의 파도 끝에 열린 미술관  4
| 머리말 | 물리학은 예술가들에게 가장 큰 영감을 선사한 뮤즈였다!  6

## Chapter 1. 빛으로 그리고 물리로 색칠한 그림

**Physics & Art 01**
그때 태양에
무슨 일이 있었던 걸까?
피테르 브뤼헬, 〈새덫이 있는 겨울 풍경〉
**소빙하기**   20

**Physics & Art 02**
흔들리는 건 물결이었을까,
그들의 마음이었을까?
오귀스트 르누아르, 〈라 그르누예르〉
클로드 모네, 〈라 그르누예르〉 | **파동과 간섭**   33

**Physics & Art 03**
오키프를 다시 태어나게 한
산타페의 푸른 하늘
조지아 오키프, 〈흰 구름과 페더널 산의 붉은 언덕〉
**레일리 산란과 미 산란**   44

**Physics & Art 04**
신을 그리던 빛,
인류의 미래를 그리다
마르크 샤갈, 성 슈테판 교회 스테인드글라스
**퀀텀닷과 나노입자의 과학**   59

### 원자와 함께 왈츠를!
### "쉘 위 댄스?"
오귀스트 르누아르, 〈물랭 드 라 갈레트의 무도회〉
**포논과 포톤의 물리학** **73**

### 하늘 표정을 그리고 싶었던 화가
존 컨스터블, 〈건초 마차〉
**구름 생성 원리와 구름상자** **84**

### 아무것도 아닌 나를 그리기까지
렘브란트 반 레인, 〈웃고 있는 렘브란트〉
**빛의 방향에 따른 광선** **100**

### 서양화에는 있고
### 동양화에는 없는 것
신윤복, 〈단오풍정〉
**빛과 그림자** **116**

### 평면의 캔버스에서 느껴지는
### 공간감의 비밀
요하네스 베르메르, 〈우유 따르는 여인〉
**원근법과 카메라 옵스큐라** **129**

### 무지개, 빛의 신비를 그리다
얀 반 에이크, 〈수태고지〉
**굴절 · 반사 · 분산이 만든 자연 예술** **146**

# Chapter 2. '과학'이라는 뮤즈를 그린 그림

**Physics & Art 01**

화폭에 담긴 불멸의 찰나

클로드 모네, 〈건초더미, 지베르니의 여름 끝자락〉
**프레넬 법칙**

164

**Physics & Art 02**

얼마나 멀리서 보아야
가장 아름답게 보일까?

조르주 쇠라, 〈그랑드 자트 섬의 일요일 오후〉
**빛의 본질과 본다는 행위의 과학**

177

**Physics & Art 03**

볼 수 없는 것을 그리다

바실리 칸딘스키, 〈노랑 빨강 파랑〉
**음파와 중력파**

196

**Physics & Art 04**

작은 우주를 유영하는 생명들

구스타브 클림트, 〈아델레 블로흐 바우어 I〉
**빛의 파장 한계와 브라운 운동**

208

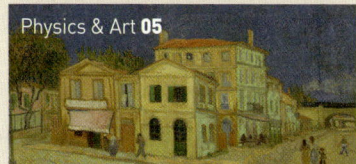

**Physics & Art 05**

반발하는 만큼
더 견고하게 응집하는 색

빈센트 반 고흐, 〈노란 집〉
**보색대비**

221

**Physics & Art 06**

사랑의 빛깔

마르크 샤갈, 〈나와 마을〉
**영-헬름홀츠의 삼색설**

237

### Physics & Art 07
나무도 보고 숲도 보고자 하는 열망

얀 반 에이크, 〈겐트 제단화〉
**부분과 전체**

**248**

### Physics & Art 08
'일요일 화가'의 꿈

앙리 루소, 〈잠자는 집시〉
**전자기유도현상**

**262**

## Chapter 3. 슈뢰딩거의 고양이가 그린 그림

### Physics & Art 01
무질서로 가득한 우주 속 고요

잭슨 폴록, 〈가을 리듬(No. 30)〉
**엔트로피와 열역학 제3 법칙**

**274**

### Physics & Art 02
흐르는 시간을 멈출 수 있다면

살바도르 달리, 〈폭발하는 라파엘의 머리〉
**핵물리학**

**286**

### Physics & Art 03
상상이 과학을 만났을 때

르네 마그리트, 〈데칼코마니〉
**메타물질**

**299**

### Physics & Art 04
불가사의한 우주의 한 단면

파블로 피카소, 〈아비뇽의 처녀들〉
**양자역학과 양자 체셔 고양이**

**309**

차례 015

**Physics & Art 05**

태어나려는 자는
한 세계를 파괴해야 한다

블라디미르 쿠쉬, 〈해돋이 해변〉
**불확정성의 원리와 슈뢰딩거의 고양이**　　**318**

**Physics & Art 06**

춤추는 원자들

앙리 마티스, 〈춤 Ⅱ〉
**원자모형, 음의 높낮이와 파동**　　**331**

**Physics & Art 07**

낮은 차원의 세계

피에트 몬드리안, 〈빨강, 파랑, 노랑의 구성〉
**낮은 차원의 물질과 탄소 동소체**　　**340**

**Physics & Art 08**

별이 빛나는 밤의 과학

장 프랑수아 밀레, 〈별이 빛나는 밤〉
**별의 일생과 은하 충돌**　　**353**

## Chapter 4. 물리학으로 되돌린 그림의 시간

**Physics & Art 01**

〈모나리자〉를 다 알고 있다고
자신할 수 있는가?

레오나르도 다 빈치, 〈모나리자〉
**빛의 파장과 침투깊이**　　**368**

**Physics & Art 02**

나치까지 속인 희대의 위작 스캔들

요하네스 베르메르, 〈편지를 읽는 여인〉
**테라헤르츠파 분석**　　**379**

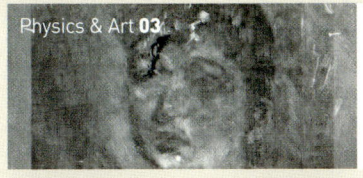

### Physics & Art 03
### 빛을 비추자 나타난 그림 속에 숨겨진 여인

빈센트 반 고흐, 〈카페에서, 르 탱부랭의 아고스티나 세가토리〉 | **다양한 빛을 이용한 비파괴 검사**　　392

### Physics & Art 04
### 우리는 앞으로도 미술관을 사랑할 것이다

제이슨 앨런, 〈스페이스 오페라 극장〉
**인공지능이 지배하는 세상에서 그림 보기**　　402

### Physics & Art 05
### 그림 속 미스터리를 풀다

빈센트 반 고흐, 〈해바라기〉
**첨단 과학 기술을 이용한 그림 분석**　　415

### Physics & Art 06
### 그림의 시간을 되돌리는 자

레오나르도 다 빈치, 〈최후의 만찬〉
**미술품 복원**　　423

| 작품 찾아보기 　 438

Chapter 1

빛으로 그리고
물리로 색칠한 그림

─── Physics & Art 01 ───

# 그때 태양에
# 무슨 일이 있었던 걸까?

책을 펼쳐 엎어놓은 모양의 박공지붕들이 하얀 눈으로 덮였다. 북유럽 지역에서 유난히 뾰족한 형태의 지붕이 많이 보이는 건 눈이 많이 내리기 때문이다. 지붕 경사가 가파르면 눈이 지붕 위에 잘 쌓이지 않고 아래로 쉽게 흘러내려 간다. 그리고 눈이 쌓였을 때 지붕이 받는 하중도 줄어든다.

마을을 흐르던 강은 넓고 긴 얼음판으로 바뀌었다. 스케이트, 팽이, 아이스하키 등 겨울 놀이를 즐기는 사람과 앙상한 나무 아래 놓은 새덫과 그 주변에 모여든 새들의 모습이 대조적으로 묘사되어 있다.

그림은 마치 언덕 위에서 마을을 내려다보는 듯한 시점을 취하고 있다. 그림을 보는 사람도 마을 풍경을 관찰하고 있는 느낌이 든다. 이런 시점은 피테르 브뢰헬Pieter the Elder Brugel, 1525~1569의 다른 풍경 작품에서도 비슷하게 차용된다.

〈새덫이 있는 겨울 풍경〉(22~23쪽 그림)은 일종의 풍속화다. 이런 화풍과 소재는 후에 브뢰헬의 두 아들 피테르 브뢰헬 2세Pieter Brueghel the Younger, 1564~1638와 얀 브뢰헬Jan Brueghel the Younger, 1568~1625, 다른 화가들을 통해 백번 넘게 모작이나 패러디되었다.

연구 때문에 네덜란드에 머물 때 동료 연구원 집을 방문한 적이 있다. 그때 이색적인 광경을 목격했다. 프린트본이긴 하나 그들 집에는 브뢰헬 그림이 걸려 있었고, 집주인은 손님에게 그림을 소개했다. 그리고 그곳에 모인 사람들이 그림을 앞에 두고 숨은 그림 찾기 같은 게임을 하며 시간을 보냈다. 대상을 세심하게 관찰해 섬세하게 묘사한 브뢰헬 그림은 보고 또 보아도 새로운 이야기가 나온다.

우리가 브뢰헬의 그림을 통해 알 수 있는 것은 주거 형태, 옷차림, 놀이 문화 등 당시 생활상과 시대상뿐만이 아니다. 브뢰헬의 그림은 좀처럼 자료가 남아 있지 않은 16세기 기상 정보를 보여준다.

### 그림이 알려준 그 날의 날씨

브뢰헬의 다른 작품 〈베들레헴의 인구조사〉(24쪽 그림)를 보자. 그림은 성모 마리아가 예수를 낳기 하루 전날을 그리고 있다. 당시 이스라엘은 로마의 지배 아래에 있었다. 아우구스투스 황제가 세금을 거두기

피테르 브뢰헬, 〈새덫이 있는 겨울 풍경〉, 1565년, 패널에 유채, 37×55.5cm, 브뤼셀국립미술관

피테르 브뢰헬, 〈베들레헴의 인구조사〉, 1566년, 패널에 유채, 115.5×163.5cm, 브뤼셀국립미술관

위해 세상 모든 사람에게 호적을 등록하라는 명령을 내리자, 사람들은 저마다 고향으로 향했다. 만삭의 성모 마리아는 출산 하루 전날 해 질 녘에야 겨우 베들레헴(남편 요셉의 고향)에 도착할 수 있었다.

그런데 어딘지 많이 이상하다. 베들레헴은 지금의 팔레스타인에 위치한 도시로 눈이 온 적이 없을 텐데, 브뢰헬은 흰 눈으로 뒤덮인 크리스마스이브를 그리고 있다. 브뢰헬은 플랑드르(지금의 네덜란드 및 벨기에)의 겨울 풍경 위에 성서 이야기를 풀어놨다. 16세기 플랑드르는 스페인 합스부르크 왕 펠리페 2세Felipe II de Habsburgo, 1527~1598의 지배 아래 있었다. 펠리페 2세가 플랑드르 사람들에게 부당하게 세금을 걷자, 브뢰헬이 성서 이야기를 각색해 이를 비판했다는 해석이 있다.

　어둠이 내려앉은 앙상한 겨울나무는 스산한 분위기마저 풍긴다. 마을은 두터운 눈에 파묻혀있다. 사람들은 관공서처럼 생긴 왼쪽 건물 앞에 모여 있고, 성모 마리아를 태운 당나귀도 행렬 끄트머리에 있다. 그리고 저 멀리 추운 날에도 땔감을 나르고 짐을 옮기는 등 일상생활을 하는 마을 사람들이 보인다. 아이들은 추위에 아랑곳하지 않고 얼음판에서 팽이를 돌리거나 눈싸움을 하며 즐겁게 뛰놀고 있다. 〈베들레헴의 인구조사〉는 서양미술에서 처음으로 겨울 풍경을 담은 그림으로 알려져 있다.

　기상학자와 대기·천문 과학자들은 〈베들레헴의 인구조사〉가 '소빙하기 시대Little Ice Age'를 잘 보여주는 그림이라고 평가한다. 그림의 배경지로 알려진 벨기에 안트베르펜Antwerpen은 1564~1565년 사이에 1250년 이래 가장 추운 겨울을 겪었다. 1300년에서 1870년 사이에 전 세계적으로 기온이 평년보다 1~2도 낮았다. 이 기간을 소빙하기라고 한다. 소빙하기는 두 개의 시기로 나뉜다. 첫 번째는 1300년에서 1500년 사이이고, 두 번째는 약간의 온화기를 거친 후 더 추워진 1500년대를 가리킨다. 브뢰헬의 그림에 묘사된 시기는 두 번째 소빙하기로 추정된다.

　소빙하기에 극심한 추위로 유럽 대부분의 운하와 호수는 얼어붙었다. 곡식 수확량이 줄어들어 수많은 사람이 굶어 죽었고, 북유럽 사람들의 평균 신장이 이 기간에 확연하게 줄었다고 할 정도로 영양 상태가 좋지 못했다. 면역계 또한 약해져 자연스럽게 전염병에 의한 피해도 막

심했다. 페스트(흑사병)가 창궐해 유럽 인구 절반가량이 목숨을 잃었다. 이 시기에는 마녀사냥이 자행되었다. 기상이변과 이어지는 흉작에 겁먹은 사람들은 통제 불가능한 상황을 탓할 누군가를 필요로 했다. 과학이 지배하기 전 사회에서는 마녀 탓이라는 주장이 설득력을 얻었다.

## 유럽을 강타한 맹추위 원인은 흑점 감소

과학자들은 소빙하기가 태양 흑점sunspot, 黑點이 감소하고 화산이 자주 분출해 발생했다고 본다. 태양은 약 75%의 수소와 약 25%의 헬륨으로 구성되어 있다. 태양 에너지의 근원은 태양 내부에서 일어나는 핵융합 반응이다. 수소 원자 4개가 만나 헬륨 원자 1개로 융합하는데, 수소 4개의 질량은 헬륨 1개의 질량보다 약간 크기 때문에 그 과정에서 남은 질량이 빛 에너지로 바뀐다. 태양 내부에서 핵융합 반응이 끊임없이 일어날 수 있는 것은 태양 중심부 온도가 1500만 도, 압력은 30억 기압(atm) 정도이기 때문이다. 고온·고압이라는 조건과 핵융합 원료가 되는 풍부한 수소가 만나 태양은 자연 핵융합로가 된 것이다. 지구에 도달하는 에너지는 태양이 방출하는 총 복사에너지의 22억 분의 1에 지나지 않는다. 하지만 지구 상 모든 생명체가 살아가는 데 필요한 에너지의 근원이 된다.

흑점은 태양 표면에서 관찰되는 검은 점이다. 태양 표면의 특정 지점에서 강력한 자기장이 형성되면 중심부의 열 전달이 원활하지 못해

**태양 표면과 흑점 확대 사진**

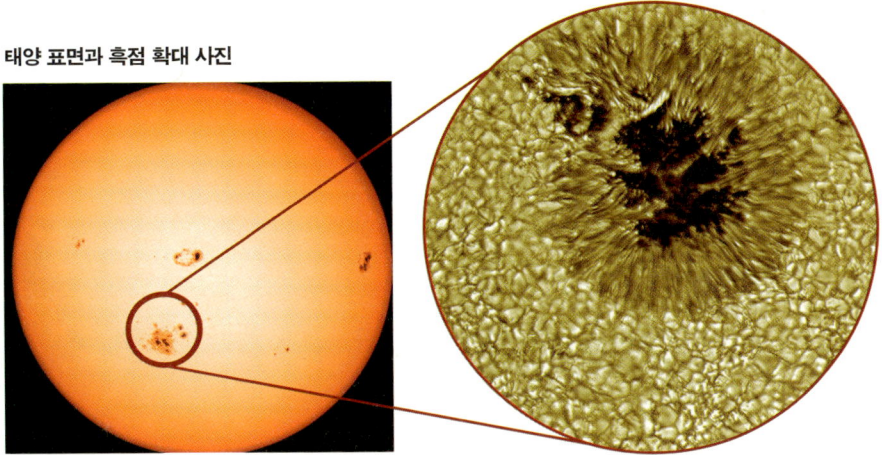

태양은 표면을 자세히 관찰할 수 있는 유일한 별이다. 흑점은 태양의 적도 부근과 남북 중위도에서 많이 관찰된다.

자기장 주변 온도가 떨어져 상대적으로 어둡게 보이는 흑점이 된다. 흑점은 실제로 검은색이 아니고 주변부보다 온도가 낮아 상대적으로 어두워 보인다는 뜻이다. 흑점의 온도는 4000~4500도로 매우 높다.

흑점이 감소하면 자기장이 약해지면서 태양의 복사에너지가 약해진다. 각종 관측 시스템과 자료를 종합해볼 때 1460~1550년과 1645~1715년에는 태양 흑점이 급격히 줄어들었다. 당시 햇볕 강도는 오늘날보다 0.25~0.4% 약했다.

이 시기 화산 폭발도 집중적으로 많이 일어났다. 화산 폭발 잔해는 하늘을 흐리게 만들고, 지구 대기권의 두 번째 층인 성층권까지 올라간다. 화산 폭발 잔해는 태양에서 오는 복사에너지를 차단해 지표면에 도달하는 열에너지와 빛의 양을 더 줄어들게 한다. 어둡고 뿌연 겨울 하늘은 브뢰헬의 그림에도 잘 표현되어 있다.

## 순환하는 자연과 삶의 하모니

헨드리크 아베르캄프Hendrick Berentsz Avercamp, 1585~1634는 브뢰헬의 풍경화에 직접적인 영향을 받은 네덜란드 화가다. 〈베들레헴의 인구조사〉보다 약 40년 뒤에 그려진 〈성 근처에서 스케이트 타는 사람들과 겨울 풍경〉을 보자.

아베르캄프는 성 주변에서 스케이트와 겨울 놀이를 즐기는 다수의 군중을 그렸다. 브뢰헬과 화풍이 비슷하지만, 자세히 들여다보면 그림 속 작은 요소 하나하나 매우 섬세하게 묘사되어 있음을 알 수 있다. 그림 속 마을은 꽁꽁 언 얼음으로 뒤덮여있고, 하늘은 매우 뿌옇다. 반면 겨울 놀이를 즐기는 사람들의 옷에 색이 많이 입혀져 화사하고 밝은 느낌이 든다. 소빙하기라는 불가항력적인 재앙에도 불구하고 겨울을 즐기는 마을 사람들의 모습은 오히려 낭만적으로 느껴진다. 한껏 차려 입고 외출한 사람들은 스케이트를 신고 얼음판을 빠르게 혹은 조심스럽게 건너간다. 얼굴이 잘 보이지 않지만, 분명 사람들의 얼굴에는 행복한 미소가 가득할 것이다.

아베르캄프의 그림은 플랑드르 지역 사람들이 전통적으로 자연의 순환과 인간 활동의 조화를 추구했었다는 점을 대변한다. 짧은 시간 축에서 보면 자연은 하루의 날씨 변화와 계절 변화를 보여주고, 큰

헨드리크 아베르캄프, 〈성 근처에서 스케이트 타는 사람들과 겨울 풍경〉,
1608~1609년, 오크에 유채, 40.7×40.7cm, 런던 내셔널갤러리

시간 축에서 보면 소빙하기와 같은 장기간의 혹한기를 주기도 한다. 농작물 재배에 어려움이 와서 식량 문제는 물론이고, 추위의 고통과도 싸워야 하는 게 현실이지만, 그 안에서도 사람들은 나름의 즐거움과 놀이를 찾아내 겨울을 만끽했다.

### 고단한 삶을 견디는 법

또 다른 네덜란드 화가 에이브러햄 혼디우스Abraham Hondius, 1631~1691는 런던으로 건너가 1677년 〈얼어붙은 템스 강〉을 그렸다. 영국의 겨울은 멕시코 난류와 편서풍의 영향으로 그리 춥지 않다. 그러나 1309~

에이브러햄 혼디우스, 〈얼어붙은 템스 강〉, 1677년, 캔버스에 유채, 275×293cm, 런던박물관

프란시스코 고야, 〈눈보라〉, 1786년, 캔버스에 유채, 275×293cm, 마드리드 프라도미술관

1814년 사이에 템스 강은 수십 번 얼어붙었으며, 이 중 수차례 얼음이 사람 키만 한 두께로 얼어 강 위에서 박람회가 열리기도 했다.

다른 나라 화가들도 소빙하기의 혹독한 겨울 추위를 기록했다. 스페인 화가 프란시스코 고야Francisco José de Goya, 1746~1828는 1786년 작품 〈눈보라〉에서 추위를 뚫고 걸어가는 사람들을 그렸다. 산과 들은 눈으로 뒤덮였고 하늘은 잿빛이다. 앙상한 나무들은 거센 바람에 금방이라도 부러질 듯 휘어졌다. 나귀는 제 몸집만 한 돼지를 등에 이고 있다. 망토를 꽁꽁 둘러쓴 사람들의 얼굴은 매서운 추위에 잔뜩 일그러져 있다.

눈앞에 펼쳐진 자연 그대로를 관찰하는 것에서부터 작품은 시작된다. 자연은 있는 그대로 아름답고, 때로는 두렵고 낯설다. 하지만 사람들은 항상 자연을 극복하거나 적응하며 살아가고, 그 안에서 찾을 수 있는 나름의 행복을 추구한다. 화가는 자연을 관찰하고, 자연과 함께 어우러져 살아가는 사람들의 모습에 공감하며 붓을 든다. 소빙하기를 묘사한 일련의 작품을 통해 주어진 만큼이 아니라 주어진 것보다 더 큰 행복을 찾아가는 '인간'이라는 존재의 강인한 생명력에 새삼 탄복하게 된다.

소빙하기가 또 찾아오지는 않을까? 지구촌 곳곳에서 이상기온 현상이 빈번히 발생하는 걸 보면, 소빙하기가 절대 없으리라 장담할 수는 없을 것 같다. 요즘 일기예보를 보면 '이례적'이라는 단어가 자주 등장한다. 2018년 1월만 해도 북미에는 체감기온 영하 70도의 이례적인 한파가 몰아닥쳤고, 사하라 사막에는 눈이 내렸다. 1300년에서 1870년 사이에 태양의 흑점이 감소해 소빙하기가 발생했다면, 오늘날은 지구 온난화의 영향으로 지구촌 곳곳에서 이례적인 날씨가 나타난다. 소빙하기 같은 심각한 이상기온 현상이 또 찾아오는 건 아닐까? 설령 공상이 현실이 될지라도 너무 걱정하지 말자. 이례적인 날씨에 맞서 삶을 지켜내는 법이 그림 속에 있지 않은가.

─── Physics & Art 02 ───

# 흔들리는 건 물결이었을까,
# 그들의 마음이었을까?

두 명의 젊은이가 작은 배 한 척을 마련해 여행길에 올랐다. 그들을 태운 배는 파리 시민들이 뱃놀이를 즐기던 휴양지 '라 그르누예르La Grenouillere'에 이르러 멈춰 섰다. 화구를 챙겨 배에서 내린 두 사람은 나란히 같은 곳을 바라보며 그림을 그렸다. 그들은 재빠르게 붓을 움직여 순간을 포착했다.

  평소 풍경보다는 사람을 관찰해 캔버스에 담기를 즐겼던 화가는 호수 가운데 섬에 모여 있는 사람들을 중심으로 그림을 그렸다(34쪽 그림). 여인들은 하얀 드레스를 입고 모자나 양산으로 햇빛을 가렸고, 남자들은 정장을 입고 모자를 쓰고 있다. 앞쪽에 개 한 마리가 누워 낮잠을 청하고, 섬 왼편으로 수영하는 사람들이 보인다. 섬 가운데 길게 늘

오귀스트 르누아르, 〈라 그르누예르〉, 1869년, 캔버스에 유채, 66×86cm, 스톡홀름국립박물관

클로드 모네, 〈라 그르누예르〉, 1869년, 캔버스에 유채, 74.6×99.7cm, 뉴욕 메트로폴리탄미술관

어진 나뭇잎과 수면에 비친 초록 빛깔은 짧은 붓 터치로 잔잔하게 표현했다. 평화롭고 여유로운 오후 한때를 포착한 그림은 화사하고 따뜻한 기운이 가득하다.

### 한날한시 같은 장소에서 그려진 두 장의 그림

이 그림은 중산층의 도시 생활과 여가활동을 밝고 경쾌한 분위기로 묘사하기를 즐겼던 오귀스트 르누아르Auguste Renoir, 1841~1919가 그렸다.

또 한 명의 화가는 사람보다 풍경을 중심으로 라 그르누예르를 담담하게 담아냈다(35쪽 그림). 화가는 채도가 낮은 색 물감을 주로 사용했다. 그림 속 사람들을 세부 묘사는 생략하고 단순한 형태로 다소 무심하게 그렸다.

그는 르누아르와 같은 시점에서 같은 풍경을 보면서도 어쩐지 사람들의 행색이나 주변 상황에는 별 관심이 없는 것 같다. 오로지 그의 시선을 잡아끄는 것은 섬 주변에 잔잔하게 일고 있는 물결뿐인 듯하다.

풍경 가운데서도 나무나 저 멀리 보이는 산은 매우 단조롭게 표현된 반면 호수의 물결은 선명하고 매우 섬세하게 묘사되어있다. 화가는 짙은 초록색과 검은색, 흰색의 힘 있고 반복적인 붓 터치로 수면의 떨림을 생동감 있게 그려냈다.

이 그림은 르누아르와 함께 인상주의를 이끈 대표 화가 클로드 모네Claude Monet, 1840~1925의 작품이다. 〈라 그르누예르〉는 물에 대한 모네의 관심을 이끌어 내는 데에 결정적인 계기가 된 작품이다. 그는 〈수련〉 연작을 통해 물결에 따라 순간적으로 변화하는 빛의 유동적인 모습을 추적하는 데 집중했다(173쪽 참조). 그는 수련 연못을 단순히 풍경을 구성하는 하나의 조형이나 배경이 아닌, 빛을 표현하기 위한 실험 대상으로 보았다. 〈수련〉 연작은 '빛과 색'에 관한 모네의 실험 일지다.

## 파동이 교차하며 만들어낸 물결의 왈츠

모네의 〈라 그르누예르〉를 보면 수면의 잔잔한 물결은 높낮이가 반복되며 이어지는 것 같기도 하고 또 중간에 끊어져 다른 방향으로 흩어지며 사라지기도 한다. 수면을 무대 삼아 펼쳐지는 물결의 왈츠는 파동이 교차하며 만들어내는 간섭무늬다.

고요한 수면에 돌멩이를 하나 던지면 수면이 출렁이며 물결이 사방으로 퍼져나간다. 이처럼 물질의 한 곳에서 생긴 진동이 주위로 퍼져나가는 현상을 '파동wave'이라고 한다. 파동이 처음 생긴 지점을 '파원', 파동을 전달하는 물질을 '매질'이라고 한다. 물이 매질이 되어 전달되는 파동을 '수면파' 혹은 '물결파'라고 부른다.

돌멩이 때문에 흐트러진 수면은 원래의 고요한 상태로 돌아가려 한다. 물 표면을 팽팽하게 잡아당기는 힘인 '표면장력'과 지구가 끌어당기는 힘인 '중력'이 수면을 평평하게 되돌리는 복원력으로 작용해 수면에는 파동이 발생한다.

## 파동의 각 부분 명칭

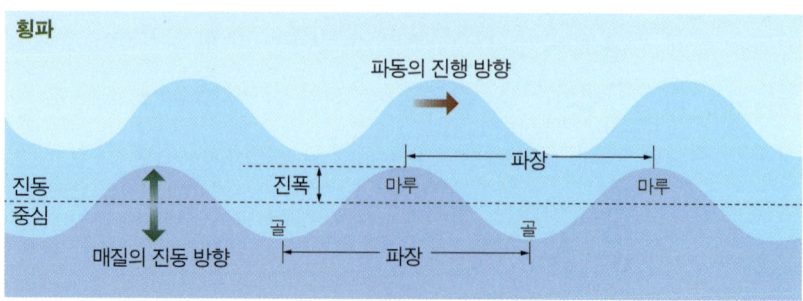
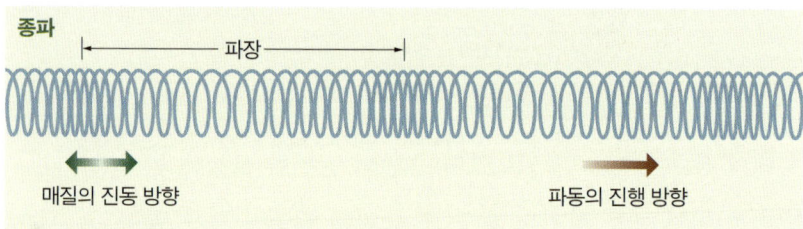

파동이 전달되는 형태에는 두 가지 종류가 있다. 매질의 진동 방향과 파동의 진행 방향이 서로 수직인 것을 횡파(위), 매질의 진동 방향과 파동의 진행 방향이 나란한 것을 종파(아래)라고 한다.

## 보강간섭과 상쇄간섭

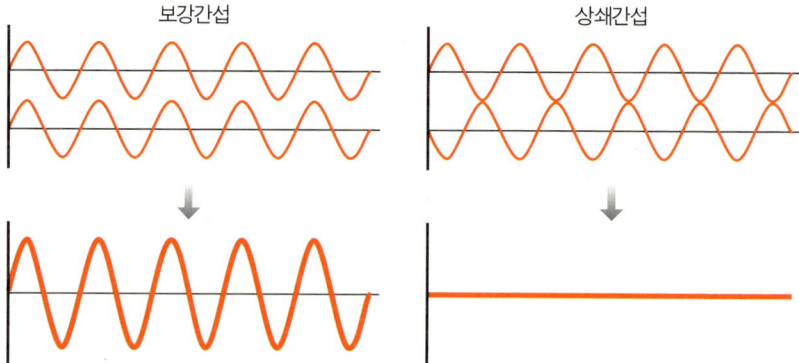

위상이 같은 두 파동이 만나면 진폭이 더 커지는 보강간섭(왼쪽)이 일어나고, 위상이 서로 반대인 두 파동이 만나면 진폭이 '0'이 되는 상쇄간섭(오른쪽)이 일어난다.

**파동의 간섭무늬**

시작점(파원)이 다른 두 파동이 만들어낸 간섭무늬.

파동이 전파될 때 매질은 상하좌우로만 움직일 뿐 이동하지 않는다. 물결이 일 때 물은 제자리에서 위아래로 진동할 뿐 직접 이동하지 않는다. 출렁거리는 물 위에 나뭇잎을 띄워보면 알 수 있다. 나뭇잎은 위아래로 오르락내리락할 뿐 파동을 따라 이동하지 않는다. 파동에 의해 운반되는 것은 물질이 아니고 '에너지'다.

물결파의 떨림을 가만히 지켜보고 있으면 물의 높낮이 변화 즉, 진동은 수면에 대해 수직 방향으로만 일어남을 알 수 있다. 반면 파동은 수면에 대해 수평 방향으로 진행해 나간다.

시작점이 다른 두 파동이 만나면 서로 간섭을 일으킨다. 두 파동이 같은 위상에 있을 때는 보강간섭을 일으켜 진폭이 더 큰 파동이 일어난다. 두 파동의 위상이 서로 반대면 상쇄간섭이 발생해 파동이 사라진다. 〈라 그르누예르〉 속 일렁이는 물결은 몇 개의 시작점이 다른 파동들이 교차하며 만들어낸 간섭무늬다.

### 파도가 그려 낸 역사의 한 장면

생동감 있는 물결 표현은 에두아르 마네Edouard Manet, 1832~1883의 〈로슈포르의 탈출〉에서 극대화된다. 〈로슈포르의 탈출〉은 프랑스 언론인이자 정치인 앙리 드 로슈포르Henri de Rochefort, 1830~1913를 주인공으로 내세운 그림이다. 로슈포르는 파리코뮌을 지지했다는 이유로 1872년 태평양 남서부에 있는 프랑스령 뉴칼레도니아에 유배되었다가, 2년 후 배를 타고 섬을 탈출했다. 마네는 로슈포르의 이야기를 상상으로 재구성해 캔버스에 옮겼다.

〈로슈포르의 탈출〉은 역사적 인물을 주인공으로 한 이전 시대 그림들과 다르다. 테오도르 제리코Théodore Géricault, 1791~1824가 그린 역사화 〈메두사호의 뗏목〉을 떠올려보자. 1816년 식민지 개척을 위해 출항한 프랑스 군함 메두사호가 세네갈 해안에서 난파했다. 뗏목에 옮겨탄 150여 명은 망망대해를 13일간 표류했다. 뗏목에서는 살아남기 위해 서로 살해하고 굶주림에 인육을 먹는 지옥도가 펼쳐졌다. 제리코는 인물 한 명 한 명을 생생하게 묘사함으로써 아비규환의 순간을 캔버스에

에두아르 마네, 〈로슈포르의 탈출〉, 1881년, 캔버스에 유채, 80×73cm, 파리 오르세미술관

재현했다.

　반면 〈로슈포르의 탈출〉에서 주인공인 로슈포르의 얼굴이나 형체는 너무 작아 잘 보이지 않는다. 대신 마네는 탈출의 긴박감을 일렁이는 파도를 통해 드러냈다. 붓 결이 살아있는 거친 터치로 묘사된 파도는 힘이 느껴진다. 배가 있는 주변에 비해 아래쪽으로 내려올수록 파도의 높이도 점점 높게 솟아있어 그림을 바라보는 관찰자의 시점을 더욱 입체적으로 만들어 준다.

　언제 뒤집어질지도 모르는 돛도 없는 작은 배에 모두의 생명이 걸려 있다. 떠나온 섬도 목적지인 육지도 보이지 않는 이 망망대해에서 한없이 작은 배 밖에는 의지할 곳 없는 사람이 느끼는 공포가 거친 파도를 타고 우리에게까지 밀려올 것만 같다.

## 잔잔한 수면에 파문을 일으킨 화가의 고독

19세기 후반 인상주의 화가들이 등장했을 때 미술계는 거세게 요동쳤다. 원근법, 균형 잡힌 구도, 이상화된 인물 등 르네상스 시대 이래 미술을 지배해온 규범을 거부하고 새로운 가능성을 실험한 인상주의 화가들은 기존 화단으로부터 강한 비판과 저항에 부딪혔다.

　마네는 〈올랭피아〉를 내놓고 고상한 누드화의 전통을 파괴했다는 비난에 시달렸다. 〈풀밭 위의 점심 식사〉에는 "수치를 모르는 뻔뻔한 그림"이라는 혹평이 쏟아졌다. 그리고 모네의 〈인상 : 해돋이〉를 본 비

평가는 "이제 막 그리기 시작한 벽지만도 못한 그림"이라고 조롱했다.

작은 목선에 의지해 너울대는 파도를 헤쳐나가야 했던 로슈포르가 느꼈던 고독과 공포를 마네 그리고 초기 인상주의 화가들 역시 느끼고 있지 않았을까? 《서양미술사》를 쓴 에른스트 곰브리치Ernst Gombrich, 1909~2001는 19세기 미술사를 "용기를 잃지 않고 끊임없이 스스로 탐구하여 기존의 인습을 비판적으로 대담하게 검토하고 새로운 미술의 가능성을 창조해낸 외로운 미술가들의 역사"라고 평가했다. 〈로슈포르의 탈출〉에서 전통에 반기를 든 인상주의 화가들의 마음이 읽힌다면 지나친 비약일까?

사람의 얼굴을 가리켜 마음의 거울이라고 한다. 자연에서 가장 큰 거울은 물이다. 물은 지나가는 바람의 인사에도 흔들릴 정도로 고요하다가도, 생명이 있는 모든 것을 집어삼킬 듯 포악하게 너울댄다. 변화무쌍한 거울의 매력을 알아본 인상주의 화가들은 빨려들어 가듯 그 힘에 사로잡혔다. 신비하고 경이로운 자연의 얼굴 물. 인상주의 화가들이 그린 물 그림에 전통이라는 파도에 맞서 작은 배를 띄운 혁신가들의 외로움이 비친다.

―― Physics & Art 03 ――

# 오키프를 다시 태어나게 한 산타페의 푸른 하늘

삼십 대 초반에 뉴멕시코주 로스알라모스 국립연구소Los Alamos National Laboratory에서 연구원으로 3년 넘게 근무했다. 로스알라모스 국립연구소는 제2차 세계대전 중 칼텍Caltech : California Institute of Technology의 물리학 교수 로버트 오펜하이머Julius Robert Oppenheimer, 1904~1967와 시카고대학교의 물리학 교수 엔리코 페르미Enrico Fermi, 1901~1954가 비밀리에 '맨해튼 프로젝트'를 진행하기 위해 외딴곳에 설립한 연구소다. 맨해튼 프로젝트는 미국 과학자들은 물론 나치를 피해 미국에 와있던 유럽 과학자들과 영국, 캐나다를 대표하는 과학자들이 모여 원자폭탄을 만드는 프로젝트의 암호명이었다.

전쟁이 끝나고 로스알라모스 연구소는 원자핵 물리 외에도 우주탐

조지아 오키프, 〈흰 구름과 페더널 산의 붉은 언덕〉, 1936년, 캔버스에 유채, 50.8×76.2cm, 산타페 조지아 오키프 미술관
ⓒ Georgia O'Keeffe Museum / SACK, Seoul, 2020

뉴멕시코의 풍광. 왼쪽에 넓고 평평하게 솟아오른 지형이 메사, 오른쪽에 보이는 중절모처럼 솟아오른 바위가 메사가 풍화작용을 거쳐 형성된 뷰트(Butte)다.

사, 에너지, 의약, 나노기술, 슈퍼컴퓨터 등 광범위한 과학 분야를 모두 연구하는 세계적으로 규모가 큰 종합 연구소로 자리매김하게 되었다.

### 원초적 아름다움이 깃든 뉴멕시코주

연구소는 광활한 뉴멕시코주의 수많은 캐니언Canyon 사이 우뚝 솟은 섬 같은 메사Mesa 위에 있다. 캐니언은 지반 융기로 인해 양쪽 곡벽이 급경사를 이루는 폭이 매우 좁고 깊은 골짜기를 말한다. 스페인어로 '탁자table'를 의미하는 메사는 북미 지역에서 볼 수 있는 침식지형이다. 빙하 등에 의해 침식이 일어나 꼭대기가 평탄하고 주위는 급사면을 이루며

떨어지는 탁자 모양이다.

  가파르고 구불구불한 절벽 위로 난 길을 아슬아슬하게 운전하면서 잠깐씩 눈을 돌려 감상하는 주변 경관은 경이로움 그 자체다. 하늘은 파랗고, 구름은 하얗다. 사방이 열려 있어, 멀리 있는 캐니언과 메사도 겹겹이 한눈에 들어온다. 수 억 년에 걸쳐 땅이 솟고, 움직이고, 비바람에 깎여가며 얼굴을 바꿔온 지구의 역사가 바로 눈앞에 펼쳐진다.

  뉴멕시코주를 부르는 다른 이름은 '매혹의 땅Land of Enchantment'이다. 이곳에 오기 전까지 뉴멕시코주에 대해 내가 떠올릴 수 있는 건 마른 모래 가득한 황량한 사막이 전부였다. 도대체 이 땅의 매력이 무엇이란 말인가? 이곳에 와서 태초 자연 그대로인 듯한 뉴멕시코주의 풍광을 마주하고 있으니, 왜 많은 이들이 이 땅에 매혹되었는지 알 것 같았다.

### 태양이 춤 추는 땅 산타페

우리나라 사람들에게 자동차 이름으로 더 익숙한 '투싼Tucson', '산타페 Santa Fe'라는 이름은 사막 지형이 있는 미국 애리조나주와 뉴멕시코주에 실제로 존재하는 도시 이름이다. 비포장 도로(오프로드)가 많은 사막 지형의 험준한 도로를 달리려면 주행 능력이 뛰어난 자동차가 필요할 것이다. 아마 국내 자동차 회사들이 신차의 주행 능력을 강조하기 위해 이들 도시 이름을 자동차에 붙였을 것이다.

아메리카 원주민들이 '태양이 춤추는 땅'이라고 부른 뉴멕시코주에 16세기부터 스페인 원정대가 몰려들기 시작했다. 금광에 눈독 들이고 뉴멕시코로 몰려든 스페인 사람들은 이 땅에 '성스러운 믿음'이라는 뜻의 산타페라는 이름을 붙였다. 뉴멕시코는 200년 동안 스페인 지배

루트 66 경로와 그 중간에 위치한 산타페.

를 받다가, 1848년 미국과 멕시코의 전쟁이 끝난 후에 미국의 47번째 주로 편입되었다. 원주민, 스페인, 앵글로색슨 문화가 어우러진 뉴멕시코는 이국적 정취가 가득하다.

'루트 66 Route 66'은 미국 동부 일리노이주에서 시작해 캘리포니아주까지 이어지는 미국 최초의 대륙 횡단 고속도로다. 경로 중간에 그랜드캐니언의 광활한 자연과 미국 원주민들의 오랜 문화를 고스란히 담고 있어, 미국의 심장과 영혼을 관통한다는 의미로 '마더 로드 Mother Road'라고 부르는 길이다. 루트 66 경로 중간에 산타페가 있다.

산타페는 도시 전체가 미술관이자 박물관이다. 특히 도시 중간에 있는 캐니언로드 Canyon Road에는 약 1km의 좁고 구불구불한 언덕길 양쪽으로 빽빽하게 작은 미술관과 부티크 숍들이 늘어서 있다. 캐니언로드

미국 뉴멕시코주 산타페에 위치한 조지아 오키프 미술관. 조지아 오키프 미술관은 '어도비(Adobe)'라고 불리는 뉴멕시코 전통 건축 방식으로 지어졌다.

를 걷기만 해도 그동안 얼마나 많은 예술가가 산타페의 독특한 풍광에 매료되어 발길을 멈추고 작품 활동을 해왔는지를 알 수 있다.

많은 예술가가 홀린 듯 이곳으로 흘러들어와 머무르면서 산타페는 미국 미술의 메카Mecca가 되었다. 산타페를 대표하는 화가가 조지아 오키프Georgia O'Keeffe, 1887~1986다. 뉴욕에서 주로 활동하던 오키프는 1917년 기차여행 중 뉴멕시코를 지나다 광활한 사막 풍경에 매료되었다. 매년 여름을 산타페에서 보내던 오키프는 남편 알프레드 스티글리츠Alfred Stieglitz, 1864~1946가 세상을 떠나자 산타페로 완전히 이주했다. 그는 아흔 아홉에 생을 마칠 때까지 이곳에 살며 광활한 사막을 벗 삼아 작품 활동에 매진했다.

### 오키프 그림 속 산과 하늘

오키프는 뉴멕시코 하늘의 강렬한 파란색을 즐겨 그렸다. 오키프의 그림 속 하늘은 선명하게 파랗다. 저 멀리 있는 산(그의 작품에는 페더널 산이 많이 등장한다)의 산세는 바로 앞에서 보는 듯 가깝게 느껴진다.

일반적으로 풍경화에 등장하는 산은 멀리 작고 희미하게 묘사된다. 배경으로 묘사된 산 덕분에 우리는 그림을 보면서 자연스럽게 원근감과 거리감을 느끼게 된다. 그러나 오키프 그림 속 산은 산세와 명암이 선명하게 표현되어 실제보다 훨씬 가깝게 있는 것처럼 느껴진다. 그래서 더욱 존재감이 크고 웅장하고 다가온다. 그의 산과 하늘은 특별하다.

조지아 오키프, 〈Pedernal〉, 1941년, 캔버스에 유채, 48.26×76.83cm, 산타페 조지아 오키프 미술관
ⓒ Georgia O'Keeffe Museum / SACK, Seoul, 2020

### 하늘은 왜 파랗게 보일까?

산타페가 많은 예술가의 발길을 붙잡을 수 있었던 데는 고도와 날씨의 역할이 컸다. 산타페는 해발 2134m 고지에 위치한 도시다. 우리나라를 대표하는 명산 한라산(1950m)과 백두산(2744m)과 비슷한 높이다. 로스 알라모스도 2230m, 알버커키Albuquerque도 1829m로, 인근이 모두 고산지대에 해당한다.

이 일대는 지대가 높아 공기가 희박하며, 연중 대부분 기온이 높고 맑다. 예민한 사람은 고산병(고도가 낮은 지역에서 살던 사람이 갑자기 높은 곳에 갔을 때 낮아진 기압에 적응하지 못해 나타나는 증상)을 앓기도 한다. 기압이 낮아서 이 일대에서 탁구를 치면 공이 훨씬 멀리 간다는 이야기도 있다. 밝은 햇빛, 높고 푸른 하늘, 깨끗한 공기 덕분에 수십 킬로미터 떨어진 먼 곳도 선명하게 보이는 곳이 바로 산타페다.

산타페 하늘이 유독 물감을 풀어놓은 듯 맑고 파란 이유는 '빛의 산란' 때문이다. 공기는 산소, 질소, 수증기, 먼지 등 작은 알갱이로 이루어져 있다. 태양빛이 대기를 통과하면 공기 중의 알갱이들과 부딪혀 사방으로 흩어진다. 이런 현상을 빛의 산란이라고 한다. 산소와 질소 같이 크기가 작은 기체 분자들은 파장이 짧은 파란색 빛을 더 잘 '산란'한다.

노을도 빛이 산란해 나타나는 현상이다. 낮에는 해가 머리 위에 있어 태양빛의 이동 거리가 비교적 짧다. 해 질 무렵에는 태양빛이 지구에 도달하는 거리가 낮보다 훨씬 길어진다. 파장이 짧은 파란빛은 쉽게 산란되지만 멀리 못 가는 특징이 있다. 반면 파장이 긴 붉은빛은 산란은 덜 되지만 잘 '회절回折(파동이 장애물 뒤쪽으로 돌아들어 가는 현상)' 되어 먼 거리까지 도달한다. 해 질 무렵 파장이 짧은 보라색, 파란색 빛은 우리 눈에 도달하기 전에 이미 산란해 사라지고, 파장이 긴 빨간색 빛이 대기층에 많이 남아 우리 눈 속에 들어온다. 그래서 해 질 녘 하늘은 붉게 보인다.

하늘이 파랗게 보이는 이유는 19세기 영국 물리학자 레일리John William

## 낮과 저녁에 태양 빛이 지구에 도달하는 거리

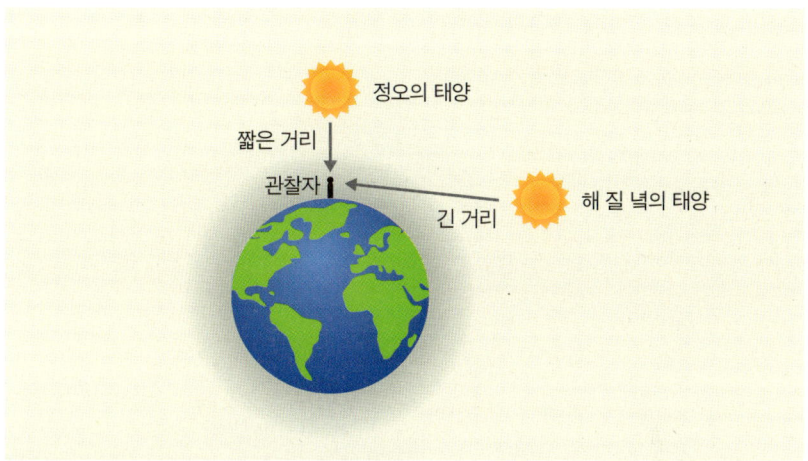

정오에는 해가 머리 위에 있어 태양빛의 이동 거리가 비교적 짧다. 해 질 무렵에는 태양빛이 지구에 도달하는 거리가 정오보다 훨씬 길어진다.

## 레일리 산란과 미 산란 차이

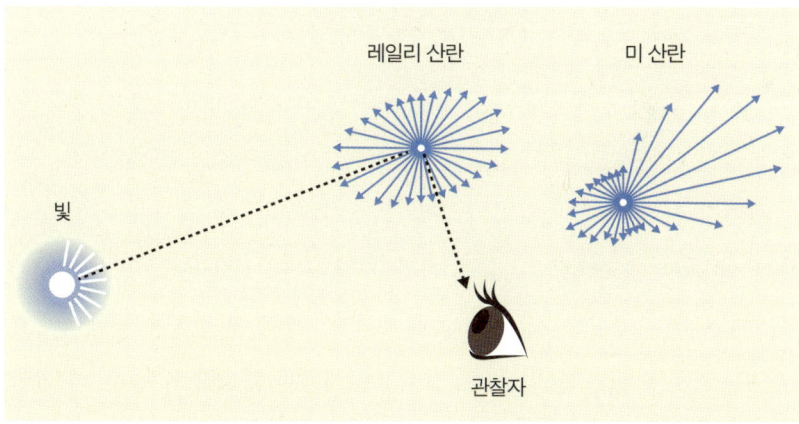

태양복사 파장의 1/10보다 직경이 작은 공기 입자가 빛을 산란하는 것을 레일리 산란이라고 한다. 레일리 산란은 빛이 진행하는 방향이나 반대 방향으로 크게 산란한다. 빛 파장의 1/10보다 큰 공기 입자에 의한 산란은 미 산란이다. 미 산란은 빛의 진행 방향으로 크게 산란한다.

조지아 오키프, 〈구름 위 하늘 IV〉, 1965년, 캔버스에 유채, 244×732cm, 시카고아트인스티튜트

Strutt Rayleigh, 1842~1919가 처음으로 설명했다. 빛의 파장보다 훨씬 더 작은 입자에 의한 산란은 그의 이름을 따서 '레일리 산란'이라고 부른다.

레일리 산란과 반대로 빛의 파장과 크기가 비슷한 입자에 의한 빛의 산란 현상은 '미 산란Mie scattering'이라고 한다. 미 산란은 독일 물리학자 구스타브 미Gustav Mie, 1868~1957가 제시했다. 기체 분자보다 상대적으로 크고 균일하지 않은 물방울(구름)이나 먼지, 연기, 얼음의 경우 미 산란을 일으킨다.

구름이 하얗게 보이는 이유는 미 산란으로 설명할 수 있다. 구름은

ⓒ Georgia O'Keeffe Museum / SACK, Seoul, 2020

다양한 크기의 물방울로 이루어져 있다. 크기가 다른 물방울들은 서로 다른 파장의 빛을 산란한다. 큰 물방울은 파장이 긴 빨간색 빛을, 작은 물방울은 파장이 짧은 보라색이나 파란색 빛을 산란한다. 그 결과 모든 빛을 산란해 구름이 하얗게 보인다(모든 색의 빛을 합하면 흰색이 된다). 안개가 꼈을 때, 미세먼지 농도가 높은 날 하늘이 뿌옇게 보이는 것도 미 산란으로 설명할 수 있다.

오키프의 그림 〈구름 위 하늘 Ⅳ〉에는 레일리 산란과 미 산란으로 설명할 수 있는 파란 하늘, 하얀 구름, 그리고 붉은 노을이 조화롭게 잘 묘사되어 있다.

특히 뉴멕시코 지역은 사막 기후여서, 평균 습도가 10~40%로 매우 건조하다. 건조한 날씨에는 수증기나 공기 중에 물방울이 상대적으로 적어 물방울이나 수증기에 의한 미 산란이 크게 발생하지 않는다. 그래서 맑고 건조한 날은 낮 동안 하늘이 더욱 깊고 파랗게, 저녁에는 노을이 훨씬 붉고 선명하게 보인다.

뉴멕시코 한복판에 우뚝 솟아 있는 산이 '샌디아 산Sandia Mountain'이다. 샌디아는 스페인어로 '수박'이라는 뜻이다. 저녁노을에 반사되어 붉게 보이는 산이 어찌나 선명하게 빨갛던지, 수박을 반으로 갈라놓은 것 같다고 해서 붙여진 이름이다.

오키프의 그림에 자주 등장하는 페더널 산도 그림마다 시시각각 다

필자 집에서 보이던 노을 진 저녁의 샌디아 산.

른 색으로 표현되어 있다. 때로는 선명한 파란색으로, 때로는 검은색이나 붉은색으로 그가 관찰했던 계절과 시간에 따라 다르게 그려졌다.

## 사막에서 다시 태어난 화가

오키프 그림에 등장하는 산의 산세가 유난히 굴곡이 많고 골이 깊고 뚜렷한 것도 산타페의 건조한 기후와 관계 있다. 건조한 사막 기후에서는 식물이 부족하고 빗물에 의한 침식이 많이 일어난다. 또한 평탄한 지면이 융기하면서 하방(하천 바닥) 침식력이 강해지고 퇴적물이 근방에 쌓이면서, 윗면은 경사가 급하면서 아랫면은 완만한 모양의 굴곡이 연속적으로 생긴다.

오키프의 그림에는 뉴멕시코 지역의 기후와 지형적 특색이 고스란히 표현되어 있다. 산은 마치 융단에 주름이 잡힌 것처럼 부드럽고 우아하게 묘사되어 있다.

오키프는 뉴멕시코 원주민 마을에 고스트 랜치Ghost Ranch와 애비큐Abiquiu 하우스를 지어, 99년이라는 긴 삶 중에 40년 이상을 머물렀다. 그는 꽃을 확대하거나 동물 뼈 등을 시리즈로 많이 그렸다. 계절과 시간에 따라 다르게 보이는 페더널 산 그림도 그의 시리즈 중 단연 역작들이다.

"페더널 산은 나의 '프라이빗 마운틴'이다. 신이 내가 그 산을 잘 그린다면 가질 수 있을 거라고 말했다."

오키프는 세상을 떠난 뒤 유언에 따라 그토록 사랑했던 페더널 산에

조지아 오키프, 〈검은 메사 풍경〉, 1930년, 캔버스에 유채, 61.6×89.5cm, 산타페 조지아 오키프 미술관
ⓒ Georgia O'Keeffe Museum / SACK, Seoul, 2020

뿌려졌다. 자신을 다시 태어나게 한 자연의 일부가 된 것이다. 끝없이 펼쳐진 독특한 모양의 메사와 캐니언, 청정무구한 공기, 강렬한 빛의 하모니가 그의 작품에서 강한 생명력을 가지고 꿈틀댄다.

자연의 모든 원색을 있는 그대로 보여주는 뉴멕시코, 매혹의 땅에서 그는 무엇을 느꼈을까? 그의 눈을 통해 보고 느꼈을 자연에 대한 경외감이, 시공을 초월해 우리에게 전달된다.

"세상의 광활함과 경이로움을 가장 잘 깨달을 수 있게 해주는 것은 바로 자연이다."

오키프가 남긴 말이다.

——— Physics & Art 04 ———

# 신을 그리던 빛,
# 인류의 미래를 그리다

요즘 디스플레이 분야에서 가장 주목하고 있는 기술이 '퀀텀닷Quantum Dot'이다. 퀀텀닷은 지름이 수 나노미터(nm) 정도의 반도체 결정물질로, 빛을 흡수하고 방출하는 효율이 매우 높은 입자다. 1nm는 머리카락 굵기 10만분의 1에 해당하는 크기다. 지구 크기를 1m라고 가정할 때, 1nm는 축구공 하나 정도 크기다.

퀀텀닷은 빛이나 전압을 가하면 스스로 빛을 낼 수 있다. 또한 같은 물질이라도 입자 크기와 모양에 따라 다른 길이의 빛 파장을 발생시켜 다양한 색을 낼 수 있다. 예를 들어 3~5nm 퀀텀닷은 푸른색을, 7~8nm 퀀텀닷은 붉은색을 낸다. 퀀텀닷은 재료 조성을 바꾸거나 결정 크기를 조절하는 것만으로 원하는 색을 얻을 수 있다. 색 순도가 높고 적은

독일 남서부 마인츠에 있는 성 슈테판 교회의 스테인드글라스. 마르크 샤갈의 작품이다.

에너지로 높은 발광 효율을 얻을 수 있어 TV, 태양광발전, 바이오 분야에 퀀텀닷 기술이 폭넓게 활용되고 있다.

퀀텀닷이라는 이름은 현대에 들어와 생겼지만, 기술 자체는 인류의 삶에 아주 오래전부터 사용되었다. 중세시대 지어진 성당 건물을 장식하던 스테인드글라스stained glass에 퀀텀닷 원리가 사용되었다.

## 샤갈의 손끝에서 탄생한 빛의 오케스트라

누구나 한 번쯤 스테인드글라스로 만든 성당이나 교회 유리창을 보면서 '유리에서 어떻게 이렇게 다채로운 색깔이 나타날까?', '형형색색의 아름다움은 어디에서 오는 것일까?' 의문을 가져보았을 것이다. 스테인드글라스는 햇빛이나 조명에 따라 빛깔이 달라지며 신비롭게 빛난다.

스테인드글라스는 도안에 맞춰 색유리판을 잘라 납으로 붙여 완성한다. 투명한 유리에 철, 구리, 코발트 등 금속 산화물을 넣으면 다양한 빛깔의 색유리가 된다. 고온에서 유리와 각종 금속을 녹이는 과정에서 화합물이 나노입자 크기로 변한다. 일종의 퀀텀닷이다.

십여 년 전 지인을 만나기 위해 독일 남서부에 있는 '마인츠Mainz'라는 도시를 방문한 일이 있다. 마인츠를 방문하기 전까지 이 도시에 대해 아는 거라곤, 서양 최초로 금속활자를 발명한 구텐베르크Johannes Gutenberg, 1397~1468와 그를 기리기 위해 세운 마인츠대학교가 유명하다는 정도였다. 특별히 들러볼 명소가 있다는 생각은 미처 하지 못했다.

마르크 샤갈, 〈꽃다발 속의 거울〉, 1964년, 폭 20m, 파리 오페라하우스

　마인츠 구시가지를 헤매다 우연히 성 슈테판 교회에 들어가게 되었다. "세상에! 샤갈이다!" 성 슈테판 교회 창문에 마르크 샤갈Marc Chagall, 1887~1985의 스테인드글라스 작품이 즐비했다.

　러시아에서 태어나 프랑스·미국 등에서 활동한 샤갈은 국내에도 여러 차례 전시를 통해 소개되었으며, 김춘수 시인의 시 〈샤갈의 마을에 내리는 눈〉 덕분에 우리에게는 꽤 친숙한 화가다. 샤갈은 회화작품 못지않게 훌륭한 공공 예술작품들을 많이 남겼는데, 바로 스테인드글라스와 벽화들이다.

　프랑스 파리 오페라하우스의 천장화 〈꽃다발 속의 거울〉를 처음 봤을 때 온몸을 휘감던 전율을 잊을 수가 없다. 오페라하우스 안에는 여러 예술가의 멋진 벽화가 많았지만, 샤갈의 작품이 공개되자 "가르니에 궁전의 최고 좌석은 천장에 있다"는 찬사가 쏟아졌다. 이 작품을 제작할 당시 샤갈의 나이가 일흔일곱 살이었다니, 그의 불타는 예술혼에 또 한 번 놀라게 된다.

꿈꾸듯 환상적인 색채로 사랑과 기쁨을 표현하던 샤갈의 회화 스타일은 스테인드글라스에도 그대로 투영되었다. 샤갈의 스테인드글라스 대표작 두 점이 독일 성 슈테판 교회와 프랑스 랭스 대성당에 있다. 두 곳의 스테인드글라스에서 샤갈은 본인의 정체성을 드러내듯 선명한 파란 색 유리를 많이 사용했다. 밝고 따뜻한 푸른빛은 다양한 상징들을 감싸며 깊은 여운을 선사한다.

성 슈테판 교회 스테인드글라스에는 에덴동산에서의 아담과 이브,

마인츠 성 슈테판 교회 스테인드글라스 부분 컷.

프랑스 랭스 대성당의 스테인드글라스. 샤갈 작품.

소돔과 고모라를 향해 가는 천사들의 모습, 천지창조, 십자가에 달린 예수 등 구약 성서 이야기가 샤갈 특유의 그림체와 질감 그대로 담겨 있다. 특히 이곳 스테인드글라스는 샤갈이 아흔한 살 무렵 작업을 시작해 무려 7년에 걸쳐 완성한 작품이다.

## 빛과 나노과학의 예술

스테인드글라스의 아름다운 색은 빛이 있음으로써 발현되기 때문에, 스테인드글라스를 '빛의 예술'이라고 일컫는다. 사실 스테인드글라스에는 또 다른 과학이 하나 더 숨어 있다. 바로 유리 내부에 분포한 금이나 은 등의 금속 나노입자가 만들어낸 나노입자의 과학이다.

'나노$_{nano}$'는 그리스어로 난쟁이를 뜻하는 '나노스$_{nanos}$'에서 나왔다. 나노입자란 한 차원이 100nm, 다시 말해 천만 분의 1m(100nm=100.0× $10^{-9}$m) 이하의 미세 입자를 일컫는다. 나노입자는 머리카락 굵기 천분의 일에 해당하는 크기가 작은 알갱이다.

물질을 나노 단위까지 쪼개면 표면적이 급증하면서 모양이나 색깔, 구조, 성질 등이 달라진다. 탄소 원자로 이루어진 흑연은 연필심으로 사용할 만큼 무르지만, 나노 단위로 재구성하면 강철보다 100배나 강한 탄소 나노튜브가 된다(344쪽 참조). 또 황금색 금을 나노 단위까지 계속 쪼개면 붉은색으로 변한다.

나노라는 용어는 1965년 노벨 물리학상을 수상한 미국의 물리학자

리처드 파인만Richard Feynman, 1918~1988 박사가 '바닥에는 풍부한 공간이 있다'라는 제목으로 연 물리학 강연에서 처음 등장했다. 파인만은 이 강연에서 원자나 분자 수준에서 물질의 성질에 관해 처음 언급했다.

이후 1986년, 미래학자로 알려진 에릭 드레슬러Eric Drexler, 1955~가 저서《창조의 엔진Engine of Creation》에서 분자를 조정해 물질의 구조를 제어하는 나노기술을 언급했다. 그는 MIT에서 나노과학 분야 최초로 박사 학위를 받았다.

몇몇 과학자에 의해 등장한 나노기술은 현재 눈부신 과학기술 발전과 함께 성장해, 이제 컴퓨터 및 IT 분야뿐만 아니라 생명공학, 의학, 환경, 에너지 등 인류의 삶 전반에 직·간접적으로 영향을 미치고 있다. 나노기술은 인류의 미래를 이끌어나갈 중요한 기술 가운데 하나로 꼽히고 있다.

리처드 파인만은 나노과학기술 개념을 처음 제시한 과학자다. 미국 포어사이트 연구소는 나노기술 분야에서 가장 뛰어나고 혁신적인 연구성과를 도출한 연구자에게 파인만의 이름을 딴 '파인만 상'을 수여한다.

## 퀀텀닷 기술로 만들어진 4세기 로마 시대 컵

작은 금속 입자로 인해 유리 색깔이 바뀌는 기술은 무려 4세기경 고대 로마 시대 작품 '리쿠르고스의 컵Lycurgus Cup'에서도 찾아볼 수 있다. 컵에는 리쿠르고스라는 고대 그리스 신화 속 왕을 조각해 덧붙여 놨다. 디오니소스(그리스 신화 속 포도주와 풍요의 신)가 자신을 박해하는 리쿠르고스를 포도주를 먹여 정신을 잃게 만든 장면을 묘사하고 있다.

리쿠르고스 컵은 평소에는 녹색에 가까운 색으로 보이지만(왼쪽), 컵 안에 빛을 쪼이면 붉은색 혹은 마젠타 빛깔로 변한다(오른쪽). 컵의 비

리쿠르고스 컵, 4세기경, 높이 16.5cm, 런던 대영박물관

밀은 오랜 시간 봉인되어 있다가 1990년대에 이르러 미세한 나노입자를 관찰할 수 있는 현미경이 개발되면서 풀렸다.

컵 안에 특별한 조명이 따로 없을 때, 컵은 외부의 산란된 빛을 통해 우리 눈에 보인다. 대게 푸른색-녹색 계열의 빛이 산란효율이 높으므로 컵은 녹색 계통으로 보인다. 그러나 컵 안에 조명이 있으면, 조명 빛은 컵을 투과해 우리 눈에 들어온다. 즉 빛은 컵 속의 금속 나노입자와 상호작용하면서 투과한다. 이때 금속입자의 크기가 점점 작아짐에 따라 전체 부피 대비 표면적 비율이 증가하게 된다. 금속 나노입자의 경우 부피 대비 표면적 비율이 매우 높다.

이때 나노입자 표면에는 금속이 본래 가지고 있는 자유전자(진공 또는 물질 내부를 자유로이 운동하는 전자)가 높은 밀도로 분포하게 된다. 표면에 구름처럼 존재하는 자유전자들은 일정한 주기를 가지고 진동한다. 이 진동수와 같은 진동수(혹은 파장)의 빛을 만나면 자유전자들은 그 빛을 강하게 흡수하고 약간 긴 파장의 빛을 다시 방출하게 된다. 이를 '표면 플라즈몬 공명 surface plasmon resonance'이라 한다.

수십 나노미터 크기를 가진 금 나노입자는 고유 파장대가 560nm(노란빛)이다. 금 나노입자가 빛을 만나면 먼저 표면 플라즈몬 공명이 일어나고, 공명 파장보다 약간 긴 파장의 붉은색 빛을 방출한다. 그래서 컵 안에 빛을 비추면 컵이 붉은색으로 보이는 것이다.

로마인들은 인지하지는 못했지만, 금과 은을 모래 알갱이보다 수백 배 작게 즉 나노입자 크기로 연마하는 기술을 이미 가지고 있었던 것으로 추측된다. 리쿠르고스 컵 제조 기법은 12세기 이후 유럽 전역에

## 표면 플라즈몬 공명 현상

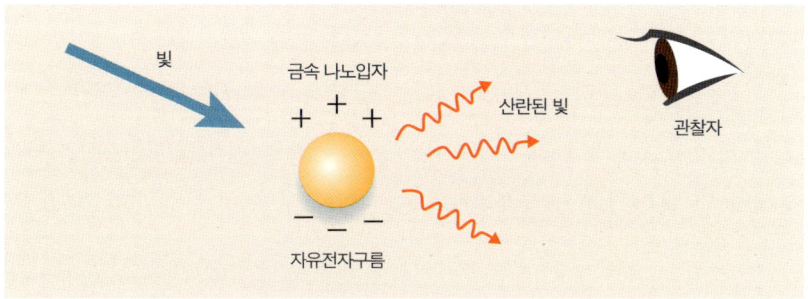

금속 나노입자에서 발생하는 표면 플라즈몬 공명 현상.

서 발전한 스테인드글라스 기술의 근간이 되었다. 일반적으로 스테인드글라스는 다채로운 색을 내기 위해 구리, 철, 망간과 같은 여러 가지 금속화합물을 이용했으며, 제작 과정 중간에 금이나 니켈 같은 금속을 첨가했다.

표면 플라즈몬 공명 효과에 의한 빛의 산란은 금속 나노입자 크기나 모양에 따라 다르게 일어난다. 입자 크기나 모양이 다르면, 공명하는 빛의 고유 진동수(주파수) 혹은 파장이 달라지기 때문에 다른 빛이 산란되어 보이는 색도 달라진다.

오른쪽 그림을 보면 입자의 종류와 모양 크기에 따라 다른 색을 보여주는 현상이 이해될 것이다.

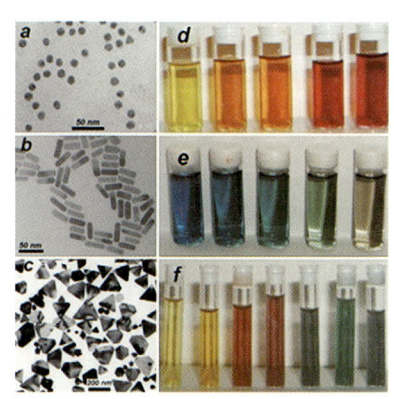

액체 속에 들어있는 금속 나노입자 크기나 모양 및 양에 따라 다르게 보이는 빛깔(L. Liz-Marzan, Materials Today, 7, 26, 2004).

왼쪽 그림은 나노 크기의 금속 형상을 보여주는 전자 현미경Transmission electron microscope 사진이고, 오른쪽은 이 입자들을 농도, 모양, 크기를 달리해 용액 속에 각각 담갔을 때, 다른 빛깔을 보여주는 실험 결과다. 이 현상은 금속입자에 의한 색 변화를 이용해 미량의 시료량을 재는 바이오센서 등 과학기술 전반에 활용되고 있다.

## 빛으로 신을 그리고 싶었던 인간

1163년에 건설이 시작돼 1345년에 완공된 파리 노트르담 대성당은 유럽을 대표하는 고딕양식 건축이다. 노트르담 대성당에서 가장 유명한 건 '장미창Rose window'으로 불리는 화려한 스테인드글라스다.

장미창에는 12사도에게 둘러싸인 예수가 각각 묘사되어 있으며, 높이가 13m에 달한다. 장미창에는 단 네 가지 색의 색유리만 사용했다고 알려져 있다. 색유리의 배열과 문양 차이만으로 이토록 화려한 느낌을 줄 수 있다는 점이 매우 놀랍다.

외부에서 장미창을 보면 꽃처럼 펼쳐진 화려한 창틀에 감탄한다. 반면 창틀에 조각조각 끼워진 유리는 색이 비슷비슷해 다소 밋밋한 느낌이 든다. 그러나 성당 내부에서 장미창을 바라보면, 반전이 펼쳐진다. 화려한 창틀은 성당 내부의 짙은 어둠에 묻히고, 스테인드글라스는 태양빛을 투과해 다채로운 빛을 내뿜는다.

스테인드글라스는 성당을 장식하는 성화, 조각들과 함께 가난한 문

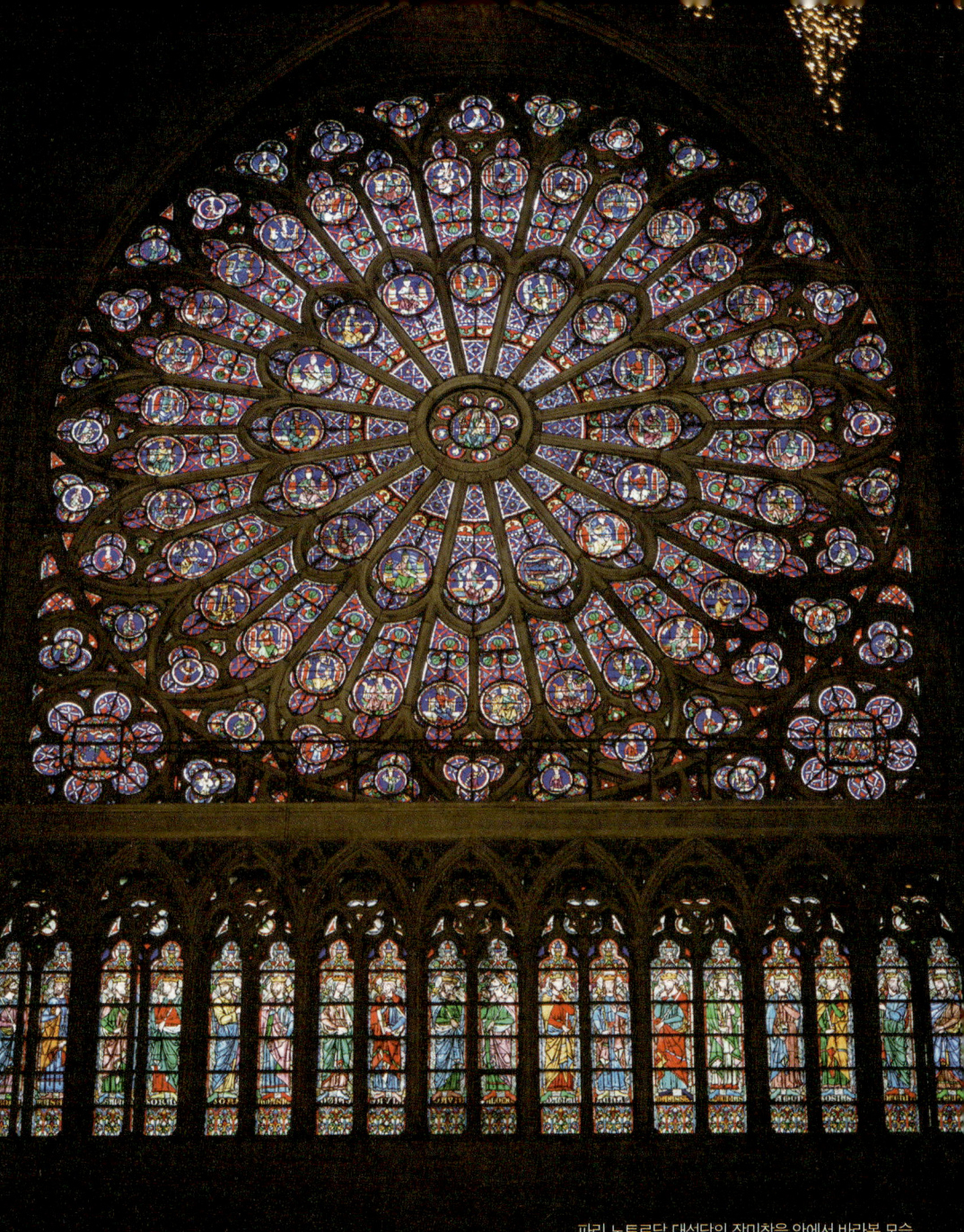

파리 노트르담 대성당의 장미창을 안에서 바라본 모습.

파리 노트르담 대성당의 장미창을 바깥에서 바라본 모습

맹자들에겐 신의 말씀을 전해주는 성경이었다. 스테인드글라스 유리들은 시시각각 달라지는 빛의 양에 따라 다채로운 색 변화를 보여주기 때문에 종교적인 주제를 표현하기에 매우 적합했다. 과거 사람들은 '빛'을 신과 인간 세상을 연결해주는 통로이자 영적 존재로 여겼다. 어둑한 성당 내부로 스테인드글라스를 통과한 오색찬란한 빛이 쏟아지면, 종교를 초월해 황홀경을 경험한다.

신의 속성을 표현하는 빛을 얼마나 신성하고 신비롭게 표현할 수 있을까 하는 고민이 스테인드글라스 제작 기법에 고스란히 녹아있다. 신을 그리던 빛은 오래전부터 인류의 미래를 바꿀 정교한 나노과학을 품고 있었다.

Physics & Art 05

# 원자와 함께 왈츠를!
# "쉘 위 댄스?"

파리 몽마르트르 언덕 작은 정원에서 한낮에 무도회가 열렸다. 한 무리 사람들이 벤치와 테이블 주변에 앉아 먹고 마시며 즐겁게 담소를 나누고 있다. 그들 뒤로 수많은 남녀가 짝을 지어 흥겹게 왈츠를 추고 있다. 저 멀리 희미하게 보이는 사람들까지 셀 수 없이 많은 사람이 그림 안에 있다. 나무 사이로 스며든 따뜻한 햇볕, 찬란한 빛에 휩싸인 사람들, '쿵 짝짝 쿵 짝짝' 울려 퍼지는 경쾌한 왈츠 리듬, 음악을 비집고 퍼지는 사람들의 웃음소리……. 관람자로 하여금 무도회장에 막 발을 들여놓은 느낌이 들게 할 만큼 생생한 그림이다.

오귀스트 르누아르Auguste Renoir, 1841~1919의 〈물랭 드 라 갈레트의 무도회〉는 19세기 말경 파리인에게 사랑받던 무도회장을 캔버스에 옮긴

오귀스트 르누아르, 〈물랭 드 라 갈레트의 무도회〉, 1876년, 캔버스에 유채, 131×175cm, 파리 오르세미술관

작품이다. 당시 파리 젊은이들은 일요일 오후가 되면 멋지게 차려입고 몽마르트르에 있는 물랭 드 라 갈레트에 모여 흥겹게 춤추고 이야기를 했다.

30대 중반의 가난한 르누아르는 물랭 드 라 갈레트 인근에 작업실을 얻어 1년 반 가까이 매일 이곳을 드나들면서 수많은 스케치와 습작을 만들었다. 그의 작품 중 가장 큰 그림에 해당하는 〈물랭 드 라 갈레트의 무도회〉는 1877년 '제3회 인상주의전'에 출품되기도 했다.

그림 속 사람들은 마치 살아 움직이는 듯 생생하다. 야외 정원에 쏟아지는 햇빛은 나뭇잎 사이사이를 통과해 얼룩무늬를 만들어내며 사람들의 옷과 얼굴을 반짝반짝 빛나게 한다. 르누아르는 사람들의 옷과 머리카락, 주변 나뭇잎에 의해 시시각각 변하는 빛과 그림자의 연속적인 흐름을 한편의 왈츠곡처럼 리듬감 있게 표현했다.

### 원자와 분자가 진동하며 추는 왈츠

'왈츠waltz'는 남녀가 짝지어 '쿵 짝짝 쿵 짝짝'하는 4분의 3박자 리듬에 맞춰 빙글빙글 원을 그리며 추는 춤이다. 남녀가 손을 맞잡고 우아한 동작으로 발걸음을 옮긴다. 독일 남부 지방에서 농부들이 일을 끝내고 추던 민속춤 '렌들러laendler'에서 유래된 왈츠는 19세기에는 유럽 전역으로 퍼져나가며 대중에게 크게 유행했다.

다시 그림 속 무도회장을 자세히 들여다보자. 사람들은 불규칙한 대열로 여기저기 서서 둘씩 짝지어 춤을 추고 있다. 그러나 춤추는 무리는 전체적으로 움직이거나 처음 대열을 이탈하지 않고 각자의 자리 주변에서 빙글빙글 원을 그리며 돈다.

이것은 마치 고체 물질 내부의 격자에서 결정結晶, lattice을 구성하고 있는 원자나 분자가 진동하는 모습과 유사하다. 물질을 구성하는 원자나 분자는 가만히 있는 것처럼 보이지만 실제로 끊임없이 움직인다. 물체가 고체일지라도 그렇다.

고체 내부 결정을 구성하는 원자나 이온들은 일정한 규칙에 따라 반복적이고 주기적으로 배열되어 있다. 이 원자나 분자는 각각의 위치에 정지해 있지 않고 평형 상태인 격자 주변에서 약하게 떨리고(진동하고) 있다. 즉 원자와 원자가 마치 용수철로 연결되었다고 생각할 수 있다. 이 용수철은 늘어나기도 하고 줄어들기도 한다. 전체 결정은 용수철로 연결된 원자들끼리 잡아당기는 인력에 의해 유지된다. 즉 무도회장에서 남녀가 짝을 이뤄 원을 그리며 주변을 조금씩 돌며 왈츠를 추는 것과 유사하다.

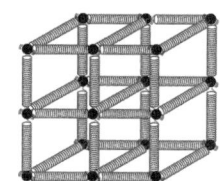

고체 내부 결정 구조

만약 외부에서 어떤 자극이 가해지면 원자들이 크게 흔들리는 진동이 생겨난다. 진동은 격자를 타고 결정 전체로 퍼져나간다. 외부에서 온 자극이 빛이라면, 격자들이 이 빛을 흡수해 특정한 파장(또는 진동수)으로 강하게 진동하며 공명을 일으키기도 한다.

고전역학에서는 모든 물리량(길이, 시간, 에너지 등)이 연속적인 값을 갖지만, 양자역학에서는 물리량이 띄엄띄엄한 값을 가진다. 고전역학적으로 연속적 성질을 갖는 물리량을 양자역학적인 불규칙한 값을 취하는 양(量)으로 바꾸는 것을 '양자화quantization'라고 한다.

빛 또는 전자기파의 진동을 양자화한 것을 '포톤photon', 즉 광자光子라고 한다. 결정은 외부로부터 에너지를 받아 열이 발생하는 진동을 하기도 한다. 특히 음파에 의해 일어나는 격자진동을 양자화한 것을 '포논phonon'이라고 한다. 포논이라는 용어는 '소리pho-'라는 접두어에 '입자-non'라는 접미어를 붙여 만든 단어다. 포논은 격자 내부에서 격자 간의 진동과 같은 상호작용을 매개한다. 격자진동의 진동수가 높으면 포톤 또는 포논의 에너지가 크다는 것을 의미한다.

### 사람들을 짝지어 춤추게 한 왈츠 음악은 포논

음악이 시작되기 전 무도회장에는 수백 명의 사람이 모여 있다. 그들은 저마다 자유롭게 움직이면서 무도회장을 돌아다닌다. 인사하기 위해 자리를 이동하는 사람, 제자리에서 옆 사람과 이야기 나누는 사람 등 사람들의 행동은 모두 다르며 무질서하다. 이때 무도회장 한쪽에 있는 사람이 반대쪽 끝에 서 있는 친구를 발견하고 인사하기 위해 가까이 다가가려 한다.

무도회장 반대쪽 끝으로 가려면 그는 많은 사람을 지나쳐야 한다. 이동하는 중에 다른 사람과 부딪히면서 진행 방향이 조금 바뀔 수도 있고, 공간이 갑자기 좁아지거나 넓어져서 이리저리 움직이며 반대편으로 가야 할지도 모른다.

이제 무도회장에 요한 슈트라우스 2세Johann Strauss II, 1825~1899의 왈츠곡 〈빈 숲 속의 이야기〉가 울려 퍼지기 시작한다. 음악이 흐르자 자연스럽게 가까이 있던 남녀가 짝을 이루고 왈츠를 추기 시작한다. 이들은 모두 3박자 정박으로 움직인다. 남녀 짝들이 모두 같은 박자의 리듬에 맞춰 움직이기 때문에 일정한 시간 간격으로 공간이 생길 것이다. 이번에는 다른 사람들과 부딪히지 않고 쉽게 무도회장 반대편으로 이동할 수 있을 것이다.

다시 고체 이야기로 돌아가 보자. 무도회장에 있는 사람들은 전하를 띤 입자, 즉 전자電子, electron에 비유할 수 있다. 그리고 사람들을 짝지어 춤추게 한 왈츠 음악은 고체 속을 흐르는 진동(소리)의 입자 포논에 비유할 수 있다.

무도회장에서 댄스 파트너들이 서로에게 호감을 느낀다면, 그들이 추는 춤은 박자가 잘 맞고 조화롭고 아름답게 보일 것이다. 상대에 대한 마음이 조화로운 몸짓으로 나타나고, 한 사람에게서 다른 사람에게로 옮아가고 또 되돌아오기도 한다. 격자의 한 지점에서 진동하는 원자가 다른 원자와 서로 부딪히면, 열에너지가 한 곳에서 다른 곳으로 이동한다.

포논의 물리학을 알면 고체의 열, 전기, 자기적 특성을 파악할 수 있게 된다. 포논 연구는 소재의 다양한 물성을 제어해 신소재를 개발하는 데 활용되고 있다.

무도회장에 있는 사람들은 전자, 그리고 사람들을 짝지어 춤추게 한 왈츠 음악은 포논에 비유할 수 있다.

## 쉘 위 댄스?

르누아르는 무도회장에서 볼 수 있는 장면이나 어떤 순간, 사람들의 이야기를 묘사하는 것을 매우 즐겼다. 그는 〈시골의 무도회〉와 〈도시의 무도회〉에서 왈츠를 추고 있는 한 쌍의 남녀를 좀 더 확대해 그렸다. 수많은 사람이 등장했던 〈물랭 드 라 갈레트의 무도회〉와 달리, 두 작품은 춤추는 남녀의 몸짓이나 표정 등에 훨씬 집중하게 한다. 두 작품은 비슷한 시기에 제작되었고, 전시회에서도 항상 함께 전시된다.

작품명에 들어 있는 '시골'과 '도시'라는 표현은 그림 배경과 분위기를 반영해 훗날 붙여졌다고 한다. 르누아르가 작품을 처음 선보였을 때 붙인 제목은 〈춤추는 사람들〉이었다. 정작 르누아르는 그림 속 남녀가 어떤 배경 앞에서 어떤 옷차림으로 춤추는지는 그다지 신경 쓰지 않았던 것 같다. 그는 다양한 상황에서 춤추

오귀스트 르누아르, 〈시골의 무도회〉, 1883년, 캔버스에 유채, 180×90cm, 파리 오르세미술관

며 행복해하는 사람들을 묘사하는데 충실해지고 싶었을지도 모른다.

〈시골의 무도회〉의 모델은 르누아르의 아내 알린 샤리고와 친구 폴 로트다. 춤추는 여인의 발그레하게 물든 얼굴은 한껏 들뜬 무도회 분위기를 고스란히 전달한다. 여성이 입고 있는 드레스의 작은 꽃무늬와 풍만한 실루엣은 왠지 소박하고 정겨운 느낌을 풍긴다. 남녀는 서로에게 자연스럽게 기대어 있다. 모자가 떨어진 줄도 모르고 춤추는 두 사람은 음악과 춤, 그리고 분위기에 흠뻑 취한 것 같다.

반면 〈도시의 무도회〉에서 춤추는 남녀의 적당히 떨어진 거리와 다소 경직되고 절제된 자세는 〈시골의 무도회〉와 대비된다. 푸른색이 감도는 여인의 드레스와 남성의 검은 슈트는 그림에 정적이고 차분한 느낌을 더한다. 남자의 펄럭이는 재킷 자락은 빙그르르 도는 왈츠의 우아한 춤사위를 표현하고 있다.

오귀스트 르누아르, 〈도시의 무도회〉, 1882~1883년, 캔버스에 유채, 180×90cm, 파리 오르세미술관

## 인상주의를 넘어 행복을 그리는 화가

르누아르의 아내 알린 샤리고는 〈보트 파티에서의 오찬〉에도 비중 있게 등장한다. 그림 앞쪽 왼쪽에서 작은 강아지를 어르고 있는 여인이 샤리고다. 〈보트 파티에서의 오찬〉도 〈물랭 드 라 갈레트의 무도회〉처럼 대낮에 파티를 즐기는 많은 사람이 등장하고 밝고 따스한 분위기가 감돌지만, 화풍에 있어 변화가 감지된다.

전체적으로 붓 터치가 좀 더 세밀해졌다. 〈물랭 드 라 갈레트의 무도회〉가 역동적이고 경쾌한 왈츠 리듬이 그림 전체에 가득했다면, 〈보트 파티에서의 오찬〉에서는 인물들의 표정과 관계 묘사에 좀 더 집중하게 된다. 테이블 위에 놓인 유리병과 컵, 과일은 모두 빛을 받아 반짝이고 있다. 르누아르는 여전히 빛을 묘사하는 일에 열중한 듯 보인다. 그러나 직접적인 빛 표현을 즐겼던 초기작과는 분명한 차이가 있다. 섬세한 붓 터치는 인물의 세세한 감정 변화를 더 부각한다. 〈보트 파티에서의 오찬〉은 빛과 그림자가 그림의 중심 화두였다가 점차 배경과 바탕으로 변화하는 시작점에 있는 작품으로 볼 수 있다

르누아르는 1881년 이탈리아를 여행하며 르네상스 시대 거장들의 작품에 매료되었다. 그의 영혼을 가장 매혹한 것은 르네상스 전성기를 이끈 라파엘로 산치오Raffaello Sanzio, 1483~1520의 작품이었다.

"1883년쯤 내 작품에는 일종의 단절이 일어났습니다. 나는 그동안 인상주의 화풍에 매달렸지만 그림을 어떻게 그리는지, 데생을 어떻게 하는지조차 모르고 있었다는 결론에 도달했지요." 르누아르가 이탈리

아 여행을 마치고 파리로 돌아와 한 말이다. 이탈리아 여행은 르누아르가 인상주의 화법에서 벗어나 화풍을 좀 더 고전적으로 바꾸는 계기로 작용했다.

이후 르누아르는 점차 인상주의에서 벗어나 독자적인 화풍을 추구했다. 하지만 르누아르가 인상주의의 중심 화두인 빛과 색채 묘사에 있어 독보적인 세계를 열었다는 점에는 아무도 이견을 제시하지 않을 것이다. 르누아르가 즐겨 관찰하고, 그림 속에 담고자 했던 자신만의 빛과 그림자는 시대를 초월해 여전히 그림 속에 살아 숨 쉬고 있다.

이번에 소개한 〈물랭 드 라 갈레트의 무도회〉, 〈시골의 무도회〉, 〈도시의 무도회〉, 〈보트 파티에서의 오찬〉은 모두 대형 작품에 속한다. 으레 커다란 캔버스에는 신화나 종교, 역사 이야기가 그려졌다. 커다란 캔버스에 일상을 즐기는 평범한 사람들을 불러낸 것만으로도 고정관념에 대한 도전이었다. 르누아르의 그림은 예술이 주목하지 않았던 일상의 아름다움을 일깨워줬다.

오귀스트 르누아르, 〈보트 파티에서의 오찬〉, 1881년, 캔버스에 유채, 130.2×175.6cm, 워싱턴 필립스미술관

Physics & Art 06

# 하늘 표정을
# 그리고 싶었던 화가

"날씨 참 고약하다!"

　영국에 유명한 소설가, 시인, 사상가, 철학가, 예술가들이 유난히 많은 이유는 변덕스러운 날씨 때문일지도 모른다. 비바람이 많아서 집에 있는 날이 많으니 무언가 골똘히 생각할 시간이 많아질 테고, 생각의 깊이 또한 깊어지지 않았을까? 도보 여행은 어쩔 수 없이 날씨에 크게 의존하게 된다. 여행지가 영국이라면 마음을 편하게 비우고, 비가 왔다 개었다 하는 고약한 영국 날씨를 즐기는 수밖에 없다.

　필자가 영국에 처음 갔을 때가 2월이었다. 날씨는 소문으로 들은 그대로였다. 비가 내리고 그치기를 반복해 쉴 틈 없이 우산을 접었다 폈다 해야 했다. 게다가 2월이라 춥기까지 했다. '이게 바로 영국날씨구나!' 영

존 컨스터블, 〈건초 마차〉, 1821년, 캔버스에 유채, 130×185cm, 런던 내셔널갤러리

국의 참모습을 온몸으로 경험하고 있다고 최면을 거는 수밖에 없었다. 비가 내리는 중에 바람이 거세게 불어 템스 강 노점에서 산 싸구려 우산은 뒤집어지기 일쑤였다. 이런 날씨야말로 실내 미술관 여행에 제격이다.

### 런던 시민들이 내 집 거실처럼 드나드는 미술관

런던 중심가 트라팔가Trafalgar 광장에는 영국 최초의 국립미술관인 내셔널갤러리가 있다. 르네상스 시대부터 인상주의에 이르는 2천여 점 넘는 회화작품을 보유하고 있어 프랑스 루브르박물관과 비교되는 미술

관이다. 특히 영국을 대표하는 풍경화를 많이 소장하고 있다. 1838년 왕궁 마구간을 헐고 지은 건물은 신고전주의 양식의 대가 윌리엄 윌킨스William Wilkins, 1778~1839가 설계했다. 미술관 정면의 코린트 양식 석조 기둥이 멋스럽다.

'모든 사람이 내 집에서처럼 편히 예술을 누릴 수 있도록 한다'는 운영 방침에 따라 미술관 입장료는 무료다. 런던 시민들은 내셔널갤러리를 일상적으로 드나든다. 직장인들은 점심 식사시간에 잠시 짬을 내 미술관에 들러 좋아하는 그림을 보고 일터로 돌아가고, 아이들은 학예사의 설명을 들으며 미술관 바닥에 주저앉아 스케치북에 그림을 모사한다.

1838년 문을 연 내셔널갤러리는 잇따른 기증으로 컬렉션이 점점 풍요로워지면서 1869년 전반적인 개·보수를 거쳐 일곱 개의 전시실을 추가하는 등 확장되었다. 전체 전시 면적은 축구장 여섯 개 넓이인 4만 6396㎡에 달한다.

## 악명 높은 영국 날씨가 낳은 두 명의 풍경화가

섬나라인 영국은 전반적으로 해양성 기후를 띤다. 지형 기복과 기압 변화가 심하고, 대서양에서 불어오는 남서풍의 영향으로 비가 많고 날씨가 자주 바뀐다. 영국의 변덕스러운 날씨가 낳은 걸출한 풍경화가가 둘 있다. 존 컨스터블John Constable, 1776~1837과 윌리엄 터너Joseph Mallord William Turner, 1775~1851다.

18세기까지만 하더라도 풍경화는 독립적 주제로 삼을 만큼 중요한 장르가 아니었다. 풍경은 그저 초상화나 종교화의 배경에 지나지 않았다. 18세기 말에 등장한 두 사람은 풍경화를 하나의 중요한 미술 장르로 만드는 데 공헌했다.

한 살 차이인 두 사람은 지극히 대조적인 화풍으로 자신만의 확고한 풍경화법을 구축했다. 컨스터블은 평생 자연풍경을 사실적으로 그렸으며, 터너는 자연풍경을 추상적으로 그렸다.

컨스터블은 영국의 변화무쌍한 날씨를 화폭에 담았다. 특히 구름의 다양한 모습을 담은 여러 편의 풍경화를 그렸다. 풍경화의 교과서로 불리는 〈건초 마차〉(85쪽 그림)는 1824년 파리 살롱에서 전시될 당시 큰 반향을 일으키며, 그를 유명 화가 반열에 올려놓은 작품이다. 그때까지 하나의 장르로 인정받지 못했던 풍경화가 서양미술의 한 장르로 인정받은 순간이었다.

〈건초 마차〉에서 주된 사물인 건초를 싣는 마차는 나무 그늘에 가려 오히려 어둡게 채색되어 있다. 반면에 뭉게구름이 가득한 하늘은 그림

주인공인 양 쨍하고 선명하게 표현되어 있다. 일반적으로 그림에서 하늘이나 산과 같은 먼 풍경은 배경으로 흐릿하게 묘사되곤 한다. 그러나 컨스터블 그림에서 구름은 매우 입체적이고 선명하게 그려져 있다. 실제 하늘을 캔버스에 옮겨 놓은 듯 생동감이 가득하다.

프랑스 낭만주의 화가 들라크루아Ferdinand Victor Eugène Delacroix, 1798~1863는 〈건초 마차〉 속 구름의 강렬하면서도 섬세하고 미묘한 색채 표현과 색의 병치 기법에 감명을 받아, 자신의 대작 〈키오스 섬의 학살〉 배경색을 수정했다고 한다. 색의 병치는 실제 색이 섞이는 것이 아니라, 착시로 인해 마치 혼합된 색처럼 보이는 것이다. 예를 들어 노란색과 파란색을 빽빽하고 나란하게 늘어놓으면 멀리서 볼수록 초록색으로 보인다(184쪽 참조).

## 구름은 어떻게 만들어질까?

컨스터블은 구름과 무지개를 소재로 습작을 많이 그렸다. 그는 시시각각 변하는 하늘 표정을 더욱 잘 그리기 위해서 자연 현상에 대한 과학적 이해가 수반되어야 한다고 믿었다. 컨스터블이 구름을 잘 그리기 위해 기상학을 공부하고, 무지개를 잘 그리기 위해 아이작 뉴턴Sir Isaac Newton, 1643~1727의 광학을 독학했다는 것은 이미 미술계에 널리 알려진 사실이다.

컨스터블의 〈구름 습작〉 시리즈 가운데 한 작품을 살펴보자. 이 그

존 컨스터블, 〈구름 습작〉, 1822년, 종이에 유채, 30×48.8cm, 멜버른 빅토리아국립미술관

림에 등장하는 대상은 구름과 하늘밖에 없다. 하지만 캔버스를 메우고 있는 물감 색은 다채롭기 그지없다. 이 작품에는 놀랍게도 구름이 생성되는 원리와 태양 빛의 반사·산란·회절 현상이 잘 표현되어있다.

따뜻해진 공기는 위로 올라간다. 태양으로부터 열을 받으면 지표면 가까이 있는 공기가 가열돼 상승한다. 높이 올라갈수록 기압이 낮아지고, 기압이 낮아지면 부피는 증가한다. 위로 올라간 따뜻한 공기는 점차 부피가 늘어난다. 공기가 팽창하려면 가지고 있는 열을 소모해 에너지를 충당해야만 한다.

결국 공기가 팽창하면서 기온이 급속히 낮아지고, 공기 속에 있는 수증기들은 액체로 응결된다. 이때 주변에 먼지나 작은 입자가 있으면 수증기들이 엉켜 작은 물방울이 되고, 이 물방울이 모이면 구름이 된다. 수증기의 응결을 도와주는 먼지 입자들을 '응결핵'이라고 한다.

## 구름에 매료되어 노벨 물리학상까지 받은 과학자

찰스 윌슨Charles Thomson Rees Wilson, 1869~1959은 구름에 매료된 과학자다. 대학생이던 윌슨은 방학이면 스코틀랜드 산악지역을 탐험했다. 그는 형제들과 함께 사진기를 가지고 스코틀랜드의 아름다운 자연경관과 구름을 사진으로 남기곤 했다. 스코틀랜드 산 정상에 걸린 아름다운 구름에 매료된 윌슨은 구름이 형성되는 과정을 연구했고, 이온을 핵으로 삼아 구름이 형성된다는 이론을 수립했다.

윌슨은 자신의 이론을 바탕으로 1911년 '구름상자'를 만들었다. 구름상자는 구름이 생성되는 순간처럼 공기가 과포화(용액이 어떤 온도에서

윌슨이 만든 구름상자. 구름상자는 입자 궤적을 눈으로 보여줌으로써 미지의 입자를 규명하는데 기여했다.

필자가 직접 만든 구름상자(왼쪽)와 구름상자 속을 지나가는 우주선 궤적(오른쪽).

용해도보다 많은 양의 용질을 포함하고 있는 상태)되었을 때, 방사선이 지나가면 방사성 입자가 지나가는 궤적을 따라 구름을 만들어 눈으로 볼 수 있게 해주는 장치다.

구름상자 안의 공기가 급속 냉각 및 과포화된 상태에서 방사성 입자가 빠르게 지나가면, 방사성 입자는 지나는 길에 만나는 공기 분자들과 살짝 충돌한다. 이때 방사선은 산소 등의 공기 분자들로부터 전자를 떼어내기에 충분할 만큼 강력한 에너지를 가진다. 이렇게 공기 분자들로부터 전자가 떨어져 나간 상태를 '이온화'라고 한다. 방사선에 의해 이온화된 공기 입자는 일종의 응결핵이 되어, 구름과 같은 뿌연 흔적을 만들어낸다. 이때 상자에 밝은 빛을 비추면 방사성 입자의 경로를 눈으로 보거나 사진 찍을 수 있다.

필자는 물리학과 학부 3학년 시절 방학 때, 입자실험실에 허락을 구해 친구와 함께 며칠에 걸쳐 구름상자를 만들어 재미있는 실험을 했다. 생물학과에서 얻어 온 드라이아이스를 이용해 상자 안 공기의 과포화 상태를 구현하느라 매우 고생했다. 반복된 실험 끝에 방사선 궤적을 두 눈으로 직접 확인했을 때 느꼈던 환희를 지금도 생생히 기억한다.

구름상자 속에 과포화 조건만 잘 형성하면, 우리 주변에 항상 있는 방사선의 일종인 '우주선cosmic ray'을 직접 볼 수 있다. 우주선은 태양 또는 외계에서 발생하는 큰 에너지 입자와 방사선 등을 총칭한다. 지구의 대기 분자와 충돌하기 전 상태의 우주선을 '1차 우주선'이라고 한다.

우주선은 대기층 상부에서 질소나 산소 원자와 충돌해 새로운 방사선을 만든다. 이것을 '2차 우주선'이라고 한다. 지표면에서 가까울수록 2차 우주선에 해당하는 미립자(직경이 마이크로미터로 측정되는 고체 입자)가 관측된다.

직접 구름상자를 만들고 하얗게 구름 궤적이 생기는 걸 처음 보았을 때는, 너무 놀란 나머지 사진을 찍지 못했다. 백여 년 전 구름상자를 처음 만든 윌슨도 자신의 이론이 증명된 순간, 나와 같지 않았을까?

윌슨의 구름상자는 원자물리학 실험 분야가 발전하는 데 결정적인 공헌을 했다. 구름상자에 대한 공로로 윌슨은 1927년 노벨 물리학상을 수상했다. 노벨상 수상자 연회에서 윌슨은 "연구 주제를 선택한 것은 어떤 심사숙고의 결과가 아니라, 1894년 가을 스코틀랜드 산 위에서 본 구름 때문이었다"며 "구름의 아름다움에 반해 실험실에서 같은 현상을 재현하고 싶었던 것이 연구의 가장 큰 동기"라고 밝혔다.

### "상상 속 풍경은 결코 실제보다 뛰어날 수 없다"

컨스터블의 구름 그림을 좀 더 살펴보자. 오랜 시간 하늘을 관찰한 컨스터블은 아마도 구름의 본질을 잘 이해하고 있었을 것이다. 컨스터블은 반짝이는 느낌을 표현하기 위해 대상 주변에 작고 하얀 점을 찍었고, 초록색 나뭇잎을 그릴 때는 보색인 붉은색으로 나뭇잎 주변에 점을 찍어 오히려 푸른빛을 더욱 생생하게 살리는 기법을 사용했다. 구름 주변에서 빛이 산란되어 시시각각 푸른색 또는 붉은색으로 보이는 현상을 절묘하게 표현해 사실감을 더했다. 이런 방식은 이후 인상주의

존 컨스터블, 〈무지개가 있는 햄스테드 히스〉, 1836년, 캔버스에 유채, 50.8×76.2cm, 런던 테이트갤러리

화가들이 빛을 표현하기 위해 사용한 기법의 토대가 되었다.

컨스터블은 인상주의가 등장하기 이전에 야외에서 유화를 그린 최초의 화가다. 그만큼 컨스터블은 직접 체험하고 관찰한 자연을 사실적으로 그리는 것에 집중했다. 그는 마치

비 갠 뒤 대기 중에 있는 물방울이 프리즘 역할을 해 태양 빛이 굴절되어 나타나는 것이 무지개다.

기상학자처럼 캔버스에 스케치한 날짜와 위치, 기상상태와 구름의 움직임 등을 세세하게 기록했다.

컨스터블은 구름과 함께 무지개가 등장하는 풍경을 많이 그렸다. 그는 1837년 햄스테드에서 생을 마감했다. 〈무지개가 있는 햄스테드 히스〉는 그의 마지막 작품으로 알려져 있다. 노년에 요양을 위해 햄스테드로 이주한 컨스터블은 아내를 먼저 떠나보내고, 수년간 병든 몸으로 고독하게 살았다.

빛은 입자이자 파동이다. 파동은 여러 가지 파장으로 구성되어 있고, 파장마다 굴절률이 다르다. 굴절률이 다른 빛이 프리즘을 통과하면 파장에 따라 빛이 나뉜다. 이렇게 빛이 파장의 굴절률에 따라 나누어 나타나는 현상을 '빛의 분산'이라고 한다.

소나기가 지나간 대기에는 물방울들이 많다. 비 갠 뒤 대기 중에 있는 물방울은 프리즘 역할을 한다. 태양 빛이 대기 중에 있는 물방울에 굴절돼 나타나는 것이 바로 무지개다.

컨스터블의 마지막 그림 〈무지개가 있는 햄스테드 히스〉는, 그가 평

생을 노력해 완성한 구름에 대한 밀도 높은 표현과 짙게 드리운 어두운 그림자, 그리고 한 줄기 희망과도 같은 무지개가 절묘하게 어우러져 있어 깊은 여운과 감동을 준다.

## 가장 위대한 영국 그림

컨스터블은 철저하게 자연을 관찰하는 데 기반을 두고 하늘과 구름을 형상화하는데 집중했다. 컨스터블의 경쟁자이자 영국을 대표하는 또 다른 풍경화가 윌리엄 터너는 빛의 효과를 보다 직접적으로 묘사하는 데 탁월한 능력을 보였다.

터너의 초기 작품은 그가 존경했던 17세기 프랑스 화가 클로드 로랭Claude Lorrain, 1600~1682의 영향을 많이 받았다고 한다. 초기 작품은 풍경을 사실적으로 묘사하고, 밝게 채색해 마무리했다. 풍경화를 좋아했던 그는 영국과 이탈리아를 중심으로 근방의 여러 나라를 여행하며 변화무쌍한 날씨에 따라 달라지는 자연 현상에 크게 감동했다. 그리고 이를 작품에 반영하기 시작했다. 특히 터너는 빛의 효과를 매우 직접적으로 표현하거나, 빛에 따라 풍경이 달라져 보이는 순간을 포착하기 위해 노력했다.

초기 작품에 나타난 사실적인 표현과 사물의 경계는 중반기 작품으로 넘어가며 사라졌다. 대신 눈에 보이는 사물의 형태가 아닌 빛에 의해 재배치된 형상을 그리는 것으로 화풍이 바뀌어 갔다. 터너는 컨스

윌리엄 터너, 〈전함 테메레르호의 마지막 항해〉, 1839년, 캔버스에 유채, 91×122cm, 런던 내셔널갤러리

터블과 함께 후에 '빛의 화가'로 알려진 인상주의에 커다란 영향을 미쳤다.

내셔널갤러리에서 사람들의 발걸음을 멈추게 하는 압도적 작품 가운데 하나가 터너의 〈전함 테메레르호의 마지막 항해〉다. 이 작품은 BBC 방송에서 조사한 '가장 위대한 영국 그림' 1위를 차지하기도 했다.

그림은 뒤쪽에 있는 거대한 범선이 앞에 있는 검은 증기선에 이끌려 가는 순간을 그렸다. 98문의 대포가 실린 테메레르호는 1805년에 나폴레옹의 영국 본토 침략 계획을 포기시킨 트라팔가르Trafalgar 해전에서 대활약했던 전함이다. 영국에 영광의 시대를 열어 준 전함은 산업화 시대가 도래해 증기선이 등장하자, 물 밖으로 끌려 나와 해체의 순간을 맞이하게 됐다.

석양이 하늘과 바다를 모두 금빛으로 물들이며 장렬한 순간을 비춘다. 범선은 창백한 얼굴을 하고 역사의 뒤안길로 사라지며, 과거의 영광을 추억하고 있는 듯하다. 붉은 석양과 바다에 반사된 배는 마치 빛이 나는 것처럼 강렬하고 눈부시다.

터너의 그림에서 뿜어져 나오는 듯한 압도적인 힘은 그가 적절하게 구사한 색의 병치 기법과 섬세한 붓 터치로부터 나온다. 하늘을 집어삼키듯 번져나가는 붉은 석양은 그저 붉기만 한 것이 아니다. 붉은 석양은 대기 중의 구름과 수증기에 의해 산란되어 오색찬란하게 흩어지며 생동

런던 내셔널갤러리에서 터너의 〈폴리페무스를 조롱하는 오디세우스〉를 따라 그리는 사람의 뒷모습.

감을 더한다. 그리고 저 멀리 낮은 하늘의 짙은 푸른색은 붉은 석양과 대비를 이루며, 석양을 한층 더 강렬하게 보이게 한다. 또한 흰색의 작은 붓 터치를 여기저기 적절하게 배치하여 수면의 반짝거리는 느낌을 강조했다.

내셔널갤러리에서 터너의 그림들을 보다가 우연히 그의 그림 〈폴리페무스를 조롱하는 오디세우스〉를 따라 그리는 화가를 발견했다. 터너의 또 다른 대표작 〈폴리페무스를 조롱하는 오디세우스〉에도 하늘과 빛, 어둠을 표현하는 현란한 기법이 잘 드러나 있다.

전혀 다른 삶을 살아왔을 수많은 사람들이 약속이나 한 듯이 넋을 잃고 그의 그림들을 바라본다. 그림을 배우고 수련 중인 사람이라면 터너의 화려한 채색 기법에 반할 것이다. 또 누군가는 터너가 포착한 사라져가는 과거의 찬란했던 어느 순간에 감정이입이 되기도 할 것이다.

공기는 계속해서 이동한다. 그래서 공기가 이동하며 만드는 바람은 구름 모양을 시시각각 달라지게 한다. 빛 역시 순간적으로 변한다. 태초부터 똑같은 표정의 하늘은 없었다. 컨스터블과 터너 두 풍경화의 대가들 덕분에 우리는 그 순간 그곳에 없었다면 볼 수 없는 찰나의 하늘 표정을 볼 수 있게 됐다.

Physics & Art 07

# 아무것도 아닌 나를 그리기까지

20대 초반 젊은 남자가 고개를 젖힌 채 환하게 웃고 있다. 그림은 밝은 기운으로 가득하다. 〈웃고 있는 렘브란트〉는 렘브란트 반 레인Rembrandt Harmenszoon van Rijn, 1606~1669이 20대 초반이던 1628년, 고향 네덜란드 레이던에 머물며 그린 작품이다. 렘브란트의 다른 작품에 비해 비교적 늦게 공개된 이 그림은, 렘브란트의 가장 젊은 시절 자화상이자, 자화상으로는 보기 드물게 웃는 모습을 그렸다.

〈웃고 있는 렘브란트〉는 한때 위작 논란을 겪기도 했다. 그러나 곧 렘브란트 고유의 붓질과 특성이 잘 드러난 작품으로, 진품이라는 평가를 받았다. 위작 논란이 일던 당시 불과 3100달러 정도로 평가되었던 작품은, 진품으로 판명된 뒤 감정가가 4000만 달러까지 치솟기도 했다.

렘브란트 반 레인, 〈웃고 있는 렘브란트〉, 1628년, 동판에 유채, 22.2×17.1cm, 로스앤젤레스 J. 폴게티미술관

렘브란트는 당대 화가들 가운데서는 드물게 70여 점이 넘는 자화상을 그렸다. 거울에 비친 자신의 모습을 그대로 그리거나, 성서의 주인공 또는 유명인에 자신을 투영해 그렸다. 렘브란트는 순간순간 자신이 처한 삶이나 감정 상태를 덧입혀 많은 자화상을 남겼다. 얼굴에는 그 사람이 살아온 인생 굴곡이 그대로 나타난다고 했던가? 렘브란트는 자서전의 한 페이지를 채우듯 자신의 삶을 지속적으로 캔버스에 기록했다.

### 빛과 어둠의 극적인 배합

'빛의 화가'로 알려진 렘브란트 그림은 대부분 전체적으로 어두운 가운데 그림 중앙에 있는 사람에게 밝은 빛을 부여해서 시선을 집중시킨다. 이러한 기법을 '키아로스쿠로chiaroscuro'라고 한다. 키아로스쿠로는 이탈리아어 '밝다chiaro'와 '어둡다oscuro'의 합성어다. 사물에 입체적인 느낌을 주거나 원근을 표현하기 위해 빛에 의한 명암을 강조해 표현하는 기법이다. 빛과 어둠의 강렬한 교차는 극적인 느낌을 고조함과 동시에 심리적 불안을 자극한다.

17세기 이탈리아의 카라바조Michelangelo Merisi da Caravaggio, 1573~1610는 키아로스쿠로를 아름답게 구현한 화가다. 카라바조의 〈잠자는 에로스〉를 보자. 칠흑같이 어두운 배경 가운데 인물을 극명하게 밝게 묘사해 인물과 배경의 경계가 분명하다. 어둠에 잠겨 있는 날개와 바닥에 놓인 활과 화살은 잠든 사내아이가 '에로스Eros'라는 것을 알려준다. 에로스

카라바조, 〈잠자는 에로스〉, 1608년, 캔버스에 유채, 71×105cm, 피렌체 팔라티나미술관

는 그리스 로마 신화에서 사랑의 신이다. 그런데 그림에서 결코 사랑의 기운이나 따스함이 느껴지지 않는다. 어쩌면 카라바조는 식어버린 사랑의 비극성을 잠들어 있는 에로스를 키아로스쿠로 기법으로 묘사해 더욱 극적으로 표현한 것은 아닐까?

### 그 순간 그곳을 채운 공기의 질감

명암이 극단적으로 대비되는 키아로스쿠로는 렘브란트에 와서 조금 변화한다. 렘브란트는 밝음과 어둠의 극단적인 대비를 잘 활용하면서, 훨씬 풍부하게 살려냈다고 평가받는다. 카라바조의 어둠이 칠흑 같은

렘브란트 반 레인, 〈천장이 높은 방에서 탁자에 앉아 글을 읽고 있는 남자〉, 1628~1630년, 패널에 유채, 55.1×46.5cm, 런던 내셔널갤러리

검정이라면, 렘브란트의 어둠은 풍부한 톤을 가지고 있다. 렘브란트의 그림에서 어둠은 배경에서 중앙에 있는 인물까지 점진적으로 밝아지며 이어진다. 덕분에 그림은 매우 현실적이고 입체적인 느낌으로 다가온다. 렘브란트와 동시대를 살며 네덜란드 회화의 황금시대를 함께 이끌었던 요하네스 베르메르Johannes Vermeer, 1632~1675도 밝음과 어둠을 이와 유사하게 표현했다.

렘브란트 고유의 명암 대비는 그가 실제 빛과 그림자에 의해 사물이 어떻게 인식되는지 매우 오랫동안 관찰하고, 빛의 성질을 잘 이해한 결과 가능했던 표현이라고 볼 수 있다.

렘브란트는 20대 초반 풍경화에 빛의 성질을 직접 표현하려고 시도했다. 〈천장이 높은 방에서 탁자에 앉아 글을 읽고 있는 남자〉는 마치 역광 사진을 보는 듯한 느낌이다. 그림 속 남자는 실루엣만 보일 뿐 표정은 보이지 않는다. 높은 창에서 부드럽게 들어오는 외부 빛과 벽에 비친 창문 그림자 모양이 순간의 정적과 평화로운 공기를 그대로 전달한다. 특히 창문틀 모양은 선명한 선들이 아니고 흐릿하게 번져있어, 늦은 오후 방안의 달궈진 공기와 먼지들이 순환하고 있는 순간을 절묘하게 포착했다.

역광back light, 逆光은 피사체 후면에서 비추는 조명이다. 역광은 피사체 가장자리에 밝은 선을 만들어 피사체를 배경과 분리시킨다. 역광은 사진에서 대상의 실루엣을 강조하기 위해 사용되는 데, 그림에 역광이 묘사되는 경우는 매우 드물다. 아마도 렘브란트가 모처럼 사람이 아닌, 빛과 그림자를 주제로 그림을 그리고 싶어 실험적으로 이런 구도를 취한 게 아닐까 짐작해본다.

역광을 이용하면 대상의 실루엣만 표현할 수 있는 걸까? 그건 아니다. 오히려 대상을 뒤에서 비추는 역광과 대상을 보는 시점에서의 보조광이 동시에 존재한다면, 대상의 입체감은 더욱 배가 된다. 역광은 대상에 후광을 만들어주어 실루엣이 뚜렷하게 잘 보이게 해주고, 대상이 배경으로부터 돌출된 느낌을 준다. 그리고 대상을 보는 위치에서 약한 보조광을 비추면 대상의 디테일이 살아나며 사실감을 더할 수 있다.

빛을 사용하는 데 남다른 감각을 보여준 렘브란트는 광선의 명칭에 자신의 이름을 남겼다. '렘브란트 라이트Rembrandt Light'라고 알려진 이 빛은 다음과 같은 상황에서 표현된다. 고개를 약간 돌린 모델의 측면에서 빛이 들어와 한쪽 얼굴을 비춘다. 측면에서 들어온 빛이 메인 조

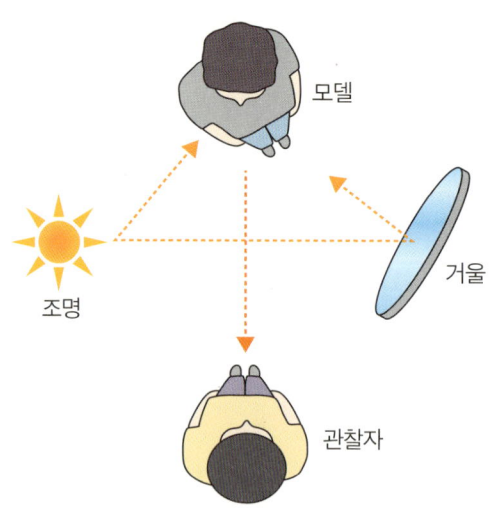

렘브란트 라이트가 발생하는 구도와 '빛의 삼각형'.

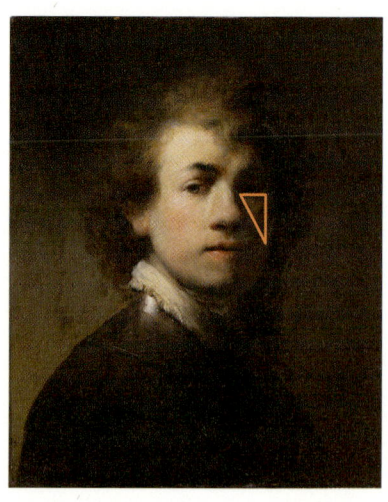

렘브란트 반 레인, 〈자화상〉, 1629년, 패널에 유채, 38.2×31cm, 뉘른베르크 게르마니아국립박물관

렘브란트 반 레인, 〈시므온의 찬미가〉, 1631년, 패널에 유채, 47.9×60.9cm, 헤이그 마우리츠하이스왕립미술관

명이고, 거울 또는 반대편 벽에서 반사된 약한 빛이 서브 조명으로 역광의 이미지를 부드럽게 만들어 주는 역할을 한다. 모델의 얼굴은 메인 조명을 받은 쪽은 매우 밝고, 다른 쪽 얼굴은 약간 어둡게 표현되면서 눈 밑에 '빛의 삼각형triangle of light' 영역이 생긴다. 빛의 삼각형은 눈보다 넓거나 코보다 길어서는 안 된다. 렘브란트가 자신의 그림에 즐겨 사용한 빛이다.

렘브란트는 일련의 작업을 통해 점차 빛과 그림자를 붓이나 물감처럼 그림을 그리는 하나의 도구처럼 사용하게 된다. 그는 빛과 그림자가 그림 속에서 어떻게 제 역할을 발휘하는지를 꾸준히 실험했다.

렘브란트의 1631년 작품 〈시므온의 찬미가〉(107쪽 그림)는 성령에 인도받은 예언자 시므온이 아기 예수를 만나 하나님께 감사드리며 메시아가 오셨다고 선포하는 순간을 그리고 있다.

그림에는 많은 사람이 등장하지만, 대부분 어둠에 묻혀 배경처럼 보이고 가운데 시므온과 아기 예수는 연극 무대에서 집중적으로 조명을 받은 연기자처럼 밝게 그려져 있다. 자연스럽게 관람객의 시선은 시므온과 아기 예수에게 쏠린다.

〈시므온의 찬미가〉에 사용된 명암 표현 기법은 사진에서 비네팅vignetting 효과와 같은 역할을 한다. 비네팅은 사진에서 렌즈 주변부 광량이 적을 때 촬영한 사진의 외곽이나 모서리가 어둡게 나오는 현상을 말한다. 비네팅은 수동 카메라나 렌즈 성능이 낮은 토이 카메라에서 흔히 나타나는 현상이다. 마치 어두운 터널을 통과할 때 찍은 사진 같다고 해서 '터널 현상'이라고 부르기도 한다.

# 빛과 어둠으로 써내려간 일기

## 34세의 렘브란트

렘브란트는 1632년 니콜라스 튈프Nicolaes Tulp, 1593~1674 박사의 의뢰를 받아 〈니콜라스 튈프 박사의 해부학 강의〉를 완성한다. 이 그림은 청년 렘브란트를 일약 거장의 반열에 올려놓았다. 렘브란트는 연이어 부유한 귀족들로부터 초상화 주문을 받아 많은 돈을 벌었다. 1640년 렘브란트가 34세일 때 그린 자화상(110쪽 그림)을 보자. 부와 명성, 행복한 가정을 다 가진 사람이 뿜어내는 삶의 여유와 자신감이 느껴지는 자화상이다.

렘브란트는 성서를 주제로 한 연작과 역사화 대작을 그리며 성공 가도를 달렸다. 1642년에는 인생을 송두리째 바꿀 문제작 〈야경〉(원제는 '프란스 반닝 코크 대위의 민병대')을 그렸다. 시민대가 암스테르담의 도시 민병대 본부 건물에 걸기 위해 렘브란트에게 주문한 작품이다. 이 작품은 보관 과정에서 그림 표면에 칠한 바니시가 검게 변해 밤 풍경을 그린 것으로 오해를 받아 〈야경〉이라는 제목이 붙었다. 그러나 렘브란트가 그린 그림의 배경은 낮이었다.

렘브란트는 무장한 한 무리 군인들이 어두운 아치 안에서 걸어 나오는 역동적인 장면을 그렸다. 반닝 코크 대장이 앞에서 부하들을 이끌고 있고, 뒤에 북을 치거나 깃발을 휘날리는 사람들이 있다. 당시 군인들의 초상은 신분과 계급에 따라 인물을 나란히 배열하는 게 불문율이었다. 렘브란트의 낯선 시도와 파격적인 구도는 쉽게 받아들여지지 않았다. 거액을 주고 주문한 단체 그림에서 어떤 사람은 얼굴이 반 이상

렘브란트 반 레인, 〈자화상〉, 1640년, 캔버스에 유채, 102×80cm, 런던 내셔널갤러리

렘브란트 반 레인, 〈야경 : 프란스 반닝 코크 대위의 민병대〉, 1642년, 캔버스에 유채, 363×437cm, 암스테르담국립미술관

이 가려져 있고, 어떤 사람은 그림자에 묻혀있고, 일관되지 않은 방향으로 선 사람들의 배열은 거센 비난을 면치 못했다. 렘브란트는 순식간에 초상화가로서의 명성과 인기를 잃어버리고 말았다.

비싼 저택을 구입하고 미술품을 수집하며 경제적으로 풍족한 삶을 누렸던 렘브란트는 이 한 장의 그림 때문에 곧이어 경제적인 어려움에 맞닥뜨리게 된다. 설상가상으로 렘브란트는 같은 해에 세 자녀와 아내

렘브란트 반 레인, 〈자화상〉, 1658년, 캔버스에 유채, 103.8×133.7cm, 뉴욕 프릭콜렉션

를 차례로 잃고 고통스러운 나날을 보내게 된다. 후에 모델이자 연인이었던 두 여인과의 스캔들로 사람들의 입방아에 오르고, 간통 혐의에 휘말리며 종교재판장에 서는 등 수난을 겪기도 했다. 1656년 렘브란트는 암스테르담 고등법원에 개인파산을 신청했다. 그가 파산을 신청하자 사람들은 귀를 의심했다고 한다. 렘브란트가 누군가? 명성이 다소 떨어지긴 했어도 한때는 부자들이 그림을 주문하려고 줄을 섰던 화가다. 그리고 렘브란트는 아내에게 거액의 유산을 물려받지 않았던가. 법원은 렘브란트의 저택과 재산을 압류해 모두 경매에 넘겨버렸다. 경매에 나온 렘브란트의 자산 목록에는 골동품, 희귀한 물건, 고서적, 고급 가구와 함께 동시대 작가들 그림도 무려 60점이나 있었다.

### 52세의 렘브란트

저택과 애지중지했던 수집품을 모두 경매에 넘겼지만, 렘브란트는 빚을 갚지 못해 가난에 허덕였다. 52세의 가난한 렘브란트는 다시 자신의 얼굴을 그렸다(112쪽 그림). 비록 초상화가로서의 인기는 사라졌지만, 여전히 그는 담담하고 당당하게 자신을 기록했다. 렘브란트는 황금빛 이국적인 옷차림을 하고 지팡이를 들고 양팔을 벌려 매우 위엄 있는 자세로 앉아있다. 돈이 없어 빈민가였던 요르단 구역으로 이사한 렘브란트는 유대인 친구들과 어울리며 은둔했다. 그 영향인지 자화상에서 자신을 동방의 왕처럼 묘사했다. 렘브란트의 얼굴은 늙고 주름졌지만, 눈빛은 아직 또렷하다. 그간의 자화상에서와 달리 유난히 화려하게 치장한 모습으로 캔버스 앞에 선 렘브란트는 황금기와도 같았던 지

렘브란트 반 레인, 〈자화상〉, 1669년, 캔버스에 유채, 86×70.5cm, 런던 내셔널갤러리

난 시절을 추억하는 동시에 자신의 건재함을 과시하고 싶었던 것일지도 모른다.

### 63세의 렘브란트

어느덧 하얗게 새어버린 머리와 주름진 얼굴. 모든 것을 잃어버린 렘브란트의 눈동자는 텅 비어있다. 그의 얼굴에는 굴곡진 삶에 대한 회한과 체념, 슬픔, 깊은 자아성찰이 복잡하게 뒤엉켜 있는 듯하다. 가지런히 모은 두 손에서 그동안 보여줬던 기백도 사라진 듯 보인다.

이 그림은 렘브란트가 죽기 전 마지막으로 그린 자화상이다. 훗날 이 그림을 본 고흐Vincent van Gogh, 1853~1890는 "너무 비극적"이라는 말을 수없이 되뇌었다고 한다.

예술가 렘브란트는 서양미술사에 커다란 발자취를 남긴 위대한 화가였다. 자연인으로서 렘브란트는 무척 솔직하고 자유로운 삶을 살았으며, 유혹에 약하고 운명의 소용돌이에 한없이 흔들렸던 유약한 인간이었다. 삶의 기쁨과 환희, 슬픔과 고뇌. 렘브란트 내면의 소용돌이는 그의 삶 전반에 걸쳐 마치 일기처럼 그려온 자화상에 고스란히 묻어있다. '빛의 마술사'로 우리에게 다가왔던 렘브란트는 마지막 자화상에서 어둠 뒤편으로 서서히 사라져 간다.

때로는 많은 말보다 침묵에 더 큰 의미가 담기고, 비어 있는 여백이 가득 채운 그림보다 깊은 여운을 남긴다. 짙은 어둠은 밝음보다 시선을 더 오래 머무르게 한다.

Physics & Art 08

# 서양화에는 있고
# 동양화에는 없는 것

서양 미술사에 레오나르도 다 빈치Leonardo da Vinci, 1452~1519의 〈모나리자〉가 있다면, 한국화에는 조선 후기에 그려진 혜원蕙園 신윤복申潤福, 1758~1814년경의 〈미인도〉가 있다. 조선 시대 그림 중 가장 많이 그려진 분야는 산수화다. 인물화는 드물었을 뿐만 아니라, 왕이나 재상, 공신이 그 대상이었다. 〈미인도〉처럼 여인을 단독으로 그린 그림은 찾아보기 어렵다. 그래서 〈미인도〉가 가지는 의미는 더 특별하다.

 그전까지 한국화는 대부분 선 위주로 형태를 묘사했고, 면을 모두 채우지 않았다. 중국과 서양 상인을 통해 들어온 안료를 사용해 붉은색, 파란색, 노란색 등 그림에 다양한 색을 입히기 시작한 것은 조선 후기이므로, 〈미인도〉는 채색이 된 비교적 초기 한국화라고 할 수 있다.

신윤복, 〈미인도〉, 조선 후기, 비단에 채색,
114.2×45.7cm, 서울 간송미술관

서양화에는 있고 동양화에는 없는 것

그림 속 여인의 머리에 얹혀 있는 큰 트레머리는 어두운 먹색으로 짙게 채색되어 풍성하게 느껴진다. 반면 가느다란 선으로만 마무리된 여인의 얼굴에서는 섬세하고 부드러운 인상이 느껴진다. 은은한 색조의 옥색 치마 위로 흘러내린 한 가닥의 주홍색 치마끈은 마치 이 그림의 포인트인 양 시선을 붙잡는다.

그림에는 인물 외에 어떤 배경이나 주변 사물이 없다. 한국화의 전형적 표현법인 '여백의 미'를 잘 살리고 있으면서, 보는 사람으로 하여금 인물에 더욱 집중하게 한다. 모델이 누구인지 알려지지 않았지만, 그림 속 여인에 대한 화가의 애정과 관심이 가득 느껴지는 작품이다.

### 그리지 못하는 게 아니라 그리지 않은 것

한국화를 포함해 동양화에는 없고 서양화에만 있는 것이 있다. 바로 '빛'과 '그림자'다. 동양화는 대상과 작가의 정신·관념을 가장 중요하게 생각했다. 동양화를 그린 화가들은 실제 대상의 형태나 대상이 놓인 상황을 보이는 그대로 정확하게 묘사하기보다는 대상이 갖는 의미나 개념, 즉 관념을 더 중요하게 생각했다고 볼 수 있다. 실제 풍경을 그린 산수화에서도 종이의 바탕을 모두 채색하지 않고, 주된 산세, 나무, 동물 등 그림의 주제가 되는 사물을 중심으로 그렸다. 인물화는 주제인 인물이 그림 중앙에 크게 자리하고 배경이 없는 경우가 대부분이다.

그림 동양화에는 거리감과 입체감이 전혀 없는 것일까? 그렇지는

안견, 〈몽유도원도〉, 1447년, 비단에 채색, 38.6×106cm, 나라현 덴리대학 부속 덴리도서관

않다. 동양화는 물감의 농담濃淡과 선의 굵기, 또는 상대적인 크기 등을 다르게 하여 형태와 거리감이나 원근감을 표현했다.

동양에서는 인물을 그리는 경우는 드물었고, 산수화나 화조화가 회화의 주된 분야였다. 이는 그 시대를 지배하던 학문의 가치와 긴밀한 관련이 있다. 동양에서는 아름다움의 근원이 자연에 있다고 생각했다. 동양의 유토피아적 이상 세계를 그린 〈몽유도원도〉나 민화 〈십장생도〉에는 인물이 등장하지 않는다.

서양에서 '빛'과 '하늘'은 신을 의미한다. 서양화에 빛과 하늘이 무수히 그려진 데 반해, 동양화에는 하늘에 대한 개념이나 빛이 직접 묘사된 경우가 없다.

빛은 일직선으로 쭉 뻗어 나가는 성질이 있다. 이러한 성질을 '빛의 직진성'이라고 부른다. 일직선으로 곧장 나가는 빛이 투명한 물체를 만나면 물체를 통과하고, 불투명한 물체를 만나면 물체에 막혀서 더는 나아가지 못하고 물체 뒤로 그늘이 생긴다. 이것을 그림자라고 부른다. 그림자는 항상 빛의 반대편에 생긴다.

그림자는 태양이 지표면으로부터 떠 있는 높이와 관계가 있다. 지구가 자전하기 때문에 하루 동안 태양의 높이는 시간에 따라 달라진다. 아침과 저녁에는 그림자 길이가 길고 한낮에 그림자 길이가 가장 짧아진다. 이렇게 그림자는 빛에 의해 모양과 크기가 결정된다. 동양화에서는 그림자를 사물의 본질이 아닌 빛에 의한 반영反影에 불과하다고 생각해, 의미 있게 다루지 않았다.

반면 서양화는 오래전부터 자연을 눈에 보이는 그대로 관찰 및 해부해 표현했다고 볼 수 있다. 일찍이 서양에서는 빛의 존재, 빛과 사물의 상호작용을 과학적으로 분석하고 해석하고자 했다. 빛과 하늘에 관한 서양인들의 접근법은 그림에도 고스란히 반영되었다.

특히 종교적 배경과 맞물려 서양인들은 하늘을 신이 있는 곳이라고 생각했다. 그리고 빛은 신의 모습이거나 신과 관련 있는 어떤 메시지나 의미라고 생각했다. 그들은 빛 자체를 그림 속에 표현하고자 했다. 서양화에서는 빛과 그림자를 어떻게 표현하고 채색하는지에 따라 물체의 부피와 원근감, 형태와 거리감이 표현된다.

서양화와 동양화는 여러 가지 면에서 서로 다르다. 우선 그림에 사용하는 종이나 안료 등 재료가 다르다. 그리고 시대상이나 배경이 전혀 다르다. 서양과 동양의 전혀 다른 종교와 세계관은 세상을 표현하는 개념과 원리에 차이를 가져왔다. 이것은 비단 그림뿐만 아니라, 음악이나 문학 등 모든 예술작품에서 동서양의 차이를 만들어 냈다.

## 동양화와 서양화의 차이를 대변하는 그네 타는 여인

비슷한 시기를 살았던 한국의 신윤복과 프랑스의 장 오노레 프라고나르Jean-Honoré Fragonard, 1732~1806, 동서양의 두 화가는 우연히 그네를 타는 여인을 그렸다.

신윤복의 〈단오풍정〉에는 음력 5월 5일 단옷날을 한가롭게 즐기는 사람들 모습이 묘사돼 있다. 여인들은 냇가에서 목욕하거나 머리를 감거나 그네를 타며 노닐고 있다. 그림 왼편에는 여인들을 바위틈으로 몰래 훔쳐보는 젊은 스님들을 익살스럽게 그려 넣었다. 단옷날은 '며느리 날'이라는 이름으로도 불렸다. 이날만큼은 며느리도 집안일을 잊고 온종일 그네를 뛰며 놀 수 있었기 때문이다. 그림 속에도 노란 저고리에 붉은 치마를 입은 여인이 그네를 타고 있다.

〈미인도〉처럼 〈단오풍정〉도 여인들의 얼굴과 속살을 드러낸 몸은 주로 가느다란 선으로 묘사했고, 나무, 바위, 치마는 채색을 했다. 특히 그네를 타는 여인이 입고 있는 노란색 저고리와 붉은색 치마는 채색된 다른 대상보다 좀 더 진하고 선명하게 칠해져 있어, 확연히 눈에 띈다. 단옷날의 여러 가지 풍속을 나열하여 그린 듯하지만, 어쩌면 신윤복은 그네를 타는 여인에게 좀 더 마음이 가 있었던 게 아닐까? 채색을 통해 화가의 마음을 헤아려본다.

〈단오풍정〉 역시 나무 뒤의 산세나 언덕, 바위 등은 대부분 비어 있어 여백의 미가 가득 느껴진다. 비어있는 곳은 자연스럽게 배경이 되고, 채색된 부분은 그 농담 정도에 따라 순서대로 우리의 시선을 붙든

신윤복, 〈단오풍정〉, 18세기 말~19세기 초, 종이에 채색, 28.2×35.6cm, 서울 간송미술관

다. 이 그림에는 빛이 없다. 따라서 그림자도 없다. 울퉁불퉁한 나무껍질의 굴곡이나 흐르는 시냇물의 물줄기, 언덕 위 풀의 결도 매우 자세하게 묘사되어 있지만, 그 어디에도 그림자는 없다.

그러나 실제 관찰한 모습과 같지 않다고 해서 〈단오풍정〉을 보면서 생동감이나 현실감이 느껴지지 않는다고 평가하는 사람은 없을 것이다. 오히려 세시풍속을 즐기는 한 사람 한 사람의 행동에 좀 더 집중하게 된다. 자연스럽게 '그림 속 상황은 어떤 순간일까?' 상상력을 발휘하게 된다.

### 로코코 회화의 마지막 대가, 프라고나르

신윤복은 대대로 도화서(조선 시대 그림 그리는 일을 담당하던 관청) 화원을 배출한 화가 집안에서 태어났다. 일찍이 그림에 뛰어난 재능을 보였으나, 남녀 간의 춘정이 담긴 풍속화를 많이 그려 '이단아'로 불렸다.

프랑스 화가 프라고나르 역시 삶의 굴곡이 신윤복과 비슷하다. 프라고나르는 왕립아카데미 출신으로 로코코 회화 양식의 거장으로 불린다. 프라고나르는 〈칼리로이를 구하기 위하여 자신을 희생시키는 코레소스〉 등 수많은 걸작을 완성해 역사화가로 큰 명성을 떨치다, 돌연 에로틱한 그림으로 장르를 변경했다. 당시 부유한 후원자들은 에로틱하거나 관능적인 그림을 많이 주문했다. 프라고나르는 남녀의 은밀한 이야기나 에로틱한 상징들이 담긴 그림을 그리며 큰돈을 벌었지만, 미술계의 정통 평론가들로부터는 맹렬한 비난을 받았다. 프랑스혁명을 거치며 그의 그림은 유행에 뒤처진 저급한 미술로 취급받았다. 후원자들이 단두대의 이슬로 사라지자 프라고나르는 가난에 시달리다 비참하게 생을 마감했다.

관능미에 경쾌함까지 갖춘 프라고나르의 작품은 1700년경 프랑스에 등장해 18세기 말까지 크게 유행했던 로코코 회화의 특성을 잘 보여준다. 로코코Rococo라는 말은 귀족의 저택 벽을 장식하던 작은 조약돌을 뜻하는 프랑스어 '로카이유rocaille'에서 비롯되었다. 로코코 회화는 화려한 귀족 문화가 꽃피우던 시기에 귀족들의 일상을 여성스럽고 우아하고 경쾌하게 그렸다.

장 오노레 프라고나르, 〈그네〉, 1767년, 캔버스에 유채, 81×64.2cm, 런던 월리스컬렉션

〈그네〉는 프라고나르의 전성기 대표작 가운데 하나다. 당시에 인기 있던 주제인 남녀 간 애정 이야기를 로코코 회화 기법으로 잘 담아낸 작품이다. 그림에는 두 명의 남성과 한 명의 여인이 등장한다. 주인공은 그네를 타고 있는 여인이며, 여인은 젊은 남성과 노인 사이를 장난스럽게 오가며 마음을 저울질하고 있다.

캔버스를 빈틈없이 가득 채운 다양한 색채와 곡선으로 표현된 물체들이 우아하고 화려하기 그지없다. 그림에서 그네를 타는 여인을 더욱 돋보이게 하는 것은 나무 사이로 들어오는 빛이다. 그림 속 여인은 마치 무대 한가운데에서 조명을 받는 배우처럼 밝고 화사하다. 여인이 입고 있는 살구색 드레스는 또 어떤가? 당시 귀족 여인들이 입었던 화려한 레이스와 리본 장식이 잔뜩 달린 로코코풍 드레스다. 드레스의 자잘한 프릴이 햇빛에 비쳐 실제 반짝거리는 것처럼 느껴진다.

특히 〈그네〉가 에로틱하게 느껴지는 이유는 그네 타는 여인이 앞쪽 젊은 남성을 향해 다리를 들어 올려 치마 속을 보여주는 찰나를 묘사하고 있기 때문이다. 젊은 남성의 얼굴은 붉게 상기되어 있다. 여성의 벗겨진 신발은 그네의 격렬한 움직임을 실감 나게 전달한다.

덤불에 누워 있는 젊은 남성을 좀 더 밝게 표현함으로써, 그네 타는 여성과 젊은 남성이 사연의 주인공이며 그들이 주고받는 은밀한 눈빛은 그림을 보고 있는 우리만 알고 있어야 한다고 말하고 있다. 심지어 화면 왼쪽에 있는 큐피드 조각상은 남녀의 애정 행각을 지켜보며, 입술에 손가락을 대고 '쉿'하고 이들의 만남이 비밀임을 알려주고 있다. 뒤쪽 어두운 곳에서 여인의 그네를 잡아주고 있는 노인은 이 상황을 눈치채지 못한다. 이 얼마나 발칙하고 앙큼한 순간인가? 그림 속 이야기는 빛의 명암 대비를 통해 더욱 입체감 있고 실감 나게 살아난다.

그네 타는 여인을 주인공으로 내세운 〈단오풍정〉과 〈그네〉. 두 작품은 빛과 그림자를 전혀 다른 방식으로 작품에 끌어안고 우리에게 각자의 이야기를 전달한다. 그럼에도 불구하고 두 작품 모두 그림을 보는 행위를 마치 그네 타는 여인을 몰래 훔쳐보는 것 같은 착각이 들게 묘사했다는 점 역시 흥미롭다. 동서고금을 막론하고 인간 내면에는 비슷한 감정이 존재한다는 것을 시사한다고 볼 수 있다.

### 빛과 그림자의 변주로 감정을 표현

시대가 바뀌어 19세기 후반 오귀스트 르누아르Auguste Renoir, 1841~1919도 그네를 사이에 두고 젊은 남녀를 그렸다. 프라고나르의 작품과 제목도 똑같은 〈그네〉다. 르누아르는 10년 정도 짧은 기간이기는 했지만, 알프레드 시슬레Alfred Sisley, 1839~1899와 클로드 모네Claude Monet, 1840~1926, 프레데릭 바지유Frédéric Bazille, 1841~1870 등과 교류하며 인상주의를 이끌었다.

르누아르는 코르토 거리 정원에서 잔Jeanne이라는 실제 여인을 모델로 해 〈그네〉를 그렸다. 그림에는 사람과 바닥 주변으로 밝고 어두운 점이 가득하다. 점은 나뭇잎 사이사이로 햇살이 비치는 찰나를 표현한다. 햇빛 때문인지 사람들의 온화한 표정 때문인지 그림에는 행복함이 가득하다.

오귀스트 르누아르, 〈그네〉, 1876년, 캔버스에 유채, 92×73cm, 파리 오르세미술관

제일 앞에서 등을 보이고 서 있는 남자는 그네 위 여인에게 말을 건네는 듯하다. 그네 위 여인의 시선은 앞에 서 있는 남자를 똑바로 바라보지 못하고 살짝 옆으로 비껴있다. 여인의 발그레 상기된 두 볼은 관람객으로 하여금 남자가 건넨 이야기를 상상하게끔 한다. 나무 뒤에 서 있는 남자는 여인에게 말 거는 남자의 얼굴을 뚫어지게 쳐다보고 있다. 나무 앞에 선 아이는 천진무구한 눈빛으로 이 상황을 궁금해하며 올려다보고 있다.

르누아르는 우리에게 그림 속 주인공들이 어떤 상황에 부닥쳤는지 직접적으로 알려주지 않는다. 그는 빛과 그림자의 변주만으로 그림 속 인물들의 감정을 전달한다. 나무 사이로 스며든 햇빛은 여인의 하얀 드레스와 그네 주변에 일렁이듯 잔잔한 물결을 만들어낸다. 아지랑이처럼 흩뿌려진 빛을 머금은 반점들은 갈팡질팡 망설이는 여인의 내면을 보여준다.

19세기 등장한 인상주의 화가들은 서양미술사에서 빛과 관련한 새로운 전환기를 마련했다. 광학의 도움을 받아 인상주의 화가들은 우리가 보는 물체의 색은 물체가 반사하거나 물체를 투과한 빛이라는 사실을 알게 됐다. 즉, 물체의 색은 빛의 밝기나 각도, 대기 흐름에 따라 얼마든지 변할 수 있다는 의미다. 빛에 관한 과학적 인식은 변하지 않는 물체의 고유색이란 존재하지 않는다는 인식으로 이어졌다. 화가들이 그림에 빛과 그림자를 어떻게 표현했는지를 살피는 것만으로 우리는 서양미술사를 이해하고, 나아가 동서양 회화의 차이를 알 수 있다.

Physics & Art 09

# 평면의 캔버스에서 느껴지는 공간감의 비밀

네덜란드 델프트를 여행하게 된다면, 그리고 〈진주 귀걸이를 한 소녀〉와 동명의 영화를 통해 요하네스 베르메르Johannes Vermeer, 1632~1675에 대해 호기심이 생겼다면, 델프트 마르크트 광장 근처에 있는 '베르메르 센터'를 방문해볼 것을 추천한다. 아쉽게도 이곳에 있는 그림은 모두 프린트물이다. 하지만 베르메르 전 작품이 실제 크기로 모여 있고, 베르메르가 사용했던 물감과 그림 도구들이 설명과 함께 전시되어 있다. 특히 빛을 하나의 재료로 사용했던 베르메르가 어떤 방식으로 그림을 그렸는지 이해하기 쉽도록 작업실을 재현해놓았다.

베르메르 그림은 왼편에 난 큰 창과 창으로 들어오는 빛이 일종의 오브제가 되어 이야기나 분위기를 주도한다. 베르메르 센터는 창 위치

요하네스 베르메르, 〈우유 따르는 여인〉, 1660년경, 캔버스에 유채, 45.5×41cm, 암스테르담국립미술관

와 의자가 놓인 곳, 그리고 빛의 조도까지 그림 속 상황과 흡사하다. 센터에 설치된 의자에 앉아 사진을 찍으면, 베르메르 그림과 비슷한 위치에 빛과 그림자가 생기는 재미난 사진을 얻을 수 있다.

## 평범한 일상의 아름다움을 알려준 베르메르

베르메르는 17세기 네덜란드(플랑드르 지방) 황금기를 대표하는 화가로 알려졌지만, 남아 있는 그림 수가 30여 점에 불과하고 생애에 관한 기록도 거의 없다. 베르메르는 19세기 중반에 이르러 화가로서 인정받았다. 베일에 싸여 있기에 호기심을 자극하는 화가다. 〈진주 귀걸이를 한 소녀〉의 모델이 누구인지를 비롯해 화가와 그림에 관한 이야기가 무성하다. 〈진주 귀걸이를 한 소녀〉에 숨겨진 이야기를 쫓는 소설과 영화도 잇달아 발표되었다.

베르메르는 주변에서 쉽게 만날 수 있는 평범한 사람의 일상과 주변 사물을 묘사했다. 안정적인 구도와 정확한 비례가 주는

베르메르 센터에 마련된 전시실 한편에는 그의 작품에 주로 등장하는 창문과 부드러운 빛이 그대로 재현되어 있다.

정적이고 고요한 일상 풍경에 베르메르만의 독특한 특징을 여기저기 숨겨놓아서 작품을 들여다볼수록 수수께끼를 푸는 재미가 있다.

## 선 원근법과 소실점은 어떤 역할을 하는가?

원근법에는 공기 원근법과 선 원근법이 있다. 사물이나 풍경은 거리가 멀어질수록 공기를 더 많이 지나게 된다. 공기 중의 먼지나 수증기 등에 빛이 산란되면 물체가 푸른빛을 띠고, 채도가 낮아지며, 경계면이 흐릿해진다. 이런 현상을 원근감 표현에 이용한 것이 공기 원근법이다.

공기 원근법을 많이 사용한 화가가 레오나르도 다 빈치Leonardo da Vinci, 1452~1519다. 다 빈치는 스푸마토 기법을 적용해 경계면을 흐릿하게 그려 멀리 있는 풍경에 원근감을 더했다. 다 빈치의 〈성 안나와 함께 있는 성 모자상〉은 공기 원근법을 가장 잘 표현한 그림으로 평가받는다. 성 안나의 무릎에 앳된 얼굴의 마리아가 앉아 있다. 마리아는 양 등에 올라타려는 아기 예수를 양에게서 떼어 놓으려 하고 있다. 인물과 달리 배경은 윤곽선이 흐릿하고 채도가 낮은 물감으로 채색되어 있다. 안개에 둘러싸인 듯 산세를 신비롭게 표현했다. 인물을 떼어내고 보면 마치 한 폭의 동양 산수화를 보는 듯하다.

선 원근법은 그림 속에 소실점vanishing point을 이용해 3차원 대상을 입체적으로 표현하고 공간에 깊이 감을 더하는 기법이다. 실제로는 평행한 두 개의 직선을 쭉 연장하면 우리 눈에는 하나의 점에서 만나는 것

레오나르도 다 빈치, 〈성 안나와 함께 있는 성 모자상〉, 1510년경, 패널에 유채, 168×130cm, 파리 루브르박물관

레오나르도 다 빈치, <최후의 만찬>, 1498년, 회벽에 유채와 템페라, 460×880cm, 밀라노 산타마리아 델레 그라치에 성당

<최후의 만찬> 소실점

처럼 보인다. 이렇게 선이 모이는 점을 소실점이라고 한다. 선 원근법은 보는 사람의 시선을 자연스럽게 소실점으로 끌어모아 집중하도록 한다. 화가는 실제 형상을 자신이 본 것처럼 정확하게 표현하기 위해 소실점을 사용하기도 하고, 의도적으로 특정 위치에 시선을 모으기 위해 정교하게 소실점을 활용하기도 한다. 다 빈치는 공기 원근법뿐만 아니라 선 원근법도 잘 활용했다.

다 빈치가 소실점을 이용해 그린 대표적인 작품이 〈최후의 만찬〉이다. 만찬장의 창틀과 천장 패턴, 식탁 모서리 등 그림에 드러난 선들을 쭉 이어보면, 가운데 앉아있는 예수 얼굴 약간 우측으로 선들이 모인다. 이런 소실점은 작품 구도에 안정감을 부여하며, 동시에 주요한 대상을 소실점 위치에 그려 넣음으로써 집중시키는 효과를 준다.

## 베르메르, 매혹의 비밀

베르메르는 선 원근법을 이용한 소실점 기법으로 인물을 안정적인 구도로 묘사했다. 먼저 〈우유 따르는 여인〉(130쪽 그림)을 보자. 그림에 선 원근법을 적용해보자. 창틀 선과 테이블, 여인의 오른손목 꺾임 정도, 푸른 앞치마 모서리 등은 소실점을 향해 뻗은 선의 경로와 정확하게 일치하는 위치에 있다. 베르메르는 실제로 소실점 구도를 활용해 그림을 그렸다.

〈우유 따르는 여인〉에서 소실점은 인물 우측 빈 공간이며, 점이 모이는 곳 아래 삼각형 부근이 자연스럽게 빛을 받으며 강조되는 위치가 된다. 그림을 보면 유일한 등장인물인 여인 못지않게, 소실점 아래 삼각형 속 사물이 매우 정성스럽게 묘사되어 있다.

우유를 따르는 포트와 바닥의 그릇, 옆에 놓인 푸른 도자기, 앞에 놓인 바구니 속 빵 등에 창으로 들어온 햇살이 부딪쳐 반짝이고 있다. 그림의 백미는 포트에서 떨어지는 우유다. 그림에서 액체가 떨어지는 순

〈우유 따르는 여인〉 소실점

우유가 담겨있는 포트와 그릇 모서리.

창에 난 구멍과 나무 창틀에 반사된 빛.

간을 포착한 경우는 흔하지 않다. 안정된 구도와 차분한 색감이 조성하는 정적인 분위기에 반해, 이 그림에서 유일하게 생동감이 느껴지는 부분이다. 창문에 난 구멍은 또 어떤가! 창문에 작은 구멍이 있고 이곳을 통과해 들어온 빛은 창틀에 반사되어 더욱 밝게 비친다. 화가가 얼마나 빛의 속성을 제대로 관찰하고 인지해 그림에 표현했는지를 알려주는 묘사다.

베르메르의 다른 그림 〈음악 수업〉(138쪽 그림)에서도 비슷한 구도와 사물 배치, 그가 숨겨놓은 메시지를 찾을 수 있다. 베르메르의 그림은 마치 스튜디오에서 소품과 인물만 바꾼 채 그린 것처럼 비슷한 구도와 형식이 반복된다. 소실점을 활용해 입체감이 느껴지는 방이 등장하고, 왼쪽에 창문이 있다. 창으로 빛이 들어와 사물이나 특정 인물을 비추고 어두운 곳과 대비되어 더욱 강하게 시선을 붙잡는다. 그리고 어김없이 여기에는 재미있는 이야기가 숨어 있다.

〈음악 수업〉 속 인물들을 자세히 살펴보자. 여인은 피아노의 초기 버전으로 알려진 '버지널$_{virginal}$'이라는 건반 악기를 연주하고 있고, 그녀의 오른쪽에 선생님으로 추정되는 남자가 서 있다. 무역으로 경제적 황금기를 누렸던 17~18세기 네덜란드에서는 문화와 교육에 대한 수요가 높았다. 특히 무역으로 부를 쌓은 신흥 상인 계층에서 여성들의 교양 교육의 하나로 피아노 교습이 유행했다.

그림에 선 원근법을 고려해 드러난 선들을 연결하고 선을 추가해보자. 소실점 부분에 그림의 주인공인 여인이 있고, 그 연장선에 남자의 손이 놓여 있다. 그리고 악기 위 거울 모서리와 거울 속 비친 바닥 패턴

요하네스 베르메르, 〈음악 수업〉, 1662~1664년, 캔버스에 유채, 73.3×64.5cm, 영국 왕실 소장(엘리자베스 2세 컬렉션)

〈음악 수업〉 거울 부분 확대.

〈음악 수업〉 소실점.

을 연결해 보면(연두색 선) 우리가 그림을 보면서 어디에 시선을 두어야 할지 알 수 있다.

베르메르는 여인이 악기를 배우는 것보다 남자 선생님에게 더 관심이 있다는 것을 악기 위에 세워진 거울을 통해 알려준다. 거울에 비치는 여인의 눈빛은 건반이 아니라 옆에 서 있는 남자를 향하고 있다.

베르메르는 그림 속에 어떻게 이렇게 정확하게 소실점을 표현할 수 있었을까? 베르메르는 실에 분필 가루를 묻혀 못에 걸어 잡아당겨 캔버스에 선을 남긴 뒤 그 선을 따라 그렸다고 한다. 실제로 베르메르의 그림에 못 자국이 남아 있다. 그리고 카메라 옵스큐라camera obscura를 이용해 대상의 구도와 비례를 정확하게 따라 그렸다고도 알려졌다. 후자의 추정은 아직 논란의 여지가 있다.

## 풍경을 재해석해 그림에 이야기를 입힌 베르메르

베르메르가 활동하던 당시 플랑드르 지방에서 카메라 옵스큐라 혹은 렌즈와 같은 기하 광학을, 보이는 그대로 정확하게 묘사하기 위한 보조 수단으로 사용했다는 해석이 많다. 그러나 베르메르는 자연을 보이는 대로 담지 않았다. 잘 계산된 구도와 형태로 전체적으로 그림에 안정감을 부여했지만, 세세하게는 의도적으로 왜곡된 방향에서 사물을 배치함으로써 새로운 이야기를 입혔다.

〈델프트 풍경〉은 〈작은 거리〉와 함께 베르메르의 30여 점 작품 중 단 두 점뿐인 풍경화 가운데 하나다. 〈델프트 풍경〉은 델프트 남쪽 큰 삼각형 모양의 운하 건너편에서 도시를 바라보며 그린 풍경화다. 그림은 가운데 도개교를 기점으로 좌우로 나뉜다. 왼쪽에는 시담문Schiedam gate과 성벽이 붉은 지붕 집들을 둘러싸고 있다. 저 멀리 마을의 가운데 있는 구교회 첨탑이 보인다. 도개교 오른쪽에는 신교회가 햇살을 받아 환히 빛나고 있고, 앞쪽으로 두 개의 첨탑이 있는 로테르담 문Rotterdam gate이 웅장하게 서 있다.

그림 이곳저곳에 베르메르의 의도가 숨어 있다. 왼쪽에 있는 구교회 첨탑은 짙은 회색으로 색칠되어 있다. 마치 과거 속으로 사라져 가는 구교회를 포착한 듯한 느낌이다. 이와 대조적으로 오른쪽에 있는 신교회와 집은 햇살을 받아 금빛으로 반짝인다.

그림에 어떤 비밀이 숨어 있는지 찾아내기 위해 현재 델프트 모습을 살펴보자. 사진은 구글맵에서 베르메르가 서 있었던 것으로 추정되

요하네스 베르메르, 〈델프트 풍경〉, 1661년, 캔버스에 유채, 117.5×96.5cm, 헤이그 마우리츠하이스왕립미술관

구글맵으로 델프트 남쪽(Plein Delftzicht) 길 위에서 바라본 모습(2019년).

는 길가Plein Delftzicht에서 델프트 방향을 본 것이다. 시담 문과 성곽이 사라진 것을 제외하면, 360년 전에 그려진 그림과 비교해도 경관이 상당히 비슷하다. 가운데 도개교를 중심으로 왼쪽에는 저 멀리 구교회 첨탑 꼭대기가 아슬아슬하게 보이고, 오른쪽에는 신교회가 보인다. 신교회 바로 옆에 로테르담 문의 첨탑 두 개가 보인다. 심지어 나룻배가 있던 자리에 보트가 정박돼 있다.

그런데 〈델프트 풍경〉 속에서 로테르담 문은 사진에 있는 것보다 훨씬 크고 앞쪽으로 튀어나와 보인다. 베르메르가 의도적으로 로테르담 문이 잘 보이도록 방향을 약간 우측으로 돌려서 크게 그린 것이다. 도개교 길이와 신교회의 상대적 위치에 맞게 구글맵에서 각도를 맞춰 보면 로테르담 문은 사진처럼 좀 더 작고 정면이 더 잘 보여야 한다. 풍경을 얼마나 사실적으로 그릴 수 있는가를 뽐냈던 당시 미술계 분위기를 생각한다면, 의도적 왜곡은 일종의 실험이라고 할 수 있다. 베르메르는 보이는 것과 다르게 의도적으로 풍경을 재구성했다.

이러한 해석은 1980년대부터 여러 학자에 의해 밝혀졌다. 엑스레이와 적외선 촬영법으로 그림의 밑그림을 들여다보면 베르메르의 의도가 잘 드러난다. 그는 처음에 로테르담 문 첨탑을 밝게 처리했고, 물에 비친 물그림자도 실제처럼 좀 더 짧게 그렸다. 그러다 후에 첨탑 색을 어둡게 바꿔 뒤에 있는 금빛 신교회와 더 대조적으로 보이게 했다. 물그림자를 과장되게 길게 늘여 그림 끝까지 닿게 해 도개교 쪽으로 시선을 끌어모은다.

베르메르가 〈델프트 풍경〉을 그리기 전인, 1654년 델프트 화약고에서 큰 폭발이 있었다. 폭발로 많은 건물이 소실되고 거리의 모습이 바뀌었다. 풍경화를 잘 그리지 않았던 베르메르가 갑자기 이렇게 델프트 풍경을 그린 이유는, 아마도 화약고 폭발에 자극을 받아 자신이 사랑하는 델프트의 상징적인 명소들을 한 장의 그림에 모두 담아 남기고자 했던 게 아니었을까 추측해 본다.

### 사진의 시대, 화가의 존재 이유

영화 〈진주 귀걸이를 한 소녀〉는 베르메르가 카메라 옵스큐라를 사용해 그림을 그렸을 것이라는 가설을 바탕으로 이야기를 전개한다. 베르메르(콜린 퍼스 분)의 작업실에 카메라 옵스큐라가 들어오던 날, 처음 보는 도구에 호기심을 보이는 하녀 그리트(스칼릿 조핸슨 분)에게 베르메르는 카메라 옵스큐라를 이용해 어떻게 그림을 그리는지 설명해 준다.

카메라 옵스큐라를 이용해 어떻게 대상을 있는 그대로 묘사할 수 있을까? 16~17세기에 활발하게 사용된 것으로 기록된 카메라 옵스큐라의 원리는 그림과 같다. 어두운 상자의 한쪽 면에 작은 구멍을 만들면, 상자 반대 면에 밖에서 들어온 빛에 의해 사물의 상이 거꾸로 맺힌다. 이때 상의 좌우와 위아래가 모두 바뀐다. 구멍이 클수록 빛이 많이 들어와 상은 밝아지지만, 점을 투과하는 빛이 넓게 퍼지면서 흐리게 보인다. 구멍이 작으면 빛이 적게 들어와 전체적인 상은 어둡지만, 경계선은 훨씬 선명하게 보인다. 상의 배율은 대상에서 바늘구멍까지의 거리와 구멍에서 상이 맺히는 면까지의 거리의 상대적인 비율에 따라 결정된다. 구멍 자리에 렌즈를 붙이면 상의 배율을 조절할 수 있고, 우리

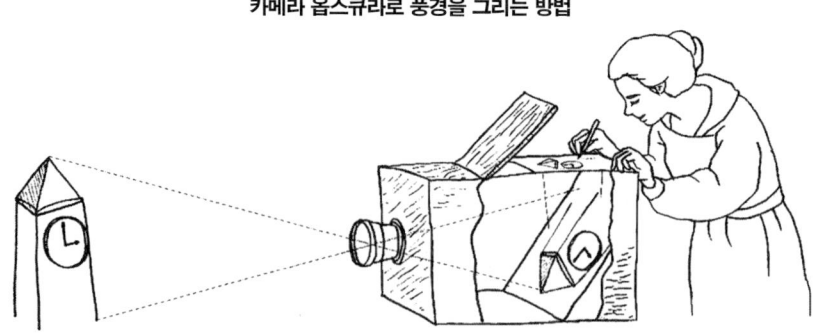

**카메라 옵스큐라로 풍경을 그리는 방법**

가 알고 있는 카메라가 된다.

  19세기 이후 감광 물질이 개발되면서 카메라 옵스큐라는 사진기의 전신이 된다. 구멍이 작은 경우 상은 선명하지만 빛의 양이 적어 어두워서 감광지를 오랜 시간 노출시키면 밝은 상의 이미지를 얻을 수 있다. 빛이 적은 밤에 야경을 찍을 때, 카메라 노출 시간을 길게 해 좀 더 밝은 이미지를 얻는 것과 같은 원리다.

  카메라 옵스큐라를 이용해 화가들은 대상물의 3차원 이미지를 2차원 평면에 투영한 다음, 종이에 그대로 따라 그릴 수 있었다는 해석이 있다. 이렇게 하면 눈으로 보고 그린 것보다 실제에 가깝게 정확한 비율로 사물을 그릴 수 있고, 여러 번의 습작을 거치지 않고 빠르게 스케치를 완성할 수 있었을 것이다.

  혹자는 최고의 걸작을 남긴 화가들이 광학 장치의 도움을 받아 그림을 그렸다는 점을 의아하게 생각할 수도 있다. 그러나 화가는 단순히 정확하고 빠르게 손을 움직여 현실을 그리는 능력이나 기술의 완성도만으로 평가받지 않는다. 그들이 어떠한 시대에 어떤 삶을 살았고, 누구를 만나고 어떤 경험을 했고, 사회로부터 어떤 영향을 받았는지, 그래서 그 순간 느낀 감정을 어떻게 화폭에 옮겼는지를 입체적으로 살펴봐야 한다. 당연한 이야기지만 우리가 그림을 보면서 감탄하는 지점은 기술의 완성도가 아닌 그 안에 담겨 있는 이야기이기 때문이다.

―――― Physics & Art 10 ――――

# 무지개,
# 빛의 신비를 그리다

'수태고지'는 대천사 가브리엘이 나타나 마리아에게 하나님의 아들, 예수 그리스도를 성령으로 잉태했음을 알리는 순간을 의미한다. 얀 반 에이크 Jan van Eyck, 1390~1441는 이 주제를 다룬 수많은 화가 가운데서도, 마리아가 실제로 느꼈을 법한 감정을 현실적이고 정밀하게 포착한 화가로 손꼽힌다.

에이크가 누구였던가. 유화의 창시자이자, 유화 물감의 가능성을 누구보다도 정확히 이해했던 화가였다. 그의 그림에서는 유화를 통한 실재감의 극대화가 뚜렷하게 드러난다. 예배당은 실제 공간처럼 깊이 있고, 가브리엘과 마리아가 걸친 옷은 주름마다 천의 무게와 질감을 품고 있다.

얀 반 에이크, 〈수태고지〉, 1435년, 패널에 유채, 93×60cm, 워싱턴D.C. 국립미술관

무지개, 빛의 신비를 그리다

특히 두 인물이 입은 옷감의 광택과 왕관에 달린 보석, 금속 장식은 반사되는 빛의 방향과 굴절을 정확하게 고려해 그려져, 실제라고 착각할 정도다. 높은 창을 통해 쏟아지는 빛줄기 속에 성령을 상징하는 흰 비둘기가 있다. 성령을 실은 빛은 마리아를 향하고 있다.

그림 안에서 가장 눈길을 끄는 존재는 대천사 가브리엘이다. 그의 날개는 찬란한 무지갯빛이다. 「창세기」 9장 13절에는 "내가 내 무지개를 구름 속에 두었나니 이것이 나와 땅 사이 언약의 증거니라"라는 구절이 나온다. 가브리엘의 무지갯빛 날개는 신성하고 영광스러운 순간을 상징함과 동시에, 신의 빛이 인간 세계로 스며드는 방식을 시각화한 것으로 해석할 수도 있다.

### 빨·주·노·초·파·남·보, 무지개는 정말 일곱 색일까?

무지개는 몇 가지 색으로 이루어져 있을까? 흥미롭게도 우리나라에서는 무지개를 흑(黑)·백(白)·청(靑)·적(紅)·황(黃)의 다섯 가지 색으로 분류해서 '오색 무지개'라 불렀다. 이 다섯 색은 '오방색(伍方色)'이라고 하며, 음양오행설에서 비롯된 우리의 전통 색상이다. 각 색은 고유의 방향을 상징한다. 청은 동쪽, 백은 서쪽, 적은 남쪽, 흑은 북쪽, 황은 중앙을 뜻한다. 오방색은 우주의 질서와 조화에 대한 상징적 표현이었다. 우리 조상들은 오색의 조화를 통해 상서롭지 못한 기운을 막고, 무병장수를 기원하는 마음을 담아 오색 천 조각을 하나하나 이어 붙인 색

〈색동 당의(여아 의례복)〉, 조선시대, 비단, 54.7×90cm, 서울 숙명여자대학교

동저고리를 지어 아이에게 입혔다.

이처럼 문화적 배경에 따라 무지개를 구성하는 색의 수를 다르게 인식했다. 인도는 4~5색, 이슬람 문화권에서는 5~6색, 나바호 원주민들은 4색, 아프리카 일부 부족은 2~3색으로 무지개를 표현했다. 우리에게 익숙한 '일곱 빛깔 무지개'라는 개념은 아이작 뉴턴Isaac Newton, 1642~1726의 광학 실험에서 유래한 것으로, 근대 유럽의 자연과학적 시각이 반영된 결과다.

그렇다면 무지개는 정말 일곱 가지 색으로 이루어져 있을까? 〈수태고지〉에서도 확인할 수 있듯, 뉴턴이 등장하기 전에도 유럽에서는 무지개를 일곱 색으로 분류했다. 이는 중세 유럽에서 '7'이라는 숫자를 완전하고 성스러운 수로 여긴 문화적 배경에서 비롯된 것이다. 뉴턴은 실험을 통해 희게 보이는 빛이 여러 색으로 나뉜다는 사실을 밝혔다. 그는 연속된 빛의 스펙트럼에서 모호한 색의 경계를 일곱 개로 분절했는데, 그 배경에 이러한 상징적 관념이 영향을 미친 것으로 보인다.

그렇다면 빛이 나뉜다는 것은 어떤 의미일까? 빛은 유리처럼 성질이 다른 매질을 만나면 진행하는 경로가 꺾이는 '굴절' 현상이 발생한다. 공기에서 유리로, 다시 유리에서 공기로 이동할 때, 굴절률의 차이에 따라 빛은 방향을 바꾸며 꺾인다.

이 현상은 '스넬의 법칙'으로 설명할 수 있다. 스넬의 법칙은 빛이 한 매질(I)에서 다른 매질(II)로 진행할 때 굴절각($\theta_1$)과 입사각($\theta_2$) 사이의 관계를 설명한다. 이를 수식으로 나타내면 다음과 같다.

$$n_1 \cdot \sin\theta_1 = n_2 \cdot \sin\theta_2 \quad (n\text{은 매질의 굴절률})$$

즉, 빛이 굴절률이 낮은 매질에서 높은 매질로 진행할 때 법선(어떤 곡선이나 면에 수직으로 교차하는 선)에 가까운 방향으로 굴절되고, 반대로 굴절률이 높은 매질에서 낮은 매질로 진행할 때는 법선에서 멀어지는 방향으로 굴절된다.

빛의 색, 즉 파장에 따라 굴절되는 각도가 달라진다. 따라서 적절하게 기울기가 있는 프리즘을 빛이 비스듬하게 통과하면, 파장(색)에 따라 다른 각도로 펼쳐져 나오게 된다. 이 현상을 '빛의 분산'이라고 한다. 예를 들어, 파장이 짧은 파란색 빛은 파장이 긴 빨간색 빛보다 더 크게 굴절되어 더 큰 각도로 휘어진다. 바로 이 굴절 각도의 차이가 빛을 색깔별로 나누며, 우리가 보는 무지개를 만든다.

프리즘뿐 아니라, 빛이 굴절률이 다르고 굴곡이 있는 물방울을 만날

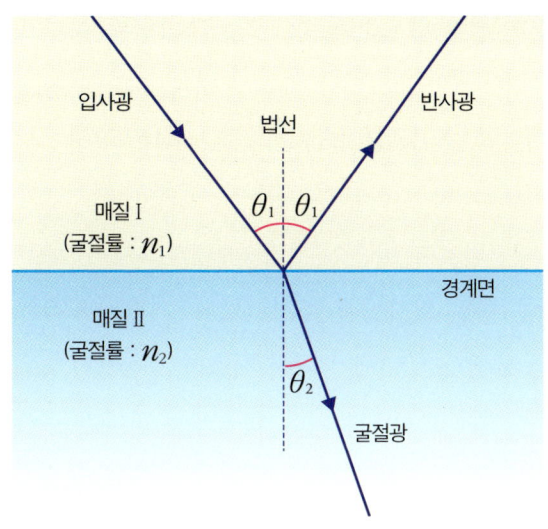

**스넬의 법칙**
빛은 굴절률이 낮은 매질에서 높은 매질로 진행할 때 법선(어떤 곡선이나 면에 수직으로 교차하는 선)에 가까운 방향으로 굴절하며, 반대로 굴절률이 높은 매질에서 낮은 매질로 진행할 때 법선에서 멀어지는 방향으로 굴절된다.

때도 무지개가 생성된다. 이때 무지개의 밝기나 선명도는 공기 중 습도에 따라 상대적으로 달라져 보일 수 있지만, 색의 배열 순서는 항상 일정하다. 즉, 무지개의 가장 바깥쪽은 빨간색, 그 안쪽으로 들어가면 주황, 노랑, 초록, 파랑, 남색, 보라색 순서를 유지한다.

## 무지개 모양은 왜 반원일까?

무지개는 오래전부터 화가들에게 깊은 영감을 주는 자연 현상 중 하나였다. 서양 미술에서 무지개는 자연의 신비로움을 상징하며, 행복과 희망, 신의 축복을 의미하는 요소로 자주 등장해 왔다. 특히 인상파가 등장하기 이전의 풍경화에는 자연과 빛의 조화를 담아내는 수단으로 무지개가 등장했다. 루벤스Peter Paul Rubens, 1577~1640, 터너Joseph Mallord William Turner, 1775~1851, 컨스터블John Constable, 1776~1837, 프리드리히Caspar David Friedrich, 1774~1840 같은 화가들이 무지개를 통해 희망과 자연의 경이로움을 은유적으로 표현했다.

〈무지개가 있는 풍경〉은 '바로크 미술의 거장' 페테르 파울 루벤스가 말년에 그린 풍경화다. 왕실 화가이자 외교관으로 누구보다 화려하고 분주한 삶을 살았던 루벤스는 50세가 넘어 시골에 정착했다. 〈무지개가 있는 풍경〉은 그 시절에 그린 작품이다. 하늘에는 커다란 무지

페테르 파울 루벤스, 〈무지개가 있는 풍경〉, 1636년, 캔버스에 유채, 135.6×235cm, 런던 월리스컬렉션

개가 펼쳐져 있고, 그 아래에서는 밀 수확이 한창이다. 쇠스랑을 든 남자가 일손을 멈추고, 파란 드레스를 입고 머리에 항아리를 인 젊은 여인을 따라가며 치근덕거린다. 목동은 소떼를 몰고 와 개울물을 먹이고 있다. 루벤스 특유의 따뜻한 색감과 부드러운 빛 표현이 인상적인 작품이다. 밝은색 옷차림의 인물들과 말, 소, 오리 등 다양한 동물은 활기차고 풍요로운 농촌의 삶을 잘 보여준다. 이 작품에서 무지개는 자연의 조화와 넉넉한 삶에 대한 '신의 축복'을 상징한다.

독일 낭만주의 화가 카스파르 다비드 프리드리히는 무지개에 대한 감상을 조금 다른 방식으로 표현했다. 〈무지개가 떠 있는 산의 풍경〉(154쪽)을 보자. 작은 언덕을 오르던 한 여행자가 멀리 산 위를 비추는 무지개를 바라보기 위해 잠시 걸음을 멈추고, 바위에 기대어 서 있다. 우뚝 솟은 산과 능선 그리고 하늘은 어둡게 처리된 반면, 무지개만 환하게 화면을 가로지른다. 무지개를 바라보는 여행자도 무대 위에서 조명을 받는 듯 밝게 표현되어 있다.

마치 이 그림의 주인공이 '무지개'와 '여행자' 둘이라고 말하는 듯하다. 밝음과 어둠의 극적인 대비는 보는 이로 하여금 자연스레 여행자의 감정에 동화되게 한다. 자연의 경이로움에 매료된 인물을 직접적으로 묘사함으로써, 주관적인 체험과 내면의 감흥을 중시한 낭만주의의 정수를 담아 담아낸 프리드리히의 걸작이라 할 수 있다. 이 그림은 1809년 프리드리히가 발트해 연안을 따라 여행한 경험에서 영감을 받아 탄생한 것으로 알려져 있다.

영어로 무지개를 뜻하는 'rainbow'는 '비$_{rain}$'가 온 뒤에 나타나는 '활

카스파르 다비드 프리드리히, 〈무지개가 떠 있는 산의 풍경〉, 1809~1810년, 캔버스에 유채, 69×102cm, 에센 폴크방미술관

bow'이라는 의미를 담고 있다. 루벤스와 프리드리히의 작품 모두 무지개를 큰 반원 형태로 묘사하고 있다. 한편, 〈수태고지〉와 같은 그림은 프리즘을 통과한 빛이 일곱 가지 색으로 직선으로 펼쳐지는 것처럼 표현하고 있다. 그렇다면 비가 그친 뒤 멀리 하늘에 떠 있는 무지개는 왜 활처럼 휘어진 반원 형태로 보이는 걸까? 지구가 둥글기 때문이라면,

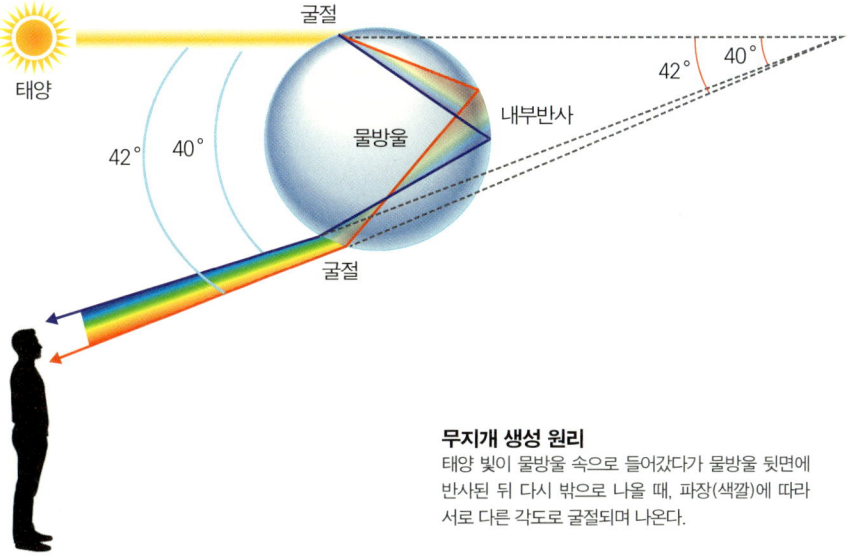

**무지개 생성 원리**
태양 빛이 물방울 속으로 들어갔다가 물방울 뒷면에 반사된 뒤 다시 밖으로 나올 때, 파장(색깔)에 따라 서로 다른 각도로 굴절되며 나온다.

무지개도 원형으로 보여야 하는 건 아닐까?

일단 무지개를 만들어 내는 물방울, 즉 빗방울은 구형이다. 〈그림. 무지개 생성 원리〉처럼 태양 빛의 반대편에 물방울들이 모여있어야 무지개가 만들어진다. 태양 빛은 물방울 속으로 들어갔다가 물방울 뒷면에 반사된 뒤 다시 밖으로 나올 때, 파장(색깔)에 따라 서로 다른 각도로 굴절되며 나온다. 이 과정에서 빛은 물방울에 들어간 각도로부터 40도(보라색)에서 42도(빨간색) 벌어진 각도로 물방울 밖으로 나와, 다양한 색깔로 펼쳐지는 무지개를 만들어낸다.

실제로 태양은 위 그림에 묘사된 것보다 훨씬 멀리 떨어져 있다. 그래서 무지개를 만드는 물방울들을 전부 모아 본다면, 태양과 관찰자를

## 무지개가 반원 형태로 보이는 이유

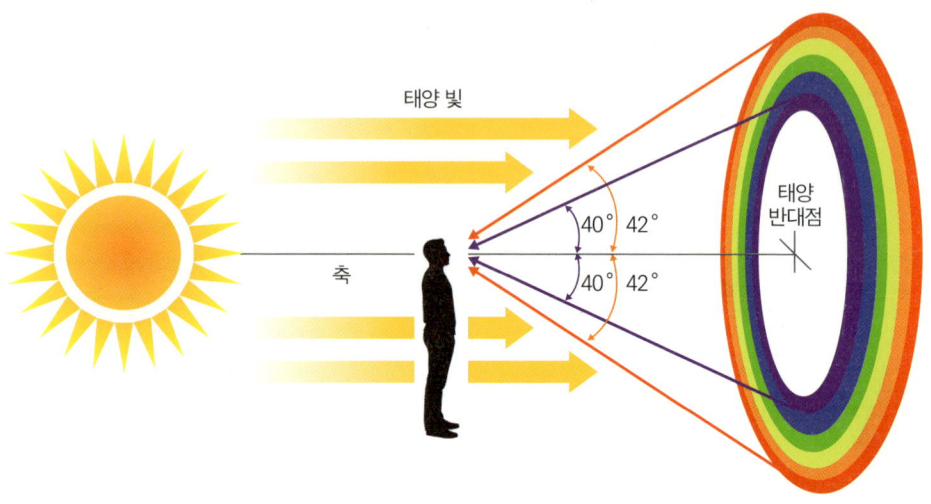

태양과 관찰자를 연결하는 직선과 물방울들이 모인 평면이 만나는 곳을 중심으로 하는 큰 원뿔이 그려진다. 즉, 무지개는 원뿔의 밑면과 같은 원 형태다. 그런데 지표면에 가려져 반원 형태로 보이는 것이다. 태양의 고도와 관측 지점의 위치에 따라 무지개에서 보이는 부분의 양이 결정된다.

연결하는 직선과 물방울들이 모인 평면이 만나는 곳을 중심으로 하는 큰 원뿔이 그려진다(〈그림. 무지개가 반원 형태로 보이는 이유〉). 즉, 무지개는 원뿔의 밑면과 같은 둥근 모양이다. 그런데 지표면에 가려져 반원 형태로 보이는 것이다.

정리하면, 무지개가 얼마큼 보이는지를 결정하는 핵심 요소는 태양의 고도와 우리가 어떤 위치에서 무지개를 관찰하느냐이다. 무지개의 중심은 하늘에서 태양과 정반대 방향에 있다. 따라서 태양이 지평선에 가까워질수록 '태양-관찰자-무지개'로 이어지는 원뿔이 비스듬하게 들린 모양이 되어 무지개의 더 많은 부분이 드러나게 된다. 일반적으로 일출이나 일몰 무렵이 정확히 반원 모양의 무지개를 볼 수 있는 시간대다. 그 외의 시간에는 반원보다 작은, 무지개의 윗부분만 볼 수 있다. 정오에는 무지개가 지평선 가까이 아주 낮게 나타나거나 아예 보이지 않기도 한다.

그러나 우리가 매우 높은 곳에 있다면, 관측 지점 아래쪽에 물방울과 태양이 위치할 수 있다. 그러니 비행기를 타거나 높은 산 위에서 사방에 퍼져 있는 물방울을 통해 무지개를 본다면, 이때는 반원 그 이상 혹은 완전한 원에 가까운 형태의 무지개를 보는 것도 가능하다.

## 예술과 과학이 만나는 풍경

루벤스와 프리드리히가 묘사한 무지개와는 조금 다른, 보다 온전한 원형에 가까운 무지개를 그린 화가가 있다. 미국 풍경화가 프레더릭 에드윈 처치Frederic Edwin Church, 1826~1900의 〈열대지방의 우기〉(158쪽)는, 제목 그대로 높은 습도를 머금은 열대의 자연을 생생하게 담아낸 작품이다. 그림 왼쪽에는 높게 솟은 바위가, 오른쪽에는 울창한 열대 나무들이 자리하고 있고, 그 사이로 안개가 자욱하다. 이 작품 속 무지개는 자연을 감싸듯이 둥글고 넓게 펼쳐져 있다. 이는 작가가 얼마나 높은 고도에서 이 장면을 관찰했는지를 짐작게 한다. 자욱한 안개, 선명하게 푸른 하늘, 생동감 넘치는 구름, 영양분을 가득 머금고 무성하게 자란 야생 식물들……. 이 모든 요소를 통해 우리는 풍경 속 온도와 습도가

프레더릭 에드윈 처치, 〈열대지방의 우기〉, 1866년, 캔버스에 유채, 142.9×214cm, 샌프란시스코 드영미술관

지 느낄 수 있다. 이러한 생생한 감각의 전달은 바로 처치만의 탁월한 표현력에서 비롯된다.

그림을 자세히 들여다보면 무지개의 형태뿐 아니라 흥미로운 특이점 하나가 눈에 띈다. 바로 무지개가 하나가 아닌 두 개라는 점이다. 이러한 형태를 '쌍무지개' 또는 '이중무지개'라 부른다. 대기 중에 수증기가 많고 물방울이 클수록 여러 개의 무지개가 형성되기도 한다.

앞서 살펴본 것처럼, 일반적인 무지개(1차 무지개)는 햇빛이 물방울 속으로 들어가 굴절-반사-굴절(1회 반사) 과정을 거쳐 나타난다. 반면, 이중무지개(2차 무지개)는 햇빛이 굴절-반사-반사-굴절, 즉 두 번 반사되어 나타난다. 물방울 안에서 빛이 두 번 반사되기 때문에 2차 무

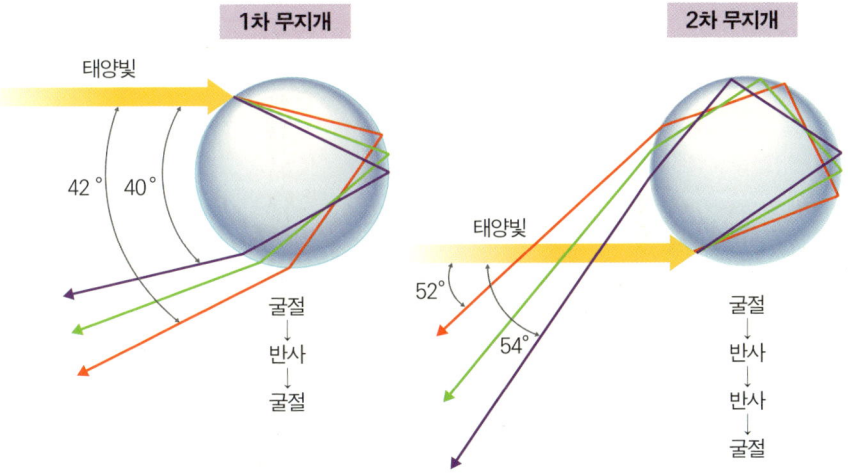

**이중무지개 발생 원리**
대기 중에 수증기가 많고 물방울이 클수록 여러 개의 무지개가 형성되기도 한다. 1차 무지개는 '굴절-반사-굴절'에 의해 발생하고, 2차 무지개는 '굴절-반사-반사-굴절'에 의해 발생한다. 2차 무지개는 물방울 안에서 빛이 두 번 반사되기 때문에 1차 무지개보다 더 흐리고 색도 옅으며, 색 배열 또한 반대다.

지개는 1차 무지개보다 더 흐릿하고 색도 옅다.

또한, 두 무지개는 색 배열에서도 차이를 보인다. 1차 무지개는 바깥쪽이 빨간색, 안쪽이 보라색이지만, 2차 무지개는 바깥쪽이 보라색, 안쪽이 빨간색으로 색의 순서가 반대다.

〈열대지방의 우기〉를 보면 1차 무지개와 2차 무지개 사이에 어두운 부분이 있다. 1차 무지개는 약 40~42도, 2차 무지개는 50~54도 각도에서 형성된다. 1차 무지개의 바깥 경계와 2차 무지개의 안쪽 경계 사이, 즉 약 42~50도 사이의 영역에는 우리 눈에 도달하는 빛이 상대적으로 거의 없는 어두운 부분이 생긴다. 이것을 '알렉산더의 띠Alexander's band'라고 한다. 처치는 각도, 농도, 색 배열과 알렉산더의 띠까지 이중무지개의 특징을 매우 정확하게 표현하고 있다.

비 온 뒤 맑게 갠 하늘에 떠 있는 무지개의 찬란한 색은 저 멀리, 약 1억 4960만 킬로미터 떨어진 태양에서 출발했다. 어떤 과학자에게 이 빛은 공기 중 물방울에 의해 분산되어 일곱 가지 색으로 나

얀 반 에이크의 〈수태고지〉 중 대천사 가브리엘 부분도.

누어지는 물리적 현상이다. 어떤 시인에게 무지개는 희망과 그리움의 상징이고, 어떤 화가나 사람들에게는 하늘에서 내려오는 성령이자 신의 메시지이기도 하다. 각기 다른 관점을 가진 사람들은 저마다의 언어와 방식으로 무지개를 표현해 왔다. 그러나 무지개가 자연이 우리에게 보여줄 수 있는 가장 원초적이고도 근원적인 아름다움이라는 점에는 누구도 이견이 없을 것이다.

뉴턴이《광학(Opticks, 1704년)》에서 빛의 굴절과 무지개의 원리를 이론으로 정립하기 전에도, 에이크와 같은 화가들은 무지개를 일곱 빛깔로 그려 왔다. 그리고 이후에도 수많은 화가가 이 신비로운 자연 현상에 매료되어 그것을 화폭에 담아냈다.

우리는 과연 자연을 어디까지 이해하고 설명할 수 있을까? 그 시작도 끝도 없는 질문에 과학자들이 이론으로 응답했듯이 화가들은 그림으로 답해왔다. 그저 눈으로 본 것을 화폭에 옮겨 놓음으로써 사람들로 하여금 감탄과 사유를 불러일으킨 것으로, 우리는 자연을 조금은 알게 되었노라고 말이다.

Chapter 2

'과학'이라는
뮤즈를 그린 그림

─── Physics & Art 01 ───

# 화폭에 담긴
# 불멸의 찰나

 복사해서 붙여넣은 듯 반복되는 일상을 살다 보면 어제가 오늘 같고 오늘이 어제 같다는 생각이 든다. 그러나 날씨와 계절의 변화, 몸의 상태와 감정, 다른 사람과의 상호 관계 등에 관심을 기울이면 단 하루도 똑같은 날은 없다는 것을 알아차릴 수 있을 것이다. 많은 사람이 똑같다 느낀 하루를 태어나 처음 경험하는 것처럼 설렘으로 맞이한 화가가 있다.
 클로드 모네 Claude Monet, 1840~1926 는 빈 땅에 덩그러니 놓여 있는 건초 더미가 시시각각 다른 색깔로 보인다는 걸 깨달았다. 모네는 다른 계절과 시간대에 건초더미가 빛을 받아 어떤 색으로 변하는지 유심히 관찰하고 그림으로 기록했다.

클로드 모네, 〈건초더미, 지베르니의 여름 끝자락〉, 1891년, 캔버스에 유채, 60×100cm, 파리 오르세미술관

## 그리고 그리고 또 그리고

건초더미는 수많은 얇은 건초들이 서로 엉키듯 포개어져 있어 매끈한 표면을 가진 물체에 비해 빛의 영향을 매우 크게 받는다. 같은 부피 대비 표면적 비율surface-to-volume ratio이 매우 높은 사물은 빛, 온도, 습도 등 환경 변화에 영향을 더 많이 받는다. 건초더미는 다양한 빛의 효과를 관찰하고 표현하고자 했던 모네에게 좋은 모델이자 실험 대상이었던 셈이다.

표면이 거칠고 모양이 복잡한 건초들이 태양 빛을 다양한 각도로 산란·반사시킬 때 모네 눈에는 색의 향연이 펼쳐졌을 것이다. 늘 같은 자리에 놓인 건초더미라도 아침과 저녁 빛을 받았을 때 색이 다르고, 더운 여름과 눈이 오는 겨울 등 계절에 따라 또 색이 다르다.

모네는 건초더미를 연작으로 그린 뒤 루앙대성당 연작에 도전했다. 파리 북서쪽에 위치한 루앙Rouen은 역사가 오래된 도시다. 루앙대성당이라고 불리는 노트르담 대성당Cathedrale Notre-Dame은 루앙의 랜드마크다. 루앙대성당은 1063년에 세워졌지만 여러 차례 증축과 재건을 반복했다. 덕분에 초기부터 후기까지 고딕 건축 양식의 모든 것이 서려 있다.

모네는 루앙대성당 건너편에 성당이 잘 보이는 방에 세를 얻고 몇 달 동안 같은 각도에서 보이는 성당을 그렸다. 고딕 양식으로 지어진 루앙대성당은 매우 정교하고 복잡한 장식들로 이루어져 있어, 건초더미와 마찬가지로 빛을 탐구하기 좋은 대상이었다. 크고 작은 첨탑, 뾰족한 아

클로드 모네, 〈건초더미, 눈의 효과, 아침〉, 1891년, 캔버스에 유채, 64.8×99.7cm, 로스앤젤레스 J. 폴게티미술관

치, 다양한 모양의 장식들은 태양이 비추는 각도와 아침저녁 달라지는 빛의 양에 따라 전혀 다른 인상을 준다. 화려한 고딕 양식의 성당이 아니었다면 이렇게 다채로운 변화를 포착하기는 어려웠을 것이다.

〈루앙대성당, 정문과 생 로맹 탑, 강한 햇빛, 파란색과 금색의 조화〉(168쪽 왼쪽 그림)를 보면 성당 장식물 하나하나가 섬세하고 화려하게 묘사되어 있어, 마치 황금으로 된 성당을 보고 있는 듯한 착각에 빠진다.

이와 전혀 다른 시간대의 성당 모습을 포착한 〈루앙대성당의 정문, 아침빛〉(168쪽 오른쪽 그림)을 보자. 어스름하게 밝아오는 이른 아침이라는 '시간'이 '색'이라는 도구에 의해 잘 표현되어 있다. 특히 성당을 단

클로드 모네, 〈루앙대성당, 정문과 생 로맹 탑, 강한 햇빛, 파란색과 금색의 조화〉, 1892~1893년, 캔버스에 유채, 73×107cm, 파리 오르세미술관

클로드 모네, 〈루앙대성당의 정문, 아침 빛〉, 1894년, 캔버스에 유채, 100×65cm, 로스앤젤레스 J. 폴게티미술관

순히 푸른빛이 감도는 회색으로만 묘사하지 않고, 비스듬하게 빛이 비치면서 밝아지기 시작하는 순간을 그려 넣었다. 차가운 아침 공기를 밀어내며 뜨거운 태양이 떠오르는 찰나를 목격하는 듯한 느낌이 든다. 모네는 루앙대성당 연작에서도 같은 주제지만, 시간에 따라 전혀 다른 인상을 풍기는 대상의 고유한 매력을 찾는 일에 열중했다. 미술에서 하나의 주제에 대해 끈질기게 탐구해 연작으로 그린 그림은 모네로부터 시작되었다.

인상주의 이전 회화는 대상의 형태가 분명하고 윤곽이 완벽하게 표현된 경우가 대부분이었다. 따라서 빛은 대상을 비춰서 강조하는 일종의 조명 같은 역할을 한다. 그러나 모네를 비롯한 1800년대 후반기 유럽 화가들에 의해 순간적인 자연의 모습을 포착한 그림들이 나오기 시작했다. 영국의 존 컨스터블John Constable, 1776~1837이나 윌리엄 터너Joseph Mallord William Turner, 1775~1851 같은 화가들이 시간에 따라 변화하는 자연에 주목하고 빛에 의해 달라지는 대상의 색과 형상을 묘사하기 시작했다.

'인상주의'라는 말은 모네가 1874년에 소개한 〈인상, 해돋이〉라는 작품에서 나왔다. 이 작품은 당시 비평가들에게 기존 회화에 비해 정교함이 떨어지고 우아하지 못하다는 의미에서 그저 '인상'을 그린 것이라는 비아냥거림에서 비롯된 말이었다. 그러나 그 비난은 오히려 인상주의라는 새로운 회화의 장을 여는 계기가 되었다. 이후 인상주의를 추구하는 화가들이 많아지고, 빛에 대한 표현은 훨씬 더 대담하고 자유로워졌다. 모네는 일종의 반복된 실험과도 같은 방식으로 인상주의를 심화시키고 확고히 한 화가다.

## 건초더미, 루앙대성당, 수면의 공통점

모네는 직관적으로 빛의 성질이나 효과를 극대화할 수 있는 대상을 끊임없이 모색했다. 건초더미, 루앙대성당에 이어 그가 찾은 대상은 '수면'이다. 수면은 공기와 다른 매질인 물이 만나는 접점이다. 수면은 빛의 성질이 급격하게 바뀌는 경계이기 때문에 여러 가지 빛의 특성을 잘 보여줄 수 있는 적절한 대상이다.

태양 빛이 수면에 닿는 순간 투과·반사·산란·굴절과 같은 빛과 매질의 다양한 상호작용이 동시에 일어난다. 빛의 굴절은 빛이라는 파동이 서로 다른 매질의 경계면에서 진행 방향이 바뀌는 현상이다. 빛이 공기와 물속을 지나갈 때 속도가 다르기 때문에, 공기 중에서 직진하던 빛은 수면에서 방향이 바뀐다.

매질과 상호작용하는 빛 에너지는 에너지 보존법칙에 의해 입사한 빛의 총에너지를 넘지 않는다. 빛이 매질에 닿을 때 시야각 view angle 에 따라 일정량은 반사하고 일정량은 굴절하게 된다. 이때 에너지의 전체 총량은 일정하다. 이를 발견한 프랑스 물리학자 오거스틴 장 프레넬 Augustin Jean Fresnel, 1788~1827 의 이름을 따 '프레넬 법칙'이라고 한다.

깨끗한 수면을 바로 위에서 내려다보면 맑은 물을 투과해 물 밑에

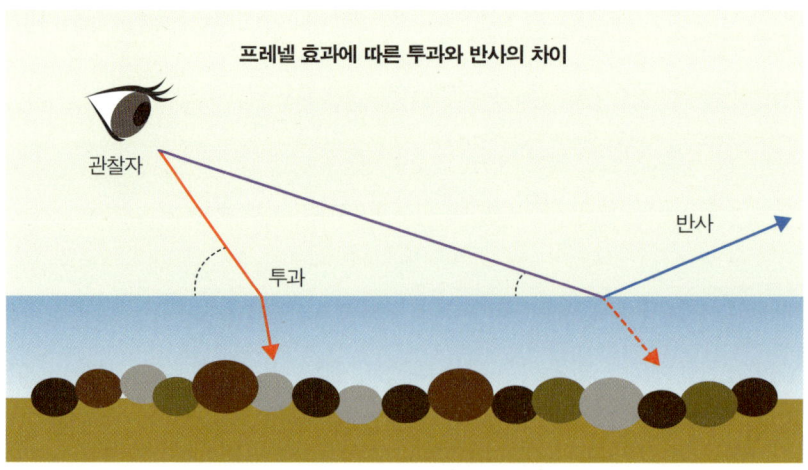

멀리 있는 물 표면에서는 상대적으로 반사가 많이 발생하고, 가까운 쪽에 있는 물 표면에서는 투과가 많이 발생한다.

있는 자갈이나 흙이 잘 보인다. 하지만 서 있는 곳에서 먼 곳을 볼수록 수면의 반사가 두드러져 더 이상 물속이 보이지 않고 주변 풍경이 수면에 비친다(반사된다). 동일한 양의 빛이라도 관찰자로부터 가까운 곳에서는 관찰

프레넬 효과에 따른 투과와 반사의 차이

자의 시야와 수면이 이루는 각도가 커지고, 굴절과 투과가 주로 일어난다. 먼 곳은 관찰자의 시야와 수면이 이루는 각도가 매우 작아지면서, 투과보다 반사가 훨씬 크게 일어난다.

화폭에 담긴 불멸의 찰나 171

이탈리아 사우스 티롤 풍광을 담은 사진을 보자. 사진처럼 관찰자와 가까운 곳은 물속의 자갈이 투과되어 잘 보이는 반면, 관찰자와의 거리가 멀어질수록 반사가 증가한다. 먼 곳은 물속은 보이지 않고, 물 밖의 산이나 태양이 수면에 반사된 모습이 수면 위로 선명하게 비친다.

모네는 1883년 파리 근교 지베르니Giverny로 이주한 뒤, 집 근처 강에서 뱃놀이하는 사람들의 모습을 여러 차례 그렸다. 초기에는 물을 소재로 삼되 물과 인물이 함께 등장하는 풍경을 그렸다. 그러던 것이 후반부로 가면서 좀 더 물 자체에 집중하게 된다.

〈지베르니의 나룻배〉에서 소녀들이 타고 있는 배는 잔잔한 수면에

클로드 모네, 〈지베르니의 나룻배〉, 1887년경, 캔버스에 유채, 98×131cm, 파리 오르세미술관

반사되어, 배와 물그림자가 대칭을 이룬다. 그림 속 인물의 눈, 코, 입이 섬세하게 묘사되어 있지 않아, 그들의 표정을 짐작하기는 어렵다. 그렇다고 인물들의 감정을 알 방법이 전혀 없는 건 아니다. 소녀들이 입은 눈부시게 하얀 옷과 낚싯대를 드리운 물가의 잔잔한 물결은 햇살 좋은 오후를 만끽하는 소녀들이 느끼고 있을 평온함을 잘 전달해 준다.

알록달록한 수풀과 소녀들의 물그림자는 수면의 잔잔한 물결과 어우러져 반짝인다. 모네의 그림은 대상이 얼마나 입체적이고 사실적인 형태로 표현되었는지는 중요하지 않다. 그림 속에 포착된 순간의 감정과 분위기는, 오로지 빛과 매질의 상호작용과 그 특성에 따라 충분히 전달된다.

### 수면이라는 캔버스 위를 흐르는 빛

모네는 두 번째 부인마저 병으로 잃고, 충격과 슬픔으로 한동안 그림을 그리지 못했다고 한다. 그러다가 다시 붓을 들게 되었을 때 그린 대상이 수련이다. 수련을 그리면서 모네는 기존 인상주의 화법과는 또 다른 새로운 화법을 구사한다. 수련을 실제 크기 그대로 캔버스에 옮기기 위해 거대한 캔버스에 그림을 그리기 시작했다. 또한 물감을 두껍게 덧바르며 수련과 연못의 물성과 질감을 훨씬 더 과감하게 표현했다.

모네는 〈수련〉 연작 시리즈에서 때로 구름이 수면에 반사되어 이글거리고, 맑은 물속 사물이 굴절과 투과되어 보이는 등 수면에서 관찰

클로드 모네, 〈수련〉, 1906년, 캔버스에 유채, 87.6×92.7cm, 시카고미술관

할 수 있는 다양한 자연 현상을 마음껏 펼쳐 보였다. 이들은 연못에 실제로 존재하는 사물의 형태였다가, 굴절과 반사를 통해 왜곡되어 마치 추상적인 환영처럼 묘사되기도 했다.

자연을 최대한 있는 그대로 포착하고 싶어 했던 모네는 반복된 실험과 관찰을 통해 끊임없이 빛의 본질에 다가가고자 했다. 1926년 세상을 떠나기 전까지 수련 그림에 매진한 그는, 수련을 소재로 한 250여 편의 유화를 남겼다. 야외 작업을 고집하며 빛을 직접 관찰했던 그는 말년에 백내장으로 시력이 손상됐다. 작품 활동 후반부로 갈수록 색의 선명도가 떨어지고 형태가 흐릿해지는 이유도 이 때문이다.

모네가 거대한 캔버스에 그린 〈수련〉 연작은 파리 오랑주리미술관에서 만날 수 있다. 프랑스 근현대 회화를 주로 전시하는 오랑주리미술관에는 오직 〈수련〉만을 위해 존재하는 방이 있다.

모네는 정치인 클레망소Georges Clemenceau, 1841~1929의 설득으로 높이 2m, 폭 8~12m에 달하는 대형 패널화 여덟 점을 프랑스에 기증했다. 기증서 약서에 서명하면서 모네는 몇 가지 조건을 붙였다. 자신의 작품을 자연광이 들어오는 전시실에서 흰 벽에 걸어 전시해달라는 것이었다. 그의 뜻에 따라 왕궁 정원의 오렌지를 키우던 유리 온실이 미술관으로 개조되었고, 그곳에 〈수련〉만을 위한 특별한 전시실이 마련되었다.

나란히 붙어 있는 두 개의 전시실에는 동녘의 일출에서 서녘의 일몰에 이르기까지 태양의 경로에 조응하는 〈수련〉 작품들이 배치되어 있다. 동쪽 방에는 맑은 아침 공기 아래서 보는 수련(〈수련 : 버드나무가 드리워진 맑은 아침〉)을, 서쪽 방에는 노을빛으로 물든 수련(〈수련 : 일몰〉)을 전

오랑주리미술관의 〈수련〉 연작 전시실.

시했다.

1909년 〈수련〉 연작을 계획하면서 모네는 이런 말을 남겼다.

"지치고 고단한 사람들에게 연꽃이 흐드러진 고요한 연못을 바라보며 평온하게 명상에 잠길 수 있는 안식의 공간을 선사하고 싶다."

모네는 진정 태양을 그리고 싶어 했던 화가였다. 그는 수면이라는 캔버스 위로 빛이 흐르고 있는 아름다운 순간을 포착해 우리에게 선물했다. 그의 작품이 있어 우리는 화폭에 담긴 불멸의 순간 속에서 안식을 찾는다.

Physics & Art 02

# 얼마나 멀리서 보아야 가장 아름답게 보일까?

하나의 걸작이 탄생하기까지 얼마나 많은 고민과 관찰, 연습이 필요할까? 필자는 실험 과학자다. 실험 과학자는 실험을 통해 가설을 검증하고 새로운 사실을 관측한다. 가설과 계획을 세우고, 통제된 환경 조건에서 반복해서 실험하고, 결괏값의 평균과 오차를 계산하고, 유의미한 데이터들을 정리해 분석하는 과정이 실험 과학자의 일이다. 실험 과학자처럼 그림을 그린 화가가 있다. 프랑스 화가 조르주 쇠라Georges Pierre Seurat, 1859~1891다.

쇠라는 그림은 선으로 그려야 한다는 미술사의 오랜 고정 관념을 과감하게 깬 화가이자, 직접 수많은 실험과 시행착오를 통해 자신의 이론을 스스로 증명하고자 했던 실험가다. 쇠라는 단 한 점의 그림, 〈그

조르주 쇠라, 〈그랑드 자트 섬의 일요일 오후〉, 1884~1886년, 캔버스에 유채, 207×308cm, 시카고아트인스티튜트

랑드 자트 섬의 일요일 오후〉를 완성하기 위해 2년간 40여 점의 스케치와 20여 점의 소묘를 그렸다. 쇠라 이전의 대다수 인상주의 화가들은 순간적 인상을 포착하기 위해 햇빛 아래에서 작업했다. 그러나 쇠라는 수십 번의 야외 스케치와 채색 실험을 통해 부분적인 요소의 본질을 이해한 뒤, 요소들을 재조합해 한 편의 걸작을 완성했다.

### 그림을 실험하다

그림 속 인물과 주변 사물 배치는 매우 조직적이고 안정적이다. 〈그랑드 자트 섬의 일요일 오후〉는 원하는 색채를 표현하기 위해 분할된 작은 점을 조밀하게 찍어 색의 병치혼합을 의도했다는 점과 구도의 안정성을 중시했다는 점에서, 기존 인상주의와 다른 새로운 사조인 '신인상주의'를 대표하는 작품으로 분류된다.

그랑드 자트 섬은 센강을 따라 파리로 진입하는 뱃길 초입에 떠 있는 섬이다. 쇠라는 그림의 배경이 되는 그랑드 자트 섬이 시시각각 태양 빛에 따라 어떻게 보이는지를 먼저 탐구했다. 여러 날, 다른 시간대에 그랑드 자트 섬을 찾아가 습작하며 빛에 따라 다르게 보이는 물의 색깔, 반짝이는 나뭇잎을 어떻게 표현할지 연구했

쇠라가 인물의 자세나 방향을 수십 번 스케치한 후 가장 마음에 드는 요소들을 재배치하며 조합하는 과정에서, 인물은 기하학적으로 단순화되었다.

다. 여러 인물의 자세나 방향 또한 수십 번에 걸쳐 스케치한 후에 가장 마음에 드는 요소들을 적절히 모아 재배치하며 조합하는 과정을 거쳤다. 마치 퍼즐을 맞추듯이 그림 속 인물의 크기와 방향, 위치를 이리저리 옮기며 최적화 과정을 거쳤다. 이 과정에서 인물은 다소 과장된 느낌이 들 만큼 기하학적으로 단순화되었다. 일부 인물이나 사물은 시간상 동시에 존재할 수 없는 상태로 그려지기도 했다. 이 부분은 다소 주관적인 작가주의적 감성이 허용된 결과라고 해석할 수 있다.

〈앉아있는 인물들〉(182쪽 그림), 〈그랑드 자트 섬의 소풍객들〉(182쪽 그림), 〈그랑드 자트 섬의 일요일 오후(습작)〉(183쪽 그림)는 1884~1885년 사이에 그려진 작품들이다. 쇠라가 단 한 점의 그림을 완성하기 위해 했던 수많은 고민과 무수한 시도가 이 작품들에 오롯이 담겨있다.

## 작은 점이 모였을 때 펼쳐지는 색채의 마법

쇠라의 화법은 기본적으로 영국 풍경화가 컨스터블John Constable, 1776~1837의 화법과 연장선에 있다. 오랜 시간 자연을 관찰한 컨스터블은 빛의 양과 방향에 따라 사물의 색이 상대적으로 달라진다는 점에 주목해, 색상 병치 기법을 이용해 풍경을 묘사했다. 〈그랑드 자트 섬의 일요일 오후〉의 초기 스케치 버전이라고 할 수 있는 〈앉아 있는 인물들〉을 보자. 다소 큰 붓질로 색을 병치해 빛을 표현한 기법은 컨스터블 그리고 다른 인상주의 화가들과 크게 다르지 않다.

조르주 쇠라, 〈앉아 있는 인물들〉, 1884년, 목판에 유채, 24.9×15.5cm, 보스톤 포그미술관

조르주 쇠라, 〈그랑드 자트 섬의 소풍객들〉, 1884년, 목판에 유채, 25.1×15.5cm, 시카고아트인스티튜트

조르주 쇠라, 〈그랑드 자트 섬의 일요일 오후(습작)〉, 1884~1885년, 캔버스에 유채, 104×68cm, 뉴욕 메트로폴리탄미술관

    그러나 쇠라는 〈그랑드 자트 섬의 일요일 오후〉를 그리기 위한 일련의 실험 과정에서 점차 붓질 크기를 줄여나갔다. 동시에 그는 빛과 사물의 관계를 좀 더 체계적으로 이론화했다. 그랑드 자트 섬에 관한 작품 중 마지막 〈그랑드 자트 섬의 일요일 오후(습작)〉를 보면, 쇠라의 화법이 인상주의로 시작해 완전히 분할주의로 넘어갔음을 알 수 있다.

    쇠라는 약 1cm가량 되는 매우 작고 규칙적인 붓 터치를 구사했다. 〈그랑드 자트 섬의 일요일 오후〉는 미세하고 많은 점으로 모자이크처럼 분할되어 있고, 각 점은 하나의 원색으로 이루어져 있다.

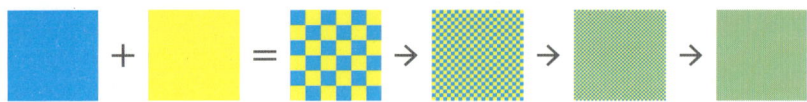

**두 가지 색의 병치혼합**

예를 들어 파란 점과 노란 점이 가까이 있을 때 멀리서 보면 녹색 덩어리로 보인다. 녹색 덩어리를 구성하는 하나하나의 점은 현재 디지털화된 이미지의 픽셀pixel과 같다.

### 빛에 관한 과학자들의 고민이 그림이 되기까지

쇠라가 파격적인 화법을 선보이는 과정은 19세기 유럽을 중심으로 과학자들이 빛의 본질을 탐구하던 과정과 비교할 만하다. 빛의 본질에 관한 과학자들의 끝없는 고민과 탐구 열정이 현대물리학의 근간을 마련했다고 할 수 있다.

1865년 스코틀랜드 물리학자 제임스 맥스웰James Clerk Maxwell, 1831~1879은 전기, 자기, 광학 현상의 모든 면을 엄밀한 수학 방정식으로 통합해 설명했다. '맥스웰의 방정식'은 현재에도 유효한 빛의 특성을 해석하는 가장 기본 수식이다.

영국 에든버러 조지 스트리트에는 물리학자 맥스웰 동상이 있다. 맥스웰 손에 들려 있는 것이 그가 고안한 색팽이다.

맥스웰은 사람이 빛을 인지하는 과정도 연구했다. 그가 발견한 것 가운데 주목할 만한 도구가 색팽이다color wheel. 윗면에 여러 가지 색상이 배열된 팽이를 빠르게 돌리면, 우리 눈은 팽이에 배열된 각각의 색을 혼합해서 본다. 예를 들어 팽이 윗면에 노란색과 파란색을 칠한 다음 힘차게 돌리면, 녹색으로 보인다. 맥스웰은 색팽이 실험을 통해 팽이 윗면에 세 가지 색(적색, 녹색, 청색)을 다양한 면적 비율로 칠해놓으면 모든 색을 얻을 수 있다는 결론을 얻었다.

프랑스 화학자 미셸 외젠 슈브뢸Michel Eugène Chevreul, 1786~1889은 동물성지방에 관해 화학적으로 처음 연구한 과학자다. 슈브뢸은 1839년 《색채의 대비와 조화의 법칙The Principles of Harmony & Contrast of Colors》을 출판했다. 슈브뢸은 책에서 색의 병치에 대한 좀 더 구체적인 기술을 제시했다. 슈브뢸은 염직공장에서 오래된 태피스트리(다채로운 선염사로 그림을 짜 넣은 직물)를 복원하는 일을 했다. 태피스트리를 정확하게 복원하기 위해서는 사라진 섬유 조직의 색상을 알아내야만 했다. 그 과정에서 슈브뢸은 가까이 있는 작은 섬유 조각들의 색상이 혼합되어, 멀리서 보면 전혀 다른 색깔로 보인다는 것을 발견했다. 슈브뢸의 발견은 후에 점묘화 테크닉의 기초가 되었다.

슈브뢸은 사람이 한 가지 색으로 된 형태를 본 뒤에, 짧은 순간 그 색의 보색이 잔상으로 남는다는 것을 발견했다. 먼저 붉은색R : Red 사물을 본 뒤 흰색 바탕으로 시선을 옮기면, 같은 형태의 연한 청록색G&B : Green & Blue 잔상이 보인다. 이러한 보색의 잔상 효과는 망막의 지속성 때문에 생기는 일종의 착시다. 빛에 의해 망막에 투영된 상은 빛이 사

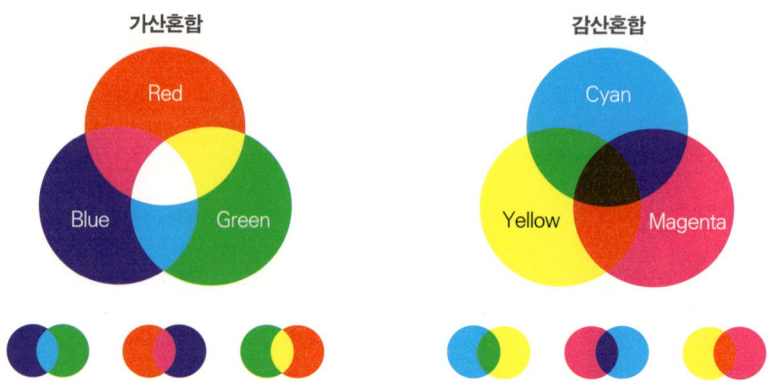

물감이나 빛을 섞을 때 작용하는 색채 혼합 원리는 두 가지다. 물감은 섞을수록 검정이 되는 '감산혼합'을 하고, 빛은 섞을수록 백색광이 되는 '가산혼합'을 한다.

라질 때 동시에 없어지지 않는다. 우리가 인지하지 못하는 매우 짧은 순간 동안 망막에 일종의 잔상으로 남게 된다.

　독일 생리학자이자 물리학자인 헤르만 폰 헬름홀츠Hermann von Helmholtz, 1821~1894는 물감은 섞을수록 검은색이 되고(감산혼합), 빛은 섞일수록 흰색이 되는(가산혼합) 색채 혼합 원리를 밝혀냈다. 미국의 물리학자 오그던 루드Ogden Nicholas Rood, 1831~1902가 색채 혼합을 포함해 당시의 최신 광학 연구를 정리해 《현대 색채론Color Theory》을 출판해 색채 과학의 장을 열었다. 이러한 분위기 속에서 신인상주의 화가들은 광학과 색채학 등 과학 지식에 바탕을 둔 새로운 화풍을 구축하게 된다.

## 본다는 행위의 과학

명암이 다르거나 색이 바뀌는 경계 지점에서 사람의 눈은 이 경계면을 어떻게 인식할까? 다시 말해 어떻게 색상 대비가 일어나고, 어떻게 경계면이 정해지는 걸까?

우리가 사물의 형태나 색을 보고 '인식'하는 원리는 다음과 같다. 사물에서 반사된 빛(①)이 동공으로 들어가 수정체를 지나 망막에 상이 맺힌다(②). 망막에는 빛 자극을 감지해 전기적 신호로 변환하는 시각세포들이 있다. 시각세포에는 명암을 구분하는 막대세포rod cell와 색상을 구분하는 원추세포cone cell 두 종류가 있다. 시각세포들은 망막이라는 화면에 각각 일종의 픽셀처럼 분포해 있다. 각각의 시각세포들이 빛에 반응해 내보내는 신호는 전기적 신호로 변환되어 시신경을 거쳐(③) 뇌

**사람이 눈의 망막을 통해 사물을 인식하는 과정**

로 전달된다. 뇌에서는 이 신호의 분포를 이미지로 재구성(④)하고, 우리는 사물을 인식하게 된다.

이 과정에서 가장 중요한 부분이 망막에서 시각세포들이 명도와 채도의 크기 변화를 인지하는 것이다. 각각의 시각세포들이 받아들인 빛 신호의 크기는 시신경으로 전달되기 전에 쌍극세포bipolar cell에서 일종의 '연산'을 거치게 된다. 연산 과정에서 형상의 경계에서 색의 대비가

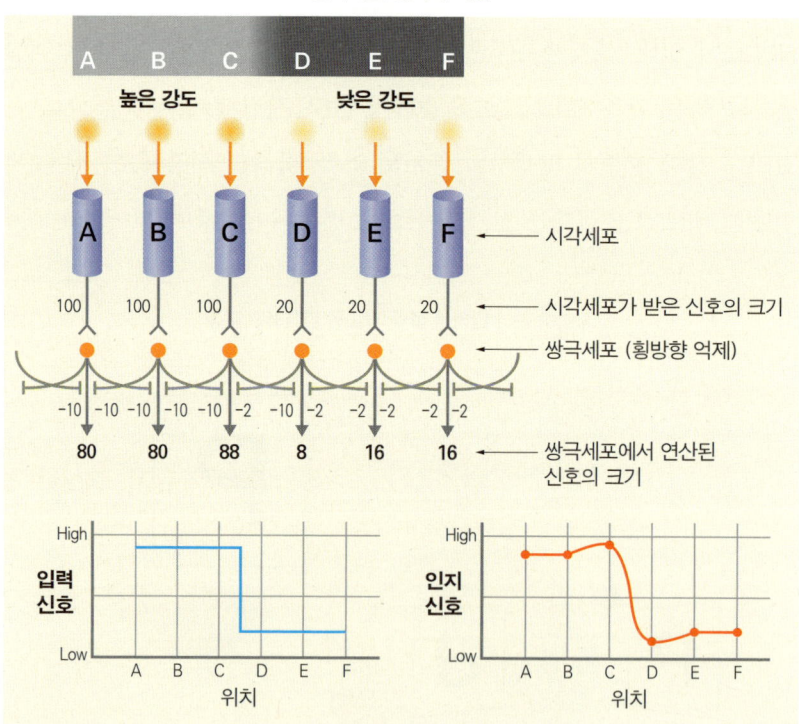

시각세포로 들어온 광신호를 쌍극세포에서 연산해 착시를 만드는 과정. 실제 신호는 아래 그림에서 파란색 선과 같으나, 눈에는 빨간색 선처럼 경계면 신호가 과장되고 중간값인 그라데이션이 생긴다.

일어나거나 일종의 착시가 발생한다.

하나의 시각세포에 입력된 신호는 연결된 쌍극세포로 보내진다. 이때 여러 개의 시각세포로부터 신호를 받은 쌍극세포는 연결된 이웃의 다른 쌍극세포에 억제 신호를 보낸다(횡억제). 예를 들면 쌍극세포는 시각세포가 받은 신호의 1/10씩 이웃한 다른 쌍극세포에 억제 신호를 보낸다. 쌍극세포는 최종적으로 받은 신호를 모두 더하거나 빼는(억제된 신호는 음의 값) 연산을 수행한 후 최종값을 시신경으로 보낸다. 이때 색이 바뀌는 경계면 근처에서는 최종값이 조금 더 증폭되거나 줄어드는 효과로 대비가 발생하고, 경계면에서는 원래 없었던 중간값이 발생해 그라데이션이 생긴 것처럼 보인다. 즉 명암이 교차하는 지점에서 밝은 곳은 더 밝게, 어두운 곳은 더 어둡게 느껴진다. 이러한 현상은 최초 발견자인 오스트리아 물리학자 에른스트 마흐Ernst Mach, 1838~1916의 이름을 따 '마흐 밴드 착시Mach band illusion'라고 한다.

## 뒤로 물러설수록 제대로 보이는 그림

보색의 잔상 효과와 경계면 대비 및 그라데이션은 모두 망막에서 일어나는 착시 현상의 일종이다. 쇠라는 색채는 캔버스에 물감을 칠해서 보여주는 게 아니라, 망막에서 재조합되어 완성된다고 믿었다. 그러나 쇠라가 놓친 것이 있다. 쇠라는 색 혼합이 망막에서 일어나기 때문에, 색을 병치하면 물감이 감산혼합될 때와 달리 명도와 채도가 떨어지지

〈그랑드 자트 섬의 일요일 오후〉에서 표시한 부분을 가까이에서 본 모습.

않고 그림이 더 밝아질 거라고 생각했던 것 같다. 그러나 혼합된 색이 원래의 색보다 밝아지는, 즉 혼합색의 명도와 채도가 높아지는 가산혼합은 빛을 통해서만 실현할 수 있다. 다른 색의 빛이 중첩되는 곳에서는 빛의 세기가 세져서 명도와 채도가 높아진다. 두 가지 다른 색의 물감을 병치혼합하면 전체 명도와 채도는 두 색의 산술적인 평균에 불과하다. 즉 여러 가지 색 점을 병치하면, 그림이 밝은 느낌이 들지는 않는다. 다만 경계면에서 발생하는 착시에 의한 대비 효과로 색상이 선명하게 보일 수는 있다.

쇠라의 그림을 가까이서 보면, 점 하나하나가 독립적으로 보이고 각 점의 원래 색상도 잘 보인다. 그러나 점의 크기를 구분할 수 없을 정도로 멀리 떨어져서 보면 착시 효과가 일어난다. 점의 경계면이 사라지고 병치혼합으로 인해 중간색이 좀 더 유의미하게 보인다.

쇠라는 어느 정도 떨어져서 자신의 그림을 볼 때 이 효과가 제대로 나타날지 이미 알고 있었다. 쇠라가 그린 여러 편의 그림은 가로 3m에 달하는 크기를 자랑한다. 이런 대작을 전체적으로 보려면 관람객은 그림에서 적당히 뒤로 물러나야 한다. 관람객이 충분히 멀리서 그림을 감상하면 분할된 작은 점들은 점으로 인식되지 않고, 자연스럽게 망막에서 병치된 색의 혼합이 일어난다. 즉 쇠라가 관람객이 그림에 찍힌 수많은 점을 점의 형태로 인식할 수 없는 충분한 거리에서 이 그림을 볼 수 있도록 사전에 치밀하게 설계했다는 것을 알 수 있다.

## 예술가와 과학자의 공통점, 실험정신

19세기 초 파리에서는 페르난도 서커스가 큰 인기를 끈다. 오귀스트 르누아르Auguste Renoir, 1841~1919, 에드가르 드가Edgar Degas, 1834~1917, 툴루즈 로트레크Henri de Toulouse Lautrec, 1864~1901 등의 화가들은 페르난도 서커스를 다룬 그림을 많이 그렸다. 같은 시기에 신인상주의를 이끌었던 쇠라와 폴 시냐크Paul Signac, 1863~1935도 서커스를 주제로 많은 작품을 남겼다.

쇠라의 〈서커스〉는 잘 분할된 점과 색의 보색대비를 탁월하게 활용

조르주 쇠라, 〈서커스〉, 1891년, 캔버스에 유채, 185.5×152.5cm, 파리 오르세미술관

한 인상적인 작품이다. 분할된 점은 이전 그림들보다 좀 더 세밀하게 나뉘어 있으며, 사물의 테두리도 선명해졌다. 〈서커스〉는 쇠라의 이전 작품들과 구도와 색감 면에서 매우 다른 인상을 풍긴다. 이 작품은 그동안 쇠라가 즐겨 사용했던 수평과 수직의 단순한 구도가 주는 정적인 분위기를 탈피했다. 원, 나선, 타원 등 곡선적인 요소를 차용하고 과감하게 대각선 구도를 사용했다. 이런 과감한 구도 때문에 원형의 곡마장과 달리는 말, 광대가 들고 있는 리본이 빙글빙글 돌고 있는 느낌이 든다.

특히 전체적으로 노란색 계열이 많이 쓰였는데, 이는 실내의 인공조명을 표현하기 위한 것으로 볼 수 있다. 동시에 대비를 주기 위해 보랏빛이 도는 파란색을 많이 사용했다. 두 가지 톤의 색상 조합은 전체적으로 다소 음울한 분위기를 조성한다. 음울한 분위기는 역동적으로 움직이는 곡마사들의 큰 동작과 활기찬 몸짓과는 대조적으로 관중석의 정적이고 무심한 반응과 교차하면서 더욱 증폭된다.

이 작품은 1891년 미완성인 채로 제7회 앙데팡당전(아카데미즘에 반대하는 화가들에 의해 열린 무심사·자유출품제 미술전람회)에 출품되었다. 그리고 이 전시회가 채 끝나기도 전에 쇠라는 독감 합병증으로 서른한 살이라는 안타까운 나이에 세상을 떠났다.

그동안 고수하던 실외 풍경화와 점묘법 화풍에서 구상적으로 새로운 시도를 시작한 〈서커스〉가 쇠라의 유작이 되고 만 것은 참으로 안타깝다. 활동 시기는 짧았지만, 과학적 사고와 실험을 바탕으로 해 새로운 미술 세계의 지평을 열었다는 점에서 쇠라의 영향력은 실로 크다고 볼 수 있다. 쇠라는 분할된 점을 병치해 색채를 재구성하면서 동시에 의도적으로 수평·수직·사선을 적절하게 안배함으로써, 구성적으로 전통 미술 및 고전주의와의 연결도 놓치지 않았다. 인상주의가 순간적인 빛의 인상과 느낌을 표현하는 것에 몰두해 형태와 구성적 요소를 다소 간과했다면, 이를 다시 회복시키려고 했다는 점에서의 쇠라의 노력은 매우 높이 평가되고 있다.

철저한 분석과 과학적인 사고를 기반으로 그림을 그린 신인상주의는 처음에는 미술계에서 그리 환영받는 사조는 아니었다. 세간의 비난을 받던 사조를 예술계에서 인정을 받을 수 있도록 분위기를 전환한 사람이 미술평론가 펠릭스 페네옹Felix Feneon, 1861~1944이다. 페네옹은 색에 대한 직관은 인상주의를 바탕으로 하였으나, 분할법을 도입해 색뿐만 아니라 구도의 분할까지 도모했던 이 새로운 흐름에 '신인상주의'라는 이름을 선물했다.

〈펠릭스 페네옹의 초상〉은 쇠라와 함께 신인상주의를 이끈 시냐크의 작품이다. 페네옹은 멋진 양복을 입고 팽이처럼 빙글빙글 돌며 색을 빨아들이는 듯한 느낌을 주는 배경 앞에 서 있다. 쇠라와 시냐크는 제1회 앙데팡당전에 작품을 출품하며 만나, 서로의 작품 세계에 공감하며 교류했다. 시냐크는 일본 판화인 우키요에의 영향을 받아 혼합 시점과 평면 처리에 능숙했다.

쇠라에 의해 시작되어 시냐크를 거치며 당시 유럽 미술계를 크게 흔들었던 새로운 화법과 그들의 작품. 신인상주의는 비록 짧은 시간 존재했지만, 빈센트 반 고흐Vincent van Gogh, 1853~1890, 폴 고갱Paul Gauguin, 1848~1903, 카미유 피사로Camille Pissarro, 1830~1903 등 후기 인상주의 화가들

폴 시냐크, 〈펠릭스 페네옹의 초상〉, 1890년, 캔버스에 유채, 93×73.5cm, 뉴욕 현대미술관

에게 영향을 미쳤다. 구도나 형태의 기하학적 특징과 안정성을 강조한 신인상주의는 20세기에 등장한 큐비즘과 오르피즘, 추상회화 등에도 영향을 끼쳤다.

흔히 사람들은 예술적 재능은 타고나는 것이고, 역사에 남은 거장들은 모두 천재성을 지녔다고 믿는다. 예술가라고 하면 직관과 영감에 휩싸여 일필휘지一筆揮之로 작품을 완성하는 사람을 떠올린다. 그러나 예술은 결코 직관과 천재성만으로 완성되지 않는다. 부단한 노력과 반복된 실험, 그리고 다른 사람들이 가지 않는 길을 가보려고 하는 대담한 용기와 결단이 모였을 때 비로소 한 편의 예술작품이 탄생한다.

Physics & Art 03

# 볼 수 없는 것을 그리다

 작은 방에 한 뼘도 안 되어 보이는 조그마한 어릿광대가 나타났다. "뭐라고?" 광대가 속삭이는 소리를 들으려고 몸을 숙이고 보니, 광대는 말하는 고양이와 실타래를 당기며 노는 중이다. '이게 대체 무슨 일이야?' 책상 위에선 물고기가 춤을 추고, 인어들은 방 안을 날고 있다. 믿을 수 없는 일들이 눈앞에 펼쳐진다. 어디선가 기타 연주와 신 나는 노랫소리가 들린다. 음악 소리에 절로 몸이 움직인다. '나도 함께 놀아 볼까?' 막 축제를 즐기려고 뛰어들려는 찰나, "쉿! 이건 우리만의 비밀이야"하고는 어릿광대와 작은 친구들이 순식간에 사라졌다.
 호안 미로Joan Miro, 1893~1983의 〈어릿광대의 사육제〉는 누군가의 꿈 속을 들여다보듯 몽환적이다.

호안 미로, 〈어릿광대의 사육제〉, 1925년, 캔버스에 유채, 66×93cm, 버팔로 올브라이트녹스미술관

## 굶주림 속에 떠오른 환영, 초현실주의를 열다

미로의 그림은 재미있는 등장인물과 원색의 도형이 화면 가득 등장해 자연스럽게 우리를 동심의 세계로 이끈다. 〈어릿광대의 사육제〉는 미로의 상상력이 최대치로 발휘된 작품이다.

사육제謝肉祭는 '카니발carnival'을 우리말로 옮긴 것이다. 이탈리아어 '카르네발carne vale(고기여, 그만)'이 어원인 카니발은 사순절을 앞두고 실컷 먹고 즐기는 축제를 가리킨다. 부활절 전 40일간을 사순절이라고 하는데, 기독교 사회였던 유럽에서는 이 기간에는 금식하고 참회하며 경건하게 생활했다. 〈어릿광대의 사육제〉라는 작품명은 '어릿광대의 축제'쯤으로 이해하면 될 것이다.

작은 창이 하나 있는 방안에서 신나는 축제가 열리고 있다. 저 멀리 기타, 악보, 음표 같은 음악적 요소들이 있어, 그림 속 사물들이 마치 흔들흔들 음악에 맞춰 춤을 추는 것처럼 보인다. 크고 작은 동그라미에 상상력을 더해 창조해낸 이 재미있는 생명체들의 형상은 오선지 위에서 춤추는 음표를 떠올리게 한다. 책상, 주사위, 지구본 같은 물건은 이곳이 작은 방이라는 걸 알게 해준다. 여기에 외발자전거와 사다리가 등장해 마치 방 안에서 비밀리에 서커스가 열리고 있는 듯한 긴장감을 준다. 창밖으로 멀리 보이는 태양과 뾰족한 검은 산이, 마치 현실은 저 너머에 있고 이 안에서 일어나는 기이하고 재미있는 일은 우리만의 비밀이라고 말하는 것 같다.

1893년 4월 20일 스페인 바르셀로나에서 태어난 미로는 어릴 때부터 그림에 남다른 소질을 보였다. 그러나 보석상을 운영하는 아버지는 아들이 상인이 되기를 원했다. 부모의 반대를 무릅쓰고 파리에서 생활하던 미로는 물감을 살 돈은커녕 끼니를 해결할 수도 없을 만큼 궁핍했다. 말린 무화과 몇 개로 하루를 버티던 미로는 멍하니 벽을 바라봤다. 그때 미로의 눈에 환영이 펼쳐졌고, 그는 환영을 바로 캔버스에 옮겼다. "굶주림은 환각에 중요한 바탕이 됐다. 이런 형상들을 붙들기 위해 긴 시간 동안 작업실 빈 벽을 쳐다보았다." 〈어릿광대의 사육제〉는 이렇게 탄생했다.

## 노랑은 트렘펫의 팡파르, 빨강은 큰 북소리

〈어릿광대의 사육제〉와 비슷한 시기에 그려진 러시아 화가 바실리 칸딘스키Wassily Kandinskyk, 1866~1944의 〈노랑 빨강 파랑〉에도 음악적 요소가 가득하다. 올림표(#)처럼 생긴 기호, 오선지를 연상시키는 선과 크기가 다양한 동그라미들이 그림 속에서 춤추고 노래한다. 색의 삼원색인 빨강, 노랑, 파랑을 기본색으로 삼원색에서 파생된 보라, 주황, 초록, 분홍이 화면에 자유롭게 펼쳐진다. 검은색은 점, 선, 면을 기본으로 어떤 상징적인 형태를 표현한다. 보색들이 조화를 이루며 그림에 리듬감을 부여하고 있다.

    음악은 소리라는 파동의 조화라고 할 수 있다. 크기가 다른 점, 선, 면과 비슷하거나 혹은 반대되는 원색의 사용은 소리의 조화인 '화음'

바실리 칸딘스키, 〈노랑 빨강 파랑〉, 1925년, 캔버스에 유채, 128×201.5cm, 파리 조르주퐁피두센터

을 떠올리게 한다. 실제로 칸딘스키는 그림에 사용된 색들이 고유한 음악적 성격을 가지고 있다고 주장했다. 노란색은 날카로운 트럼펫 소리, 주황색은 비올라 또는 따뜻한 알토의 목소리, 파란색은 깊은 곳으로 침잠하는 소리, 초록색은 안정되고 편안한 바이올린 소리, 빨간색은 북소리를 상징한다고 설명했다.

칸딘스키는 스물아홉 살이 되던 1895년에 삶을 송두리째 바꿀 두 개의 작품을 만난다. 대학에서 법과 경제학을 공부하고 법학자의 길을 걷던 칸딘스키는 모스크바에서 열린 인상파 전시회에서 클로드 모네 Claude Monet, 1840~1925의 〈건초더미〉 연작을 보고 색이 주는 강렬한 인상에 큰 충격을 받았다. 같은 해에 리하르트 바그너Wilhelm Richard Wagner, 1813~1883의 오페라 〈로엔그린〉을 보고 강렬한 인상을 받았다.

〈로엔그린〉을 관람한 날 저녁, 칸딘스키는 이렇게 말했다. "나는 내 영혼에서 갖가지 색을 보았다. 내 눈앞에 색이 있었다. 그리고 거친 선들이, 거의 미친 듯한 선들이 내 앞에 펼쳐졌다."

에곤 실레가 그린 쇤베르크.

칸딘스키는 모네의 그림과 바그너의 음악을 통해 두 가지를 깨달았다. 대상을 그대로 캔버스에 옮기지 않아도 매혹적일 수 있으며, 형태가 없는 소리를 색채로 표현할 수 있다는 것이다. 그해에 칸딘스키는 촉망받던 법률가의 길을 포기하고 독일 뮌헨으로 그림 공부를 하러 떠났다.

칸딘스키는 초기에는 인상주의 사조를 일부 계승해 평범한 자연 풍경이나 사람을 화려한 색채로 그리기도 했다. 그러나 점차 단순해진 색의 대비와 도형의 반복과 변주를 통해 그림에 리듬감을 조성했다.

1911년 1월 1일 칸딘스키는 뮌헨에서 열린 신년음악회에서 아르놀트 쇤베르크Arnold Schoenberg, 1874~1951의 무조음악을 접한다. 무조음악은 중심이 되는 음이 아예 없고 음색과 음조의 변화만 있는 새로운 개념의 음악이다. 쇤베르크의 음악을 들은 다음 날 칸딘스키는 〈인상 Ⅲ : 콘서트〉를 완성했다.

캔버스의 넓은 검은색은 그랜드 피아노, 노란색은 연주 소리를, 왼

바실리 칸딘스키, 〈인상 Ⅲ : 콘서트〉, 1919년, 캔버스에 유채, 100.5×78.5cm, 개인 소장

쪽 아래 밀집된 동글동글한 형태는 관객을 상징한다. 칸딘스키는 '소리'라는 청각적 울림을 캔버스라는 공간에 시각적 인상으로 표현했다. 칸딘스키는 알 수 있는 형태 대신 점, 선, 면, 색으로 캔버스를 채우며 추상미술의 세계로 한 걸음 더 나아갔다.

칸딘스키는 1911년 출간한 《예술에 있어서 정신적인 것에 대하여》에서 "회화는 가장 풍부한 가르침을 음악에서 얻는다"라고 말했다. 그는 저서에서 음악적 회화가 어떻게 전개되어야 하는지, 음악과 미술의 조화가 어떻게 이루어져야 하는지, 보이지 않는 감정을 어떻게 시각적으로 그려낼 수 있는지를 설명했다.

## 음악은 소리의 조화를 통한 시간예술

 미술과 음악은 공통으로 창작과 예술이라는 큰 범주 안에 있다. 미술이 빛과 색의 조화를 통한 '공간예술'이라면, 음악은 소리의 조화를 통한 '시간예술'이라고 할 수 있다. 미술이 기본 도형과 원색을 바탕으로 공간이라는 틀 안에서 점차 사물의 개념을 확장해 가듯이, 음악도 기본 음계가 화음과 조성을 이루며 시간이라는 틀 안에서 유기적으로 전개된다.

 빛과 소리는 모두 '공간'과 '시간'에서 진동하는 파동이다. 소리는 매질의 진동을 통해 전달되는 파동이다. 파동의 진폭 크기에 의해 소리의 크기가 결정된다. 또 진동수의 크기에 의해 높낮이가, 파동의 모양인 파형에 의해 음색이 결정된다. 공기, 물 같은 매질이 없으면 소리가 전달될 수 없다. 즉 진공 상태에서는 소리가 전달되지 않는다.

 빛의 삼원색(빨강, 초록, 파랑)과 색의 삼원색(사이안, 마젠타, 노랑)처럼 소리에도 도, 레, 미, 파, 솔, 라, 시 7음으로 이루어진 음계가 있다.

 음계는 고대 그리스의 철학자이자 수학자 피타고라스 Pythagoras, BC 580~500가 제안한 숫자 간의 조화 수에 따라 결정된 것이다. 피타고라스는 한 줄로 구성된 현악기를 만들어 중간에 마디를 옮겨가면서 다양한 높낮이의 소리를 만들어내는 실험을 했다. 이때 일

행성이 일정하게 도는 길인 궤도 모양이 타원형이라는 것을 발견한 천문학자 케플러. 케플러는 행성에는 고유의 음악이 있다고 주장했다. 그는 행성들의 회전주기를 바탕으로 〈천구의 음악〉이라는 곡을 작곡하기도 했다.

정한 수의 비율에서 아름다운 소리를 내는 화음이 나온다는 것을 알게 되었다. 피타고라스는 현 길이를 2:3의 비율로 분할해 완전 5도 음정을 고안했다.

피타고라스는 이러한 숫자 간의 비례와 조화가 우주에도 있다고 믿었다. 코페르니쿠스Nicolaus Copernicus, 1473~1543의 지동설이 나오기 전까지 사람들은 지구가 우주의 중심이라고 믿었다. 피타고라스는 지구를 기준으로 지구에서 행성까지의 거리가 멀고 가까움에 따라 고유한 음이 있어 행성들이 운행할 때 아름다운 화음이 울린다고 말했다. 그는 수학과 음악, 천문학과 우주론이 서로 밀접하게 연결되어 있다고 믿었다.

독일의 천문학자 요하네스 케플러Johannes Kepler, 1571~1630가 피타고라스의 음악 이론을 이어받았다. 케플러는 행성이 지구가 아닌 태양을 중심으로 타원 운동을 한다는 법칙 등 행성 운동에 관한 세 가지 법칙(케플러 법칙)을 발견했다. 이 중 세 번째 법칙이 나오는 《우주의 조화 De Harmonices Mundi, 1619년》라는 책에서 태양으로부터 행성까지의 거리와 행성들의 속도가 음계의 어떤 음정에 해당한다고 주장했다. 케플러는

《우주의 조화》에 나오는 케플러의 〈행성의 음악(music of the spheres)〉.

행성들의 움직임을 관찰해 이를 바탕으로 악보를 그리기도 했다. 케플러는 태양에서 가까운 수성은 현이 짧은, 거리가 먼 토성은 현이 긴 현악기에 비유했다.

그러나 우주 공간에는 공기가 없다. 따라서 우리가 알고 있는 형태의 소리, 즉 우주에서는 공기를 통해 귀에 전달되는 파동을 인지할 수 없다.

## 눈에 보이지 않는 시공간의 일렁임을 관측하다

최근 과학계를 떠들썩하게 했던 사건 가운데 하나가 '중력파重力波, gravitational waves' 검출이다. 2015년 9월 14일 국제공동연구팀이 미국에 있는 라이고LIGO : The Laser Interferometer Gravitational-Wave Observatory 관측소에서 중력파를 포착했다. 중력파는 1915년 알베르트 아인슈타인Albert Einstein, 1879~1955이 일반상대성이론을 통해 주장했던 중력에 의해 '휘어진 우주'를 설명하는 결정적 실험 증거다. 아인슈타인이 존재를 예측한 지 100년, 한 세기가 되도록 검증하지 못한 중력파를 실제로 검출한 것이다.

중력파는 우주 대폭발이나 블랙홀 충돌 등 대규모 우주 현상이 있을 때 강력한 중력 에너지가 발생해 우주 공간에 퍼져나가는 것이다. 영원불멸할 것만 같은 별도 죽는다. 태양보다 질량이 수십 배 큰 별이 생의 마지막 단계에 이르면 스스로 폭발하면서 순간적으로 엄청난 에너지를 방출한다. 폭발할 때 별은 평소의 수억 배 정도로 밝아졌다가 서

미국 루이지애나주 리빙스턴에 있는 라이고 중력파 관측소. 레이저를 이용한 중력파 검출기인 라이고는 별에서 빛을 수집할 필요가 없어 광학 망원경이나 커다란 접시 모양의 전파 망원경이 없다.

서히 어두워진다. 이를 '초신성 폭발'이라고 한다. 이처럼 큰 별이 초신성 폭발을 겪을 때 중성자별(좁은 부피에 많은 질량이 밀집된 고중력 천체), 블랙홀 등이 형성된다. 블랙홀과 중성자별이 서로 충돌할 때 중력파는 시공간에 출렁이는 물결 형태로 우주 공간에 퍼져나간다.

지구로부터 13억 광년 떨어진 우주에서 태양 질량 수십 배 크기의 블랙홀 두 개가 충돌하는 동안 발생한 중력파를 라이고 관측소에서 관측한 것이다. 13억 년 전 우주에서 두 개의 블랙홀이 일으킨 파동이 21세기를 사는 인류에게 포착된 것이다. 중력파는 먼 우주에서 오래전 발생한 사건에서 전파된, 진정한 '우주의 소리'인 셈이다.

지금까지 우주는 오로지 '빛'을 통해서만 관측할 수 있었다. 블랙홀

2015년 9월 14일 미국 라이고 탐지기에 탐지된 충돌하는 블랙홀의 컴퓨터 시뮬레이션 화면. 미국국립과학재단(NSF).

이나 중성자별은 빛이 거의 나오지 않아 직접적인 관찰이 어려웠다. 이제 인류는 '빛'과 '중력파' 두 개의 눈으로 우주를 들여다볼 수 있게 되었다.

오랫동안 화가들은 손을 뻗으면 만질 수 있는 것처럼 대상을 사실적으로 묘사했다. 그리는 행위의 지향점은 대상의 '재현'이었다. 미로와 칸딘스키는 대상을 재현하는 미술의 오랜 전통에서 탈피해 화가의 정신세계를 캔버스에 표현하고자 했다. 현대의 과학자들은 100년 전 발표된 물리학 이론을 실험으로 검증했다. 보이지 않는 것을 그리려는, 그리고 검증하려는 시도는 예술과 과학의 새로운 차원을 열었다.

Physics & Art 04

# 작은 우주를
# 유영하는 생명들

캔버스 가득 금박과 화려한 색채가 넘실거린다. 중심에 자리한 여인은 기하학적인 패턴의 옷과 황금빛 배경에 둘러싸여 신비로운 분위기를 자아낸다. 오스트리아 화가 구스타브 클림트Gustav Klimt, 1862~1918의 〈아델레 블로흐 바우어Ⅰ〉다. 고혹적인 여인의 얼굴에서 쉽게 시선을 거둘 수 없다. 이 그림에는 '오스트리아의 모나리자'라는 수식어가 붙어 있다. 금빛에 휩싸여 하얗게 빛나는 피부, 몽환적인 눈빛, 붉고 도톰한 입술……. 관능적이면서도 신성해 보이는 상반된 이미지가 공존한다.

  클림트의 또 다른 대표작 〈연인, 키스〉를 보자. 꽃이 만개한 절벽 끝에 위태롭게 서서 키스하는 남녀가 있다. 그림 속 남자와 여자 역시 화려한 패턴의 황금빛 옷을 입고 있다.

구스타브 클림트, 〈아델레 블로흐 바우어 I〉, 1907년, 캔버스에 유채와 금, 100×73cm, 뉴욕 노이에갤러리

구스타브 클림트, 〈연인, 키스〉, 1908년, 캔버스에 유채와 금, 180×180cm, 벨베데레오스트리아갤러리

### 황금빛으로 반짝이는 세포들

두 그림 모두 공통으로 사람의 얼굴과 손만 사실적으로 묘사하고 있다. 그림 속 인물들이 입은 옷과 배경은 타원과 사각형, 삼각형, 소용돌이 같은 조형적 요소들이 일종의 패턴을 이루고 있다. 인물을 둘러싼 장식적인 요소들은 사실적으로 그려진 얼굴을 더욱 돋보이게 하고, 몽환적인 분위기를 형성한다. 금빛으로 반짝이고 질서와 무질서가 공존하는 이곳은 마치 한 번도 경험한 적이 없는 다른 차원 같다.

흥미롭게도 그림을 장식하고 있는 아름다운 패턴 속에는 클림트만의 생물학적 은유가 숨어 있다고 한다. 남자가 걸치고 있는 가운에는 흑백으로 이루어진 직선과 사각형이 가득하다. 반면 여자의 옷에는 둥근 도형과 다양한 크기의 동심원들이 가득하다. 동심원들은 가운데 핵이 있는 세포의 구조를 떠올리게 한다. 남녀의 옷을 장식하고 있는 패턴은 정자와 난자, 핏속의 적혈구를 의미한다. 생물학적 은유는 그림 전반에 흐르는 에로틱한 정서와 자연스럽게 연결된다. 동심원들은 때로는 금빛으로 빛나고, 때로는 갓 피어난 꽃처럼 화사하다.

### 우리는 눈으로 얼마나 작은 세상까지 볼 수 있을까?

사람들은 아주 오래전부터 '이 세계를 이루는 가장 큰 것은 무엇일까?, 그리고 가장 작은 것은 무엇일까?'라는 매우 원초적이고 존재론적인 의문을 품고 있었다. 오랫동안 과학사를 이끌어온 것은 몇몇 과학자들의 뛰어난 직관에서 나온 이론이나 어떤 모델이었다. 그러나 그것이 전부는 아니다. 만물의 이치에 관계된 어떤 현상이나 대상을 직접 눈으로 보고자 하는 사람들의 본능적 욕구 역시 과학사를 이끌어 온 큰 축이다.

우리는 언제부터, 어떻게, 얼마나 작은 것까지 볼 수 있게 된 것일까? 작은 것들을 보려면 현미경이라는 도구가 필요하다. 1590년경 네

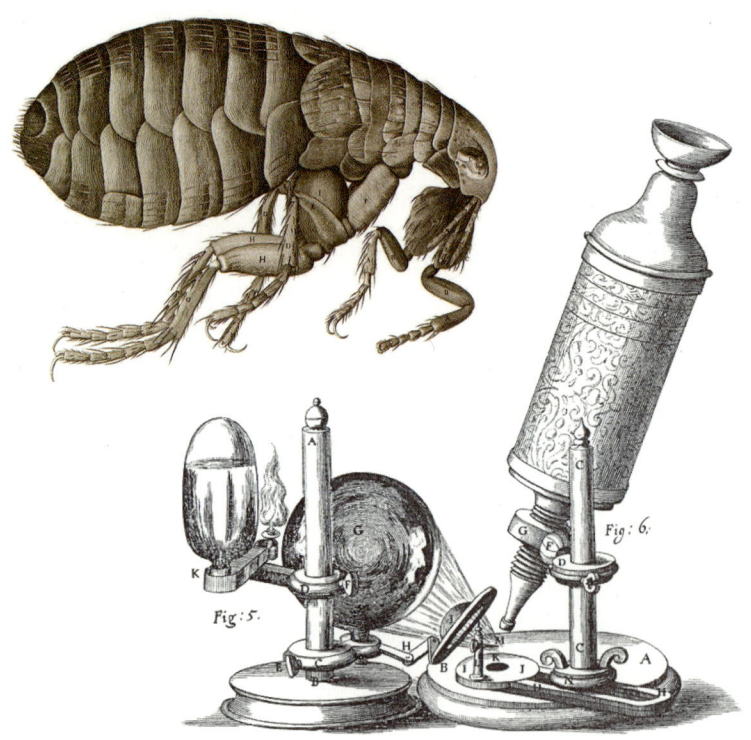

로버트 훅의 현미경과 훅이 현미경으로 관찰해 그린 벼룩.

덜란드에서 안경점을 하던 얀센Cornelis Jansen, 1585~1638이 여러 개의 렌즈를 겹쳐 글자를 10배까지 확대해서 볼 수 있게 만든 도구가 현미경의 시초다. 초기에는 이 확대 도구를 멀리 떨어진 대상을 보거나 해양 탐사에 사용했다.

　렌즈를 이용해 본격적으로 작은 세계를 들여다본 것은 네덜란드의 안톤 판 레이우엔훅Anton van Leeuwenhoek, 1632~1723 이후부터였다. 레이우엔훅은 270배 확대가 가능한 현미경을 개발해, 원생동물(아메바, 짚신벌레 같은 단세포동물)과 세균, 박테리아, 물고기 적혈구의 핵 등을 관찰했다. 영국의 화학자이자 물리학자 로버트 훅Robert Hooke, 1635~1703은 현미경을 만들어 처음으로 세포를 관찰하는 데 성공했다. 훅은 현미경으로 관찰한 세포들이 작은 방처럼 생겼다고 해서, 라틴어로 '작은 방'을 뜻하는 'cellua'가 어원인 'cell'이라고 이름 붙였다.

　안톤 판 레이우엔훅과 로버트 훅은 현미경을 통해 관찰한 작은 생물들에 관해 기술해 각각 《현미경으로 밝혀진 자연의 비밀(1695년)》과 《마이크로그라피아(1665년)》라는 책을 출간했다. 사람들은 작은 세계의 발견에 열광했다.

　현미경이 현재와 같은 모양을 갖추고 본격 제작된 것은 19세기 후반 독일의 광학기계 제작자 칼 자이스Carl Zeis, 1816~1888와 물리학자 에른스트 아베Ernst Abbe, 1840~1905에 의해서다. 두 사람은 현존하는 가장 오래된 광학기기 제조사 '칼자이스Carl Zeiss'를 설립했다.

　1873년 아베는 광학 현미경을 아무리 잘 만들어도 자연의 한계 때문에 관찰하는 가시광선 파장 길이 절반보다 작은 두 물체 간의 거리

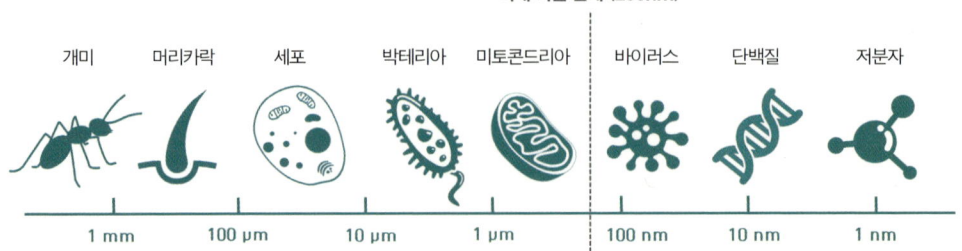

현미경으로 관찰할 수 있는 작은 생명체들과 아베 회절 한계

과학자들은 광학 현미경을 통해 세포 소기관 등을 식별할 수는 있지만, 더 작은 크기인 바이러스나 단일 단백질 등은 분간할 수 없었다.

는 식별할 수 없다는 것을 밝혀냈다. 이를 처음 주장한 아베의 이름을 따서, '아베 회절 한계' 또는 '빛의 파장 한계'라고 한다. 대략 0.2마이크로미터(200 나노미터) 정도가 광학 관측의 한계 값이다.

광학 현미경을 이용해 세포 안의 일부 소기관까지는 볼 수 있지만, 그보다 작은 바이러스나 단백질 등은 볼 수 없다. 현재의 진보한 광학 기술은 다양한 직-간접적 방식으로 원자 단위의 세계까지 들여다볼 수 있게 해주었다. 하지만 사람 눈으로 직접 볼 수 있는 세계는 가시광선 파장 길이 절반을 절대 넘을 수 없다.

현미경 개발로 시작된 미시세계의 탐험은 과학사는 물론이고, 일반인들에게도 큰 충격이자 경이로움 그 자체였다. 백 번 듣는 것보다 한 번 보는 것이 낫다는 말처럼 눈으로 직접 본다는 것은 큰 의미를 지닌다.

찰스 다윈Charles Robert Darwin, 1809~1882의 진화론과 발생학에 관심이 있었던 클림트는 이렇게 눈으로 볼 수 있는 작은 세상에 감명을 받았고,

지속해서 자신의 작품에 인간의 배아와 세포 등을 패턴으로 만들어 담아냈다. 클림트가 그린 세포는 생명의 시작이자 곧 작은 우주 그 자체다. 클림트는 이러한 접근으로 인간 본성과 생명 근원에 대한 물음과 그 답에 한 걸음 더 다가갈 수 있었다.

### 푸른 하늘에서 춤추는 세포들

푸른 하늘에 알 수 없는 생명체가 둥둥 떠다닌다. 그림을 뒤집어서 보아도 바로 보아도 어색하지 않을 것 같은 느낌이 드는 이유는 그림 속 세상에서 중력이 무시되고 있기 때문이다. 그림 속 생명체는 대형 수족관 속을 유영하던 해파리 같기도 하고, 바닷속을 헤엄치는 거북이나 물고기 같기도 하다.

〈푸른 하늘〉(216쪽 그림)이라는 제목의 이 그림은 러시아 화가 바실리 칸딘스키Wassily Kandinsky, 1866~1944가 생애 후반기에 그린 작품이다. 칸딘스키는 과학사 특히 생물학에 기반을 둔 지식에 관심이 많았다. 생물학은 곧 생명의 근원과 연결되기 때문이다.

생물학에 관한 칸딘스키의 관심은 종종 원색과 기본 도형들로 치환되어 화폭에 상징적으로 옮겨지곤 했다. 칸딘스키가 활동하던 당시에는 현미경이 널리 퍼져 사람들이 미시세계를 직접 눈으로 볼 수 있게 되었다. 현미경이 연 미시세계는 칸딘스키에게도 큰 영감을 주었다. 칸딘스키는 나치를 피해 파리로 망명한 후반기에 현미경으로 관찰한 세

바실리 칸딘스키, 〈푸른 하늘〉, 1940년, 캔버스에 유화, 100×73cm, 파리 조르주퐁피두센터

포나 배아를 모티브로 몇 점의 작품을 그렸다.

특히 〈푸른 하늘〉에서 작은 생명체들은 색채의 조화에 힘입어 리듬감 있게 움직이는 것처럼 보인다. 현미경으로 관찰할 수 있는 작은 물체는 실제로 제자리에 가만히 있지 않고 움직이며 돌아다니는 '브라운 운동'을 한다.

1827년 영국의 식물학자 로버트 브라운Robert Brown, 1773~1858은 물에 뜬 꽃가루를 현미경으로 관찰하다가 꽃가루 입자가 가만히 있지 않고 계속 돌아다니는 것을 발견했다. 마치 살아 있는 생명체처럼 말이다. 브라운이 유리, 금속 등을 곱게 갈아 액체에 뿌려 관찰했더니 이들도 꽃가루처럼 불규칙하게 운동했다. 작은 입자는 액체나 기체 속에서 불규칙하게 운동하면서 서로 부딪히기도 하며 표류漂流하는데, 이를 브라운 운동이라고 한다. 당시 물리학자들은 열에 의한 대류 현상 때문에 입자들이 움직인다고 생각했다.

이 현상은 1905년 스물여섯 살의 청년 알베르트 아인슈타인Albert Einstein, 1879~1955에 의해 '미소 입자의 질량과 통계에 바탕을 둔 운동(시간

'브라운 운동'을 발견한 로버트 브라운 초상화.

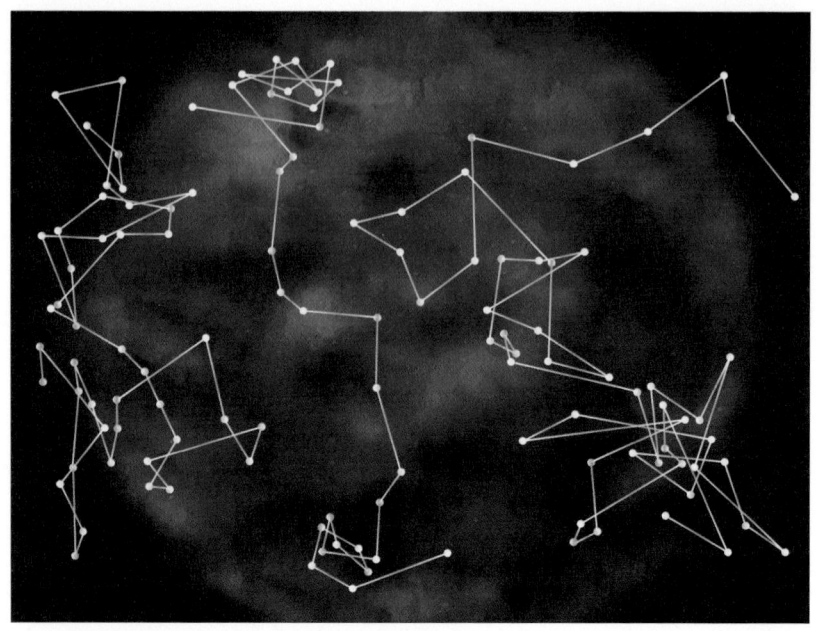

서민아, 〈페랭의 입자의 궤적〉, 2019년, 종이에 수채화와 디지털
페랭은 콜로이드 입자 움직임을 30초 단위 간격으로 추적해 궤적을 그렸다. 페랭의 입자 궤적은 작은 크기 입자들이 불규칙한 방향으로, 불규칙한 속도로 움직이고 있다는 '브라운 운동'을 직접적으로 보여주는 증거다. 페랭의 입자 궤적이 마치 밤하늘의 별자리를 연상시킨다는 생각이 들어, 그림으로 재구성해보았다.

과 변위)'이라고 이론적으로 재정립되었다. 1908년 프랑스 물리학자 장 바티스트 페랭Jean Baptiste Perrin, 1870~1942은 점성과 크기가 다양한 입자들이 움직이는 경로를 직접 관찰해 그 궤적을 기록했다. 페랭은 관찰한 궤적과 아인슈타인의 관계식을 이용해 아보가드로수Avogadro's Number(1몰의 물질 속에 들어 있는 입자의 개수)를 정했으며, 그 공로로 1926년 노벨 물리학상을 수상했다.

## 인간의 근원을 찾아가는 여정

칸딘스키는 〈푸른 하늘〉에서 상상의 생명체들이 자유롭게 움직이는 순간을 너무나 아름답게 묘사했다. 무작위적인 입자들의 움직임은 랜덤한 방향으로 랜덤한 변위만큼 일어나기 때문에 경로를 예측할 수 없다. 이 미시세계야말로 현실과 달리 중력으로부터 자유로울 수 있는 유일한 세계다.

칸딘스키의 또 다른 그림 〈구성 9〉(220쪽 그림)는 전체적인 구성과 배치는 그가 그려왔던 〈구성〉 시리즈와 비슷하지만, 그림 속 요소들은 악보, 악기, 음표처럼 음악적이기보다는 세포나 배아의 형태에 훨씬 가깝다. 대부분의 도형은 원이나 곡선이다. 작은 원이 모여 큰 도형으로 발전해가는 구성은 배아세포가 성체가 되어가는 과정을 의미한다. 특히 칸딘스키는 배아세포가 성체의 모양과 다르다는 점에 주목했다. 미시세계의 작은 세포가 그대로 자라 성체가 되는 것이 아니라 단순화된 형태였다가 점차 새로운 기관이 생겨나 복잡해지고 처음과 전혀 다른 모양으로 자란다는 것에 놀라워했다. 칸딘스키는 배아세포의 성장 과정이 자신의 추상주의와도 맞닿아 있다고 느꼈다.

현미경을 통해 관찰한 세포는 생물체의 작은 단위 그 이상의 의미를 지닌다. 이 작은 우주는 만물의 시작이자, 생명이 탄생하는 경이로운 순간이다.

모든 도형의 기본 형상인 점, 선, 면을 기본으로 하고 원색으로 추상의 세계를 표현하는 칸딘스키에게 미시세계는 더없이 좋은 탐구 대

바실리 칸딘스키, 〈구성 9〉, 1936년, 캔버스에 유화, 113.5×195cm, 생테티엔현대미술관

상이자 그림의 주제가 되었을 것이다. 이 상상의 생명체들은 제목처럼 푸른 하늘을 날고 있기도 하고, 동시에 푸른 바다를 헤엄치기도 하며 우리에게 근원적 질문을 던진다.

'나는 누구인가?'

———— Physics & Art 05 ————

# 반발하는 만큼
# 더 견고하게 응집하는 색

네덜란드 암스테르담에서 여행자들에게 가장 인기 있는 여행지는 반 고흐 미술관이다. 인터넷으로 미리 티켓을 사면 당일 매표소 앞에서 긴 줄을 서지 않아도 된다. 미술관에서 제공하는 오디오가이드의 설명도 훌륭하다. 한국어 설명도 제공된다.

빈센트 반 고흐Vincent Willem van Gogh, 1853~1890는 37년이라는 짧은 삶을 살았다. 그 가운데 화가로 산 기간은 고작 10년이다. 그는 10년 남짓한 세월 동안 무려 900여 점의 작품을 남겼다. 그 가운데 200여 점은 죽기 두세 달 정도의 짧은 기간에 그려졌다.

고흐는 살아생전 단 한 점의 그림밖에 팔지 못했다. 그는 평소 친분이 있던 사람들에게 자신의 그림을 선물했다. 고흐가 세상을 떠난 뒤

네덜란드 암스테르담에 위치한 반 고흐 미술관은 네덜란드를 찾는 사람들이 한 번쯤은 꼭 방문하고 싶어하는 곳으로 세계 최대 고흐 컬렉션을 자랑한다.

그의 작품은 동생 테오Theo van Gogh, 1857~1891와 아내 요한나, 그리고 테오의 아들 빈센트에게 상속됐다. 삼촌의 이름을 물려받은 빈센트는 삼촌의 작품을 전시할 미술관을 지어주는 조건으로 네덜란드 정부에 소장 작품을 영구 대여했다. 덕분에 암스테르담에 반 고흐 미술관이 문을 열었다. 반 고흐 미술관은 〈해바라기〉, 〈아를의 침실〉, 〈자화상〉, 〈까마귀가 있는 밀밭〉 등 고흐의 유화 200여 점과 소묘 500여 점, 고흐와 테오가 주고받은 700통 이상의 편지를 소장하고 있다.

자신의 이름을 딴 미술관을 가진 화가가 몇이나 되겠는가? 많은 작품을 남겼기에, 그리고 많은 이들에게 사랑받고 있기에 가능한 일이다.

고흐의 그림 속에는 흥미로운 이야기들이 많이 숨어 있다. 정물, 사람, 풍경 어느 하나 단순한 관찰에 머문 작품이 없다. 어떻게 모든 그림에 그토록 많은 이야기를 담아낼 수 있었을까? 만약에 한 사람이 평생 쓸 수 있는 에너지가 유한하다면, 고흐는 10년이라는 짧은 기간에 응축된 에너지를 전부 소진했던 걸까? 달리 설명할 방법이 없다.

### 고흐의 색채 실험실, 아를 라마르틴 광장 2번지

파리에서의 생활에 피로를 느낀 고흐는 35세가 되던 1888년 예술가만의 공동체를 세우겠다는 야심 찬 계획으로 남프랑스 '아를Arles'로 이주한다. 아를에서 머문 1년이 채 안 되는 시간 동안 200여 점의 그림을 그릴 정도로, 고흐는 아를을 사랑했다. 그의 작품을 파리 도심에 살던 시절과 이후 시절로 분류할 만큼, 아를에서의 생활은 작품에 큰 변화를 가져왔다.

    고흐는 라마르틴 광장 근처에 노란 집을 얻었다. 고흐의 초대에 아를로 온 폴 고갱Paul Gauguin, 1848~1903은 9주 동안 노란 집에 머물며 고흐와 영감을 주고받으며 작업했다. 그러나 두 사람 간 갈등의 골이 깊어져 급기야 고흐가 자신의 귓불을 자르는 사태가 벌어졌다. 아를의 노란 집은 유토피아를 꿈꾸던 고흐의 순수했던 염원과 갈망, 결국 떨쳐내지 못했던 깊은 고독과 고통의 몸부림이 공존했던 곳이다.

    고흐는 동생 테오에게 노란 집 스케치를 함께 보내며 다음과 같이

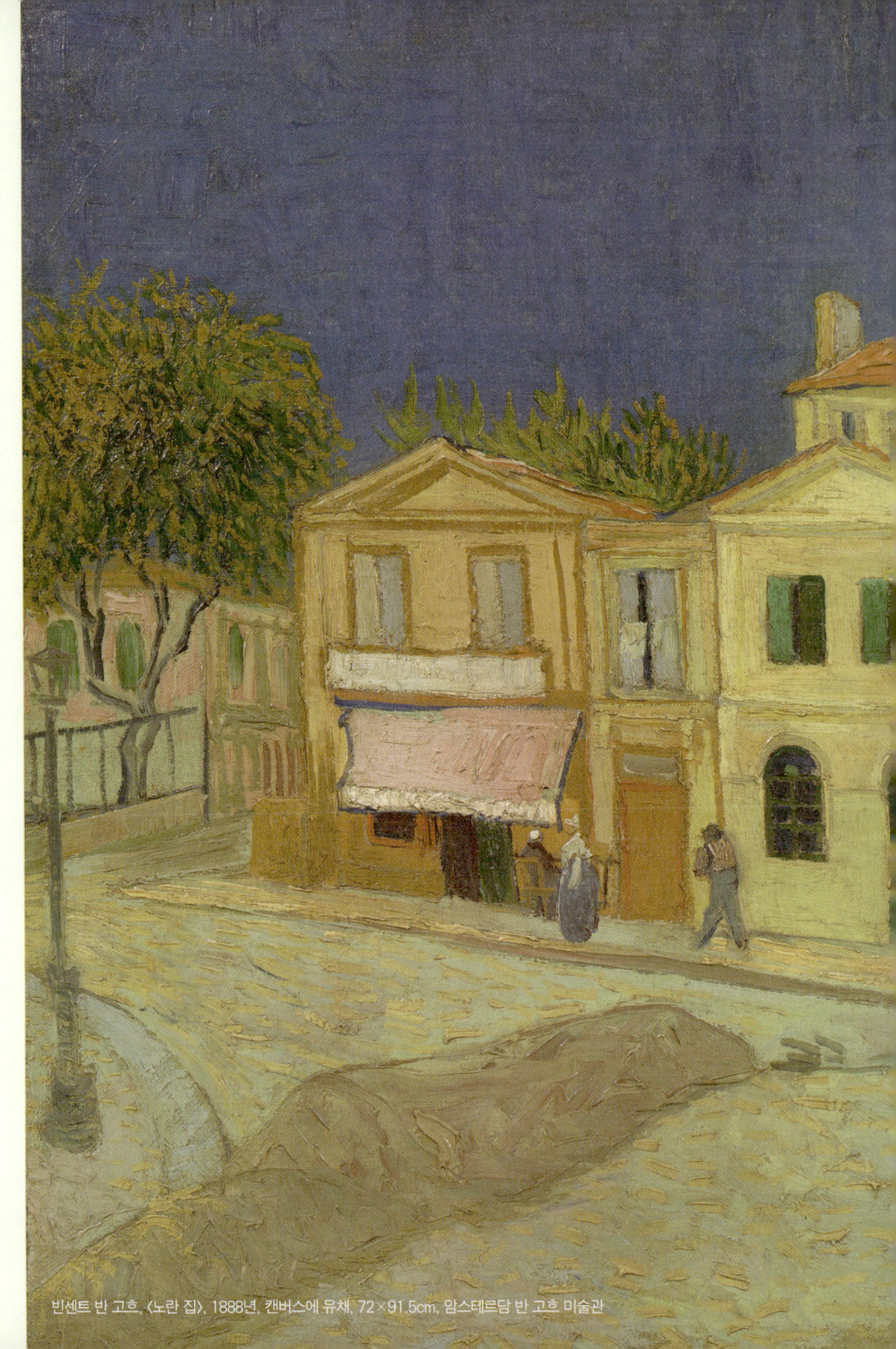

빈센트 반 고흐, 〈노란 집〉, 1888년, 캔버스에 유채, 72×91.5cm, 암스테르담 반 고흐 미술관

노란 집 스케치와 동생 테오에게 보낸 편지. 고흐는 편지에 그림의 색에 대해 묘사했다.

이야기했다.

 "이 그림은 코발트 빛 하늘과 유황색 태양 빛 아래 있는 집과 주변을 그린 거야. 매우 어려운 주제지! 그러나 정확히 내가 극복하고 싶은 것이기도 하지. 태양 아래 노란색 집들과 청색 하늘의 비할 데 없는 산뜻함이란 굉장하거든. 바닥도 온통 노란색이야."

 고흐는 기존 화가들이 명암 대조를 이용해 사물을 강조하고 원근감을 표현했던 것과는 다르게, 색채 대조를 통한 새로운 접근법이 필요하다고 강조해 왔다. 고흐는 노란 집을 모티프로 색채에 관한 새로운 이론을 정립하고자 했다. 그는 짙은 파란 하늘 아래 태양 빛을 받아 황금처럼 빛나는 집과 길을 묘사했다.

### 고흐가 사랑했던 두 가지 색

고흐는 코발트블루cobalt blue와 크롬 옐로chrome yellow 물감을 무척 좋아했다. 그가 그림에 사용한 코발트블루의 미묘한 색감이 파리에서 아를로 이사한 전후 크게 바뀌었다. 고흐 그림을 분석하면 코발트블루 색상에 포함된 니켈, 코발트, 인산의 상대적인 비율이 시기별로 확연히 다르다.

파리에서 그는 적어도 네 가지 이상 다양한 종류의 코발트블루를 사용했다. 상대적으로 니켈 함량이 높고, 인이 들어있지 않은 코발트블루는 파리에서 미술 재료 상점을 했던 탕귀 영감이 판매하던 물감이었다. 당시 고흐가 어울리던 아르망 기요맹Armand Guillaumin, 1841~1927, 툴루즈 로트레크Henri De Toulouse-Lautrec, 1864~1901, 폴 시냐크Paul Signac, 1863~1935 등의 화가들도 사용했다고 알려져 있다. 그러나 고흐는 탕귀 영감에게 구입한 코발트블루 물감을 좋아하지 않았다. 테오에게 보낸 편지에 다음과 같은 구절이 나온다.

"와인처럼 색깔 속에 다양한 불순물이 섞여 있다. 나를 포함해서, 화학에 대해 아무것도 모른다면 어떻게 적절한 색을 고를 수 있단 말인가?"

파리를 떠나며 고흐는 테오를 통해 특정 회사의 코발트블루 물감을 구해 그림을 그렸다. 이 물감은 인산 코발트를 이용해 만든 것으로 니

빈센트 반 고흐, 〈우체부 조셉 룰랭의 초상〉, 1888년, 캔버스에 유채, 81.3×65.4cm, 보스턴미술관

켈 함량이 적었다. 고흐는 이 물감 색을 무척 마음에 들어 했다. 아를로 이사한 1888년 이후에 〈아를의 포룸 광장의 카페 테라스〉, 〈노란 집〉, 〈우체부 조셉 룰랭의 초상〉, 〈별이 빛나는 밤〉, 〈오베르-쉬르-우아즈의 교회〉, 〈까마귀가 있는 밀밭〉 같은 유명한 작품들을 남겼는데, 이 작품들 모두 코발트블루가 중심에 있다.

고흐는 파란색만큼이나 노란색을 즐겨 사용했다. 〈해바라기〉(416쪽 그림), 〈고흐의 방〉 등 전매특허처럼 고흐 그림에 많이 사용된 태양 빛을 머금은 듯한 강렬한 노란색이 크롬 옐로다. 크롬 옐로는 크롬과 납으로 만든 물감이다. 크롬은 1762년 시베리아 금광에서 광물 형태로 발견되었다. 크롬은 다채로운 색채를 머금고 있다. 루비가 붉은색, 에메랄드가 녹색으로 아름답게 빛나는 것도 이들 보석에 불순물로 미량 함유된 크롬 때문이다. 붉은 기를 띤 선명한 노란색의 크롬 옐로는 화학적으로 불안정한 상태라, 시간이 지나면 갈색으로 변하는 단점이 있다.

일각에서는 고흐가 납이 주성분인 크롬 옐로를 즐겨 사용하면서 납 중독으로 녹내장과 각막 부종 등 시각 질환에 시달렸고, 그 결과 그림에 노란색을 많이 썼다고 주장한다. 고흐의 간질을 치료하기 위해 가셰 박사가 사용했던 디기탈리스digitalis라는 약초의 부작용으로, 〈별이 빛나는 밤〉에서 별 주변에 노란색 후광을 그렸다는 주장도 있다. 디기탈리스의 흔한 부작용이 빛이 없는 곳에서 사물이 가물가물하게 보이고, 노랗게 보이는 황시증 등의 시각 질환과 어지럼증이다.

그러나 고흐가 선을 구불구불하게 그리고 소용돌이 모양의 번쩍이는 후광을 자주 묘사한 것이 불안정한 시력 때문이 아니라고 보는 주장도 있다. 한편 항상 새로운 스타일을 추구하며 구축한 고흐만의 화법으로 해석하기도 한다.

## 반발하면서 견고하게 결합하는 보색

많은 논란과 해석의 진실 여부와는 별개로 변함없는 사실은 고흐가 선명한 파란색과 노란색의 병치를 자주 애용했다는 것이다. 여러 가지 색상을 사용할 때 어떤 색을 이웃에 함께 사용하느냐에 따라 다른 대비 효과가 나타난다.

색상환은 가시광선의 스펙트럼에 대응하는 색을 고리 형태로 연결해 배열한 것이다. 미국 화가 알베르트 헨리 먼셀Albert Henry Munsell, 1858~1918이 고안한 색상환이 많이 사용된다.

먼셀의 색 분류는 독일의 물리학자 헤르만 폰 헬름홀츠Hermann von Helmholtz, 1821~1894의 색채 지각 이론을 바탕으로 한다. 헬름홀츠는 토마스 영Thomas Young, 1773~1829의 우리 눈에는 빨강, 초록, 파랑 세 가지 색을 감지하는 감각기관이 있다는 주장을 발전시켜, 빛의 3원색 이론을 주장했다. 먼셀은 색을 색상, 명도, 채도의 세 가지 속성에 따라 분류했다. 빨강, 노랑, 초록, 파랑, 보라 5색을 기준으로 삼고, 여기에 원색의 혼합색을 추가해 10색상환을 만들었다.

색상환에서 ①번 방향 색끼리의 조합은 유사대비다. 유사대비는 색상환에서 가까이 있고 비슷한 색 끼리 배열되어 이루는 조화다. ②번

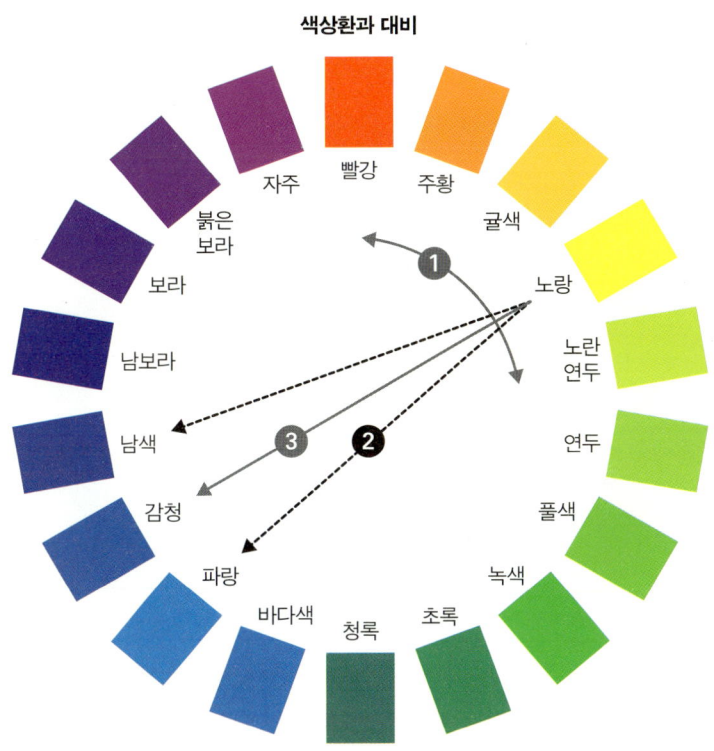

색상환과 대비

방향 색들은 반대대비, ③번 방향 색들은 서로 보색대비다. 색상환에서 반대거나 보색(補色)과 이루는 색 끼리의 조화다. 보색은 색상환에서 서로 마주 보고 있는 색이다. 색상환에서 마주 보고 있다는 것은 두 색이 공통점이 거의 없다는 뜻이다.

보색은 반발하는 만큼 서로 견고하게 결합한다. 보색대비를 이용하면, 반발하는 두 색의 영향으로 각각의 색이 채도가 더 높아져 뚜렷하고 두드러져 보인다. 도로 교통 표지판 등에서 보색대비를 이용해 사

빈센트 반 고흐, 〈아를의 포룸 광장의 카페 테라스〉, 1888년, 캔버스에 유채, 81×65.5cm, 오테를로 크뢸러뮐러미술관

람들의 시선을 끄는 것처럼 말이다. 색상환에서 감청색(파란색보다 조금 진함)과 노란색은 정확하게 서로 보색의 위치에 있다.

고흐는 이러한 색상 대비를 정확하게 이해하고 있었다. 〈아를의 포룸 광장의 카페 테라스〉에서 푸르스름한 밤하늘에 별빛이 반짝이고, 카페의 노란빛 조명은 매우 환하게 빛나고 있다. 어둠을 의미하는 밤이라는 시간은 낮 동안의 모든 복잡한 세상사를 정리해주는 차분하고 조용한 시간이다. 그러나 카페 불빛은 한낮처럼 밝고 환하다. 사람들은 테이블 여기저기에 앉아 즐겁게 담소를 나누고 있고 분위기는 활기차다. 밤이라는 시간이 주는 의미와 전혀 상반되는 카페 분위기는 짙은 푸른색과 밝은 노란색의 보색대비로 더욱 선명하게 드러난다.

고흐는 아를에서 귓불을 자른 사건 이후 스스로 불안정한 정신 상태를 인정하며 생 레미 정신병원으로 거처를 옮겼다. 그는 별이 빛나는 밤하늘을 여러 번 연작으로 그렸다. 병원으로 가기 직전에 그린 〈론 강의 별이 빛나는 밤〉(360쪽)은 푸른 밤하늘에 별들이 차분하고 정적으로 빛나고 있어 숭고함 마저 느껴진다.

고흐는 정신병원에 입원한 후에 〈별이 빛나는 밤〉(362쪽 그림)을 그렸는데, 훨씬 역동적이고 화려하다. 밤하늘은 마구 이글거리며 소용돌이치고 있고, 그 아래 생 레미 정신병원이 푸른빛을 내며 창백하게 놓여있다. 하늘을 찌를 듯한 기세로 높이 솟아 있는 사이프러스 나무는 병들고 우울한 고흐의 마음속에 남아 있는 꺼지지 않는 예술혼을 떠올리게 한다.

## 서로 다른 것들로부터 가장 훌륭한 조화가 나온다

〈까마귀가 있는 밀밭〉은 고흐가 생 레미 정신병원을 나와 오베르-쉬르-우아즈Auvers-Sur-Oise에서 생을 마치기 전 마지막으로 남긴 작품이라고 알려져 있다. 이 작품에는 고흐의 불안정한 심리 상태가 극적으로 표현되어 있다.

    거칠게 칠해진 밀밭과 하늘은 마치 화난 듯 휘몰아친다. 세 갈래로

빈센트 반 고흐, 〈까마귀가 있는 밀밭〉, 1890년, 캔버스에 유채, 50.5×103cm, 암스테르담 반 고흐 미술관

나뉜 길은 어디로 가야 할지 몰라 갈팡질팡하는 고흐의 혼란스러운 내면을 잘 보여준다. 그림의 절반은 푸른 밤하늘이고 절반은 노란 밀밭으로, 여느 그림보다 보색대비가 주는 강렬함의 깊이가 깊다.

  먹구름과 바람이 요동치듯 감청색과 검은색으로 색칠된 하늘은 스산하다. 거칠게 흔들리는 밀밭의 노란 물결은 거스를 수 없는 자연의 힘이자 두려운 존재를 의미한다. 그림에서 밀이 부딪쳐 바스락거리는 소리와 까마귀 무리가 파닥파닥 날갯짓하며 만드는 바람의 일렁임이

느껴진다. 고흐의 드라마 같은 삶과 베일에 싸인 죽음만큼이나, 그림이 주는 힘이 강렬하고 압도적이다.

'마지막 작품'이라는 수식어 때문에 〈까마귀가 있는 밀밭〉은 곧이어 고흐에게 다가올 죽음의 메시지로 해석되기도 한다. 그러나 고흐의 사인을 자살이라고 단정할 수 없기에, 작품에 담긴 메시지 또한 의문으로 남았다.

2017년 세계 최초로 시도된 유화 애니메이션 〈러빙 빈센트Loving Vincent〉가 개봉했다. 이 영화는 기획에서 제작까지 총 10년이 걸렸다. 배우들이 연기한 장면을 촬영해, 107명의 화가가 6만 3천여 장의 유화를 그려 완성했다. 영화는 고흐가 결코 스스로 목숨을 끊지는 않았을 것이라고 이야기한다.

젊은 나이에 갑자기 극단적인 선택을 했다고 하기에는, 여전히 그의 그림에는 내면의 두려움을 떨치고 앞으로 나아가고자 하는 의지와 열정이 담겨있다.

고흐 그림에는 공존하기 힘든 상반된 감정들이 끊임없이 대립하고 갈등한다. 마치 그가 사랑했던 파란색과 노란색처럼 말이다. 그리스 철학자 헤라클레이토스Heraclitus of Ephesus, B.C. 540~B.C. 480는 "서로 다른 것들로부터 가장 훌륭한 조화가 나온다"는 말을 남겼다. 고흐가 남긴 많은 작품이 헤라클레이토스의 말을 증명하고 있다.

2017년 고흐의 죽음을 둘러싼 이야기를 다룬 세계 최초의 유화 애니메이션 〈러빙 빈센트〉가 개봉했다.

―― Physics & Art 06 ――

# 사랑의 빛깔

시인 김춘수1922~2004는 〈샤갈의 마을에 내리는 눈〉에서 생명력 가득한 봄의 느낌을 마르크 샤갈Marc Chagall, 1887~1985의 회화에 등장하는 이미지들을 빌려 표현했다. 러시아 변방의 유대인 마을 비테프스크(현재는 벨라루스)에서 태어난 샤갈은 프랑스, 미국 등을 떠돌며 평생 이방인의 삶을 살았다. 샤갈이 고향을 그리워하며 그린 〈나와 마을〉과 〈비테프스크 위에서〉 속 이미지들은 김춘수를 통해 시어詩語로 재구성되었다.

### 샤갈의 마을에 내리는 눈

샤갈의 마을에는 3월(三月)에 눈이 온다.

마르크 샤갈, 〈나와 마을〉, 1912년, 캔버스에 유채, 192.1×151.4cm, 뉴욕 현대미술관

봄을 바라고 섰는 사나이의 관자놀이에
새로 돋은 정맥(靜脈)이 바르르 떤다.
바르르 떠는 사나이의 관자놀이에
새로 돋은 정맥(靜脈)을 어루만지며
눈은 수 천 수 만의 날개를 달고
하늘에서 내려와 샤갈의 마을의
지붕과 굴뚝을 덮는다.
3월(三月)에 눈이 오면
샤갈의 마을의 쥐똥만한 겨울 열매들은
다시 올리브빛으로 물이 들고
밤에 아낙들은
그 해의 제일 아름다운 불을
아궁이에 지핀다.

― 김춘수

## 파편화된 이미지들의 접착제, 색채

샤갈의 그림을 구성하는 두 가지 중요한 요소는 이미지와 색채의 '나열'과 그들의 '재구성'이다. 샤갈은 큰 틀에서의 스토리텔링보다 상징적인 요소나 혹은 연관성이 별로 없어 보이는 이미지들을 나열하는 방식으로 그림을 그렸다. 샤갈의 그림이 이야기가 아닌 어떤 순간의 이미지들을 나열한 것임을 정확하게 간파하고, 이 이미지들을 글자로 표현한 것이 김춘수의 시 〈샤갈의 마을에 내리는 눈〉인 셈이다.

〈샤갈의 마을에 내리는 눈〉에는 샤갈 그림에 나열되었던 이미지들이 유기적으로 얼개를 이루기보다는, 글자로 모습을 바꾸어 나열된다. 그러나 이미지들을 단순히 나열하기만 해서는 작품이 될 수 없다. 이미지들이 파편화되지 않고 유기적으로 재구성되도록 돕는 것은 바로 샤갈의 붓끝에서 나오는 '색채'다.

샤갈은 러시아의 가난한 유대인 마을 비테프스크에서 9남매 중 첫째로 태어났다. 당시 러시아에서 유대인에게는 예술 학교에서 그림을 배우는 것도, 상트페테르부르크 같은 대도시에 거주하는 것도 허락되지 않았다. 샤갈은 프랑스 파리를 거쳐, 나치를 피해 미국으로 탈출했다가, 제2차 세계대전이 끝나고 파리로 돌아오는 등 평생 부유하듯 세상을 떠돌았다. 샤갈의 그림에는 고향 러시아에 대한 추억과 향수가 가득하다. 〈나와 마을〉 역시 파리에서 향수병에 빠진 마음을 달래려 그린 작품이다.

샤갈은 러시아의 민속적인 요소나 유대인의 성서를 바탕으로, 인물과 사물을 비현실적으로 배치하고 강렬한 원색을 조합해 환상적으로 표현했다. 그의 그림에 등장하는 사람과 동물들은 자유롭게 하늘을 날아다닌다. 〈나와 마을〉에는 크게 염소와 마주 보는 남자의 옆얼굴이 보이고, 그 사이로 작은 집과 사람들이 있다. 거꾸로 서 있는 집과 거꾸로 서 있는 여인, 하늘을 나는 사람 등 샤갈 그림에는 중력을 거스르고 시공을 초월한 비현실적인 상황이 가득하다.

　샤갈의 그림은 19세기와 20세기를 관통하는 예술 사조인 낭만주의와 초현실주의를 담고 있다. 강렬한 원색 위주의 과감한 색채 사용은 호안 미로Joan Miro, 1893~1983나 앙리 마티스Henri Matisse, 1869~1954의 추상주의와 표현주의로도 이어진다. 파블로 피카소Pablo Picasso, 1881~1973의 입체주의나 큐비즘처럼 인물과 대상을 해체해 재조합하면서 여러 각도의 시점을 반영하는 과정도 일부 포함하고 있다. 샤갈 그림은 19세기에서 20세기를 아우르는 여러 가지 미술 사조와 모두 맞닿아 있으면서도, 동시에 아무 사조에도 속하지 않는다. 샤갈은 자신만의 세계를 구축하며 독창적인 스타일을 만들어냈다.

마르크 샤갈, 〈비테프스크 위에서〉, 1914년, 캔버스에 유채, 67×93cm, 뉴욕 현대미술관

## 사랑은 초록색 셔츠를 입은 샤갈로부터

고향에 대한 그리움과 함께 샤갈 작품의 중심에 있는 가장 큰 주제는 '사랑'이다. 샤갈은 아내 벨라Bella Rosenfeld, 1915~1944를 모델로 많은 작품을 남겼는데, 아내와 사랑이 충만했던 시절을 강렬한 색채로 강조했다.

두 사람은 1915년 7월 25일 결혼했는데, 〈생일날〉은 두 사람이 결혼하기 얼마 전인 7월 7일 샤갈의 생일 풍경을 그리고 있다. 샤갈의 생일에 벨라가 꽃다발을 들고 찾아왔다. 이 모습에 크게 감동한 샤갈의 마음이, 하늘에 둥실 떠올라 곡예를 하듯 얼굴을 돌려 여인에게 키스하

마르크 샤갈, 〈생일날〉, 1915년, 카드보드지에 유채, 92×73cm, 뉴욕 현대미술관

는 남자의 모습에 고스란히 담겼다. 방 안의 사물은 차분하게 놓여있기보다는 그와 함께 둥실 떠오를 것만 같다.

눈을 동그랗게 뜬 깜짝 놀란 얼굴의 벨라는 무채색 드레스를 입고 있다. 사랑은 초록색 셔츠를 입고 있는 샤갈로부터 시작된다. 피어나는 젊은 연인들의 사랑은 붉은 바닥으로 대변된다. 방 안을 가득 채운 이 붉은 열기는 두 사람의 사랑이 절정에 이르렀음을 말해준다. 붉은 열기는 아름다운 연인들을 따뜻하게 감싸 안는다. 〈생일날〉의 주요 색은 셔츠의 초록색과 바닥의 붉은색이다. 나머지 사물을 채색한 검정과 회색이 초록색과 붉은색의 두 색을 더욱 깊고 풍성하게 보이게 한다. 샤갈은 대다수 그림에서 크게 두 가지 혹은 세 가지 원색을 사용해 주제를 강조했다.

## 우리가 색을 느끼는 방식

샤갈이 그림에서 즐겨 쓰던 색은 우리가 빛의 삼원색이라고 알고 있는 빨강Red, 파랑Blue, 초록Green과 색의 삼원색 사이안Cyan, 마젠타Magenta, 노랑Yellow이다. 빛의 삼원색과 색의 삼원색은 다음과 같은 상관관계가 있다. 빛의 삼원색인 빨강, 파랑, 초록을 섞으면 생성되는 이차색이 색의 삼원색이 된다. 즉 파랑+초록은 청록색(사이안), 빨강+파랑은 자홍색(마젠타), 빨강+초록은 노란색(노랑)이 된다(186쪽 그림 참조). 그렇다면 왜 이 색깔들이 기본색이 되었을까?

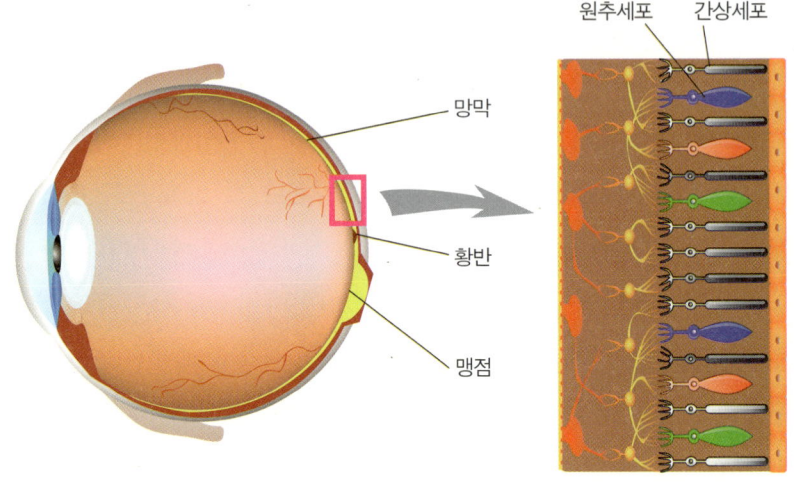

**망막과 시세포**

　샤갈이 그림에서 자주 사용한 세 가지 색은 빛을 인지하는 시각 즉 망막에서 가장 민감하게 반응하는 색들이다. 망막에는 원추세포(=추상세포)와 간상세포라는 두 가지의 시세포가 있다. 막대처럼 생긴 간상세포는 망막 전체에 골고루 퍼져 있으며 색의 밝고 어두움, 즉 명암을 구분한다. 원뿔 모양의 원추세포는 망막의 중앙부에 많이 분포하고, 색을 식별한다. 어두울 때는 간상세포가 주로 활동하고 밝을 때는 원추세포가 주로 활동한다.

　원추세포에는 장파장(L, 564nm), 중간 파장(M, 534nm), 단파장(S, 420nm)의 특정 영역대 파장에 민감하게 반응하는 세 종류의 세포가 있다. 이들을 적추체·녹추체·청추체라고 한다. 적추체는 대체로 붉은 빛에 속하는 장파장에 민감하게 반응한다. 녹추체는 초록빛의 중간 파장

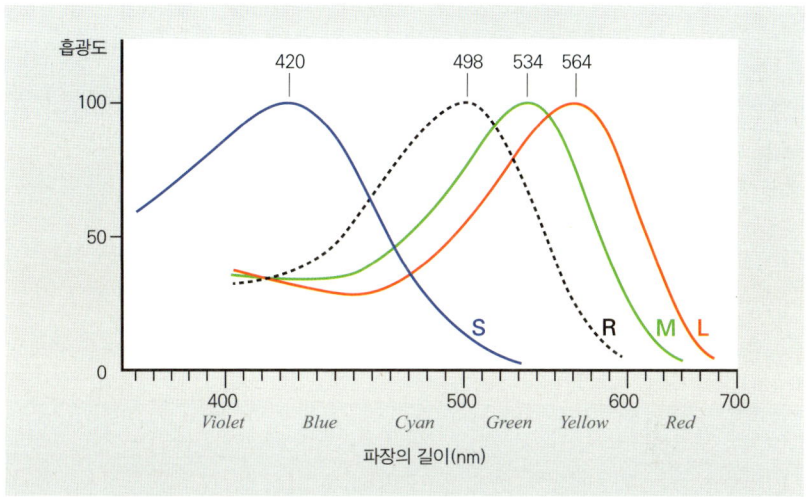

적추체·녹추체·청추체의 세 가지 원추세포가 가시광선에 대해 파장별로 반응하는 감도를 나타낸 그래프다. 뇌는 이 세 가지 세포로부터 전달되는 신호 크기를 바탕으로 어떤 색인지 판단한다.

에, 청추체는 청색의 단파장에 더 민감하게 반응한다.

망막에는 대략 700만 개의 원추세포와 1억 2000만 개 간상세포가 있는데, 시세포들은 망막에 랜덤하게 분포하고 있다. 시세포에서 받아들인 신호의 상대적인 차이를 통해 대뇌는 색을 인지한다. 눈이 어떤 대상을 보고 있을 때, 단파장 원추세포(청추체)의 신호가 0이면서 장파장 원추세포(적추체)의 신호가 중간 파장 원추세포(녹추체)의 신호보다 약간 클 경우, 뇌는 이것을 노란색이라고 인지한다.

시세포에 특정 파장에 민감하게 반응하는 세포가 있다는 것을 처음 주장한 과학자는 토머스 영Thomas Young, 1773~1829이다. 영은 1801년 시신경에는 빨강·파랑·초록의 삼색을 느끼는 신경이 있고, 모든 색은 이 세 가지 신경 자극의 비율을 통해 지각된다는 '삼색설'을 제창했다. 1868년 생리학자이자 물리학자인 헤르만 폰 헬름홀츠Hermann Von Helmholtz, 1821~1894가 영의 삼색설을 입증했다. 이것을 '영-헬름홀츠의 삼색설'이라고 한다.

## 샤갈의 사랑은 무슨 색일까?

샤갈의 아름다운 사랑에 대한 찬사와 원색을 이용한 실험은 계속된다. 사랑으로 충만한 남녀의 마음을 바닥에서 뛰어오르는 동작으로 형상화한 샤갈은 〈도시 위에서〉라는 작품에서 두 사람이 함께 하늘을 나는 모습으로 완벽한 사랑의 완성을 표현하고 있다. 〈생일날〉과 마찬가지로 샤갈은 초록색 셔츠를 입고 있다. 드디어 벨라는 〈생일날〉에서와 달리 파랑색 블라우스를 입고 있다. 샤갈로부터 시작된 사랑이 자연스럽게 벨라에게로 이어지고 있다.

마을 한가운데 있는 붉은 집은 그들의 사랑이 결혼으로 결실 맺었음을 의미한다. 샤갈에게서 벨라에게로 전해진 사랑, 희망, 행복은 빨강, 초록, 파랑 빛의 삼원색으로 표현되고 있다.

샤갈과 비슷한 시기에 활동했던 예술가들은 사랑과 이별을 반복하며, 한 명의 짝에게 정착하지 못했다. 샤갈은 1944년 벨라가 급성 간염으로 갑자기 세상을 떠나기 전까지, 오직 벨라만을 바라봤다. 샤갈은 아내를 잃은 충격으로 9개월 동안 모든 그림을 벽으로 돌려놓고 붓을

마르크 샤갈, 〈도시 위에서〉, 1914~1918년, 캔버스에 유채, 97×139cm, 모스크바 트레티야코프미술관

들지 않았다고 한다. 원색 물감으로 사랑의 기쁨과 행복을 그리던 샤갈. 아내를 보낸 후 한참 동안 그의 그림은 색을 잃고 어두워졌다.

사랑은 사람의 마음속에 자리한 가장 원초적이고도 중심이 되는 감정이다. 사랑은 감정이면서 동시에 사람과 사람을 연결하고 생명을 유지하게 하는 힘의 원천이다. 샤갈이 선택한 원색의 물감은 색의 기본을 넘어, 한 남자의 마음에서 한 여자의 마음으로 전이된 영원한 사랑을 상징한다. '색채의 마술사'에게 가슴 가득한 사랑을 표현하는 데는 단 세 가지 색이면 충분했다.

―― Physics & Art 07 ――

# 나무도 보고
# 숲도 보고자 하는 열망

'나무는 보되 숲은 보지 못한다'는 속담이 있다. 이는 세부적인 형상에 집착한 나머지 전체적인 흐름이나 맥락을 놓친다는 뜻이다. 다시 말해, 디테일에 집중한 나머지 큰 그림을 보지 못하는 상황을 비유적으로 표현한 말이다.

한편으로 이 속담 이면에는, 구체적인 세부와 전체적인 구조를 동시에 이해하고자 하는 인간의 갈증이 담겨 있다. 우리는 많은 상황 속에서 이 상반된 두 가지 욕구, 부분에 대한 집요한 관심과 전체를 조망하려는 시선을 동시에 품는다.

그림에서는 어떠한가. 무언가를 정확하고 정밀하게 그리려 한다면 그림은 작아질 수밖에 없다. 반대로 큰 그림을 그리려 하면 세밀한 표현을 놓치고 만다. 그러나 이 상반된 욕구가 새로운 방식의 그림을 그리게 하는 동력이 되었다.

### 가까이 그리고 멀리서, 두 번 보아야 하는 작품

얀 반 에이크Jan van Eyck, 1390~1441는 물감에 기름을 섞는 유화 기법을 정교하게 발전시킨 화가로 잘 알려져 있다. 그의 대표작인 〈겐트 제단화〉(250~251쪽)는 유화 기법이 본격적으로 구현된 최초의 사례 중 하나로 꼽힌다. 이 작품은 유화 물감 특유의 광택 있는 색채와 등장인물 및 사물에 관한 매우 섬세한 묘사가 돋보인다.

〈겐트 제단화〉에는 이 작품의 위대함을 짐작하게 하는 극적인 이력이 있다. 18세기에는 나폴레옹 군대에 의해 약탈당했다가, 나폴레옹 몰락 이후 반환되었고, 제1차 세계대전 중에는 독일군이 일부 패널을 약탈했다가 베르사유 조약에 따라 돌려주었다. 제2차 세계대전 당시에는 나치 독일이 약탈해서 오스트리아 소금광산에 은닉해 둔 것을 연합군이 결성한 문화재 보호를 위한 특별 부대 MFAAMonuments, Fine Arts, and Archives program에 의해 회수되었다. 이처럼 반복된 약탈과 회수의 과정을 거친 〈겐트 제단화〉는 '역사상 가장 격동의 여정을 겪은 미술작품'이라는 별칭으로 불린다.

형식 면에서도 〈겐트 제단화〉는 독특하다. 중앙의 대형 패널을 중심으로 양쪽에 날개처럼 여러 개의 소형 패널이 부착된 다중 패널 구조

얀 반 에이크, 〈겐트 제단화〉,
1432년, 패널에 유채,
350×421cm,
겐트 성바보대성당

나무도 보고 숲도 보고자 하는 열망

〈어린 양에 대한 경배(겐트 제단화 아랫단 중앙 패널)〉

이며, 상단과 하단은 접을 수 있는 형식으로 되어있다. 윗단은 하늘 세계를, 아랫단은 지상의 세계를 묘사하고 있으며, 윗단과 아랫단 각각이 단일한 배경으로 되어있다.

아랫단 중 가운데 패널은 〈어린 양에 대한 경배〉라고 불린다. 예수 그리스도를 상징하는 어린 양이 제단 위에 놓여 있다. 이 장면은 성찬(聖餐)을 상징하는 구도이자, 성경 속 구원의 메시지를 시각적으로 전달한다. 제단을 둘러싸고 예언자, 순교자, 교황, 성직자 등이 어린 양을 경배하며 모여 있다.

〈겐트 제단화〉는 하나의 캔버스에 그려진 작품에서 느낄 수 없는 감상의 층위가 존재하는 작품이다. 각각의 패널을 따로 볼 때는 유화 물감을 자유롭게 구사하는 에이크만의 화려한 기교를 엿볼 수 있다. 사람들의 머리카락이며 눈동자, 손가락 끝의 움직임과 표정까지 모두 읽힌다. 반면 펼쳐진 제단화 전체를 보면 양 날개가 접혀 있을 때와 다르게 복잡한 구성과 상징이 드러난다. 모든 그림이 연결되었을 때 기독교적 세계관과 인간 구원의 메시지가 장대하게 펼쳐진다. 그런 의미에서 이 작품은 미술사와 종교사를 이해하는 데 중요한 작품이다.

### 한 걸음 물러서야 비로소 보이는 것들

이처럼 하나의 작품이 부분과 전체의 다양한 각도에서 의미를 전달하는 방식은 비단 서양에만 있는 것이 아니었다. 우리에게는 병풍 그림이라는 형식이 있다. 병풍은 무엇을 가리거나 바람을 막기 위해, 혹은 실내를 장식하기 위해 벽 앞에 넓게 펼쳐 놓는 가리개 형태의 물건이다. 사극 속에서 왕이나 고위 관직자가 앉은 자리 뒤로 펼쳐진 여러 폭의 그림을 떠올리면 된다. 병풍에는 주로 문방사우, 산수화, 자연 풍광이 그려져 있다. 장수를 기원하는 의미의 〈십장생도(十長生圖)〉도 대표적인 병풍 그림이다.

이화여자대학교가 소장하고 있는 조선시대 병풍을 살펴보자. 궁중화가가 그렸을 것으로 추정되는 이 〈해학반도도 10폭 병풍〉(255쪽)에는 수려한 산세와 불로장생을 상징하는 자연 소재가 조화롭게 배치되어 있다. 해, 구름, 산, 물, 소나무, 학, 복숭아, 불로초 등은 모두 실재하는 사물이지만, 그림 전체를 아우르는 환상적인 분위기는 마치 상상의 세계, 신선이 머물 법한 이상향을 연상시킨다. 또한 채도 높고 화려하면서도 진한 색채를 사용해 왕실 회화다운 격조를 표현하고 있다. 실제로 이러한 병풍은 궁중 행사에서 왕실의 건강과 장수를 기원하는 용도로 사용되었으며, 왕비나 왕세자의 자리 뒤편에 설치되어 권위를 더하는 배경 장식 역할을 해왔다.

그림을 한 폭 한 폭 자세히 들여다보면, 학의 날개와 부리 모양까지 섬세하게 묘사되어 있음을 알 수 있다. 복숭아나무 잎사귀와 열매 또한 탐스럽고 생동감 있게 그려져 있다. 그 정교한 표현 속에는 무병장수를 염원하는 이들의 간절한 마음이 담겨 있는 듯하다.

이제 이 그림의 전체를 보고자 한다면 우리는 그림으로부터 몇 걸음 뒤로 떨어져 볼 것이다. 뒤로 물러서서 보니 굽이진 산세와 폭포수를 담은 절경이 한눈에 들어와, 그림 전체가 한 폭의 산수화처럼 수려하고 아름답게 느껴진다.

한편 병풍이 왕실의 건강을 기원하고 권위를 더하는 데만 쓰인 것은 아니다. 소박한 서민들의 삶을 다채롭게 담

〈해학반도도 병풍〉 부분도.

작자미상, 〈해학반도도 10폭 병풍〉, 조선(19세기 말~20세기 초), 비단에 채색, 416×166cm, 서울 이화여자대학교박물관

아낸 작품도 있다.

국립중앙박물관이 소장한 〈도시풍경〉(256쪽)은 총 2234명의 인물이 등장하는 대형 병풍 그림으로, 각 폭의 너비가 약 50센티미터에 이르며 총 8폭으로 구성되어 있다. 이 작품은 〈태평성시도〉라는 이름으로도 알려져 있으며, 평화롭고 활기찬 도시의 일상을 생생히 묘사하고 있다.

성곽과 건물, 장터에서 물건을 사고파는 사람들, 무예 훈련 중인 군인들, 밭을 가는 농부 등 다양한 인물들이 등장하는데, 그 묘사가 어찌나 섬세하고 정교한지 마치 사극의 한 장면을 보는 듯한 착각이 들 정도다. 흥겨움과 긴장감이 공존하는 인물들의 표정 하나하나도 정성스럽게 묘사되어 있다.

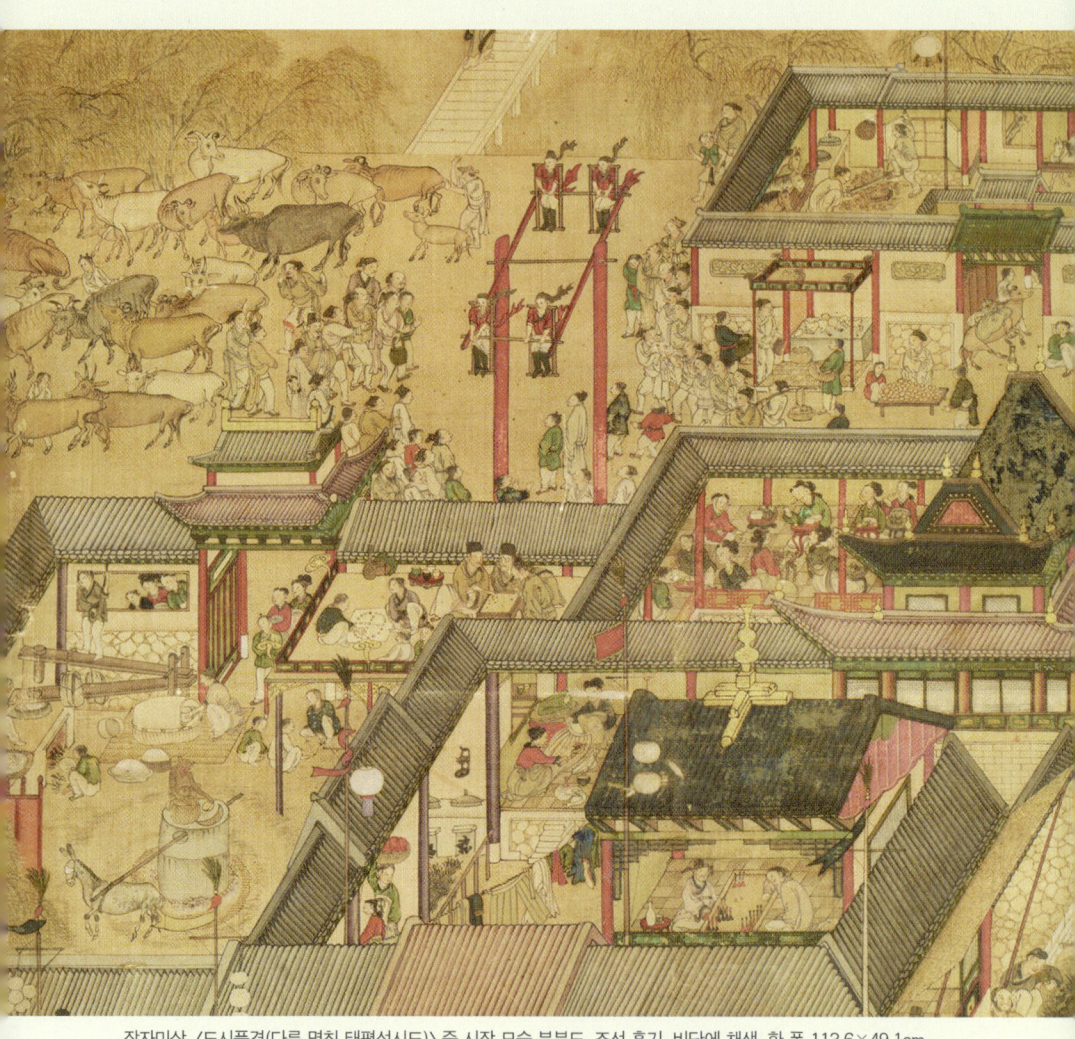

작자미상, 〈도시풍경(다른 명칭 태평성시도)〉 중 시장 모습 부분도, 조선 후기, 비단에 채색, 한 폭 113.6×49.1cm, 서울 국립중앙박물관

　박물관에서 이 그림을 마주한다면, 태평성시를 이루는 도시의 풍요로움과 그 안에서 뿜어져 나오는 생동하는 에너지를 느끼느라 시간 가는 줄 모를 것이다. 비록 작가는 알려지지 않았지만, 장면마다 생동감 있게 묘사한 뛰어난 기법과 전체 구도를 조화롭게 구성한 역량은 감탄을 자아낸다.

## 바느질하는 과학자

　세밀하게 들여다보고 싶은 욕망과, 한편으로는 전체를 조망하고자 하는 마음은 비단 화가들만의 고민이었을까. 세상을 이루는 모든 것을 더 자세히 보고자 하는 인간의 욕망은 결국 '현미경'이라는 위대한 발명으로 이어졌다. 17세기 네덜란드에서 시청 경비원이었던 안톤 판 레이우엔훅Antoni Philips van Leeuwenhoek, 1632~1723은 오늘날 우리가 알고 있는 현미경의 원형을 개발했다.

　현미경을 통해 우리는 생명체를 구성하는 세포와 그 내부 구조, 심지어 핵까지도 관찰할 수 있게 되었다. 그러나 현미경으로 얻은 이미지를 통해 생명체 전체의 모습을 한눈에 그려내는 것은 어렵다.

'보다 자세히 보기'는 현미경에서 렌즈의 배율과 깊은 관련이 있으며, 이는 이미지를 다루는 영역에서는 '해상도resolution'라는 개념으로 연결된다. 배율이 높은 렌즈는 이미지를 더 크게 확대해 미세한 세부 구조를 볼 수 있게 해준다. 해상도는 선명도 또는 화질의 개념이기도 하며 종이나 화면 속 그림이나 글씨 등을 표현하는 데 있어 섬세함의 정도를 나타내는 말이다. 해상도가 높다는 것은 곧 아주 작은 대상까지도 명확하게 볼 수 있다는 의미다. 해상도는 보여주기, 즉 디스플레이가 메인이 되는 현대의 전자기기 성능을 논할 때 빠질 수 없는 핵심 요소이기도 하다.

현미경은 우리 눈이 반응하는 빛, 즉 가시광선 영역에서 빛 파장의 회절 한계에 이르기까지, 매우 작은 크기의 물체 형상을 관찰할 수 있게 해주는 도구다. 여기서 회절 한계란, 광학 현미경으로는 빛의 파장보다 작은 물체를 분리해서 볼 수 없는 물리적 한계를 의미한다. 회절 한계는 근본적으로 넘을 수 없다. 즉, 빛의 파장이 수백 나노미터 단위이기 때문에 그보다 더 작은 사물은 아무리 성능이 뛰어난 현미경이라도 광학적으로는 관찰이 불가능하다.

현미경을 이용해 볼 수 있는 이미지는 해상도가 매우 높다는 말이 된다. 그러나 높은 해상도를 보여주면서 동시에 큰 개체의 전체 모습을 보여줄 수는 없다. 이러한 상충되는 욕구를 만족시키기 위해, 과학자들은 마치 병풍 그림이나 제단화처럼 실제로 현미경 이미지를 꿰매서 이어 붙인다. 이런 작업을 '현미경 바느질microscope stitching'이라고 한다. 해상도가 높은 현미경으로 대상의 일부를 정밀하게 촬영한 후, 그

 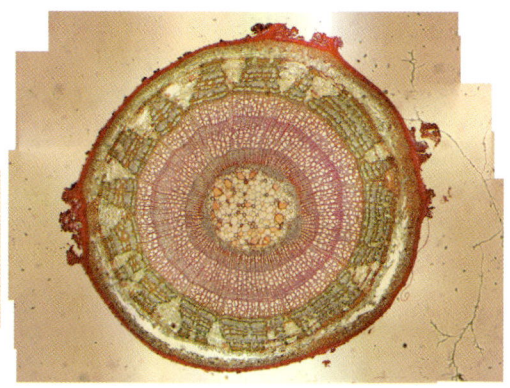

현미경으로 생명체의 일부분을 촬영한 뒤에 이어 붙여 전체 이미지를 얻어내는 현미경 바느질의 예. 이미지 출처 https://auriza.github.io/micro-stitch/index-en.html

조각들을 이어 붙여 전체 형태를 완성한다. 일종의 모자이크 기법이라고 할 수 있다.

현미경으로 아주 선명한 이미지를 얻는 것은 '부분'을 정확히 들여다보는 일과 같다. 그러나 이는 어디까지나 정적인 관찰에 불과하며, 그 부분이 전체에서 어떻게 작용하는지 알려주지 않는다. 하이젠베르크Werner Karl Heisenberg, 1901~1976가 《부분과 전체Physics and Beyond》에서 말한 것처럼, 부분만 보고 전체를 무시한다면 본질을 놓치고 말 것이다.

해상도가 높은 이미지는 본질적으로 부분에 집중한다. 하지만 진정한 이해는 그 부분이 전체 속에서 어떻게 연결되고 작동하는지를 알아내는 데 있다. 예를 들어, 세포 내 미토콘드리아의 고해상도 이미지는 그 구조를 정밀하게 보여줄 수 있지만, 미토콘드리아가 에너지 대사에서 어떤 역할을 하는지에 대한 정보는 주지 않는다. 세포 전체를 이루는 여러 구성 요소와의 상호작용을 고려해야만 비로소 세포에서 미토콘드리아의 역할을 이해할 수 있다. 이렇듯 자연의 각 부분은 독립적으로 존재하는 게 아니라 전체 속에서 유기적으로 연결되고 상호작용하며 비로소 그 의미와 성질을 드러낸다.

### 데이비드 호크니의 바느질

현대 화가 데이비드 호크니David Hockney, 1937~ 역시 '부분'과 '전체'를 동시에 보고자 하는 열망을 그림으로 표현했다. 그의 그랜드 캐년 시리즈 〈A Bigger Grand Canyon〉에는 이러한 시도가 고스란히 담겨 있다.

그랜드 캐년은 세계에서 가장 거대한 협곡으로, 그 장대한 풍광을 한눈에 담기란 쉽지 않다. 하지만 큰 스케일만 그곳의 자랑이던가. 협곡 사이사이 산세며 지형이 수려하고 볼거리가 넘치기에 우리는 이곳을 찾아가 하이킹하며 작은 자연에 눈을 맞추고, 헬리콥터를 타고 큰 풍광을 보며 웅장한 스케일에 감탄한다.

부분과 전체를 동시에 만족시키는 일은 결코 쉽지 않지만, 자연을 화폭에 담고자 하는 화가에게 그것은 새롭고도 매혹적인 도전이었을 것이다. 호크니는 작은 화폭에 우리가 눈으로 담을 수 있는 만큼의 협곡을 그렸다. 그 하나만으로도 이미 충분히 아름답고 인상적이다. 그러나 그는 거기서 멈추지 않았다. 이렇게 완성한 작품 60여 점을 이어 붙여, 하나의 더 큰 그림으로 구성했다. 그림을 다 모아 펼쳐놓으면 눈앞에 그랜드 캐년 전체 풍광이 펼쳐진다.

데이비드 호크니, 〈A Bigger Grand Canyon〉, 1998년, 60개의 캔버스에 유채, 207×744cm, 캔버라 호주국립미술관

이렇듯 과학자든 미술가든 모두 '부분'과 '전체'의 속성에 관심을 두고, 이를 이해하고자 노력한다. 서로 다른 방식이지만, 같은 지향점을 가지고 자연을 탐구하는 것이다. 고해상도 현미경은 부분의 세부적인 정보를 제공하지만, 과학자는 이를 전체 맥락에서 해석하고자 한다. 즉, 관찰한 부분이 전체 시스템과 어떻게 연결되는지 이해하기 위해 각 이미지를 하나하나 이어 붙여 큰 그림을 만든 뒤, 멀리서 그 전체를 조망하며 비로소 해석을 완성하는 것이다.

부분을 통해 세계를 들여다보되, 그들 간의 긴밀한 상호작용을 이해함으로써 비로소 진정한 과학적 통찰에 이르게 된다. 미술가도 마찬가지다. 부분의 세부적인 정보는 그대로 섬세하게 그려낸다. 동시에 전체적 관점에서 큰 그림을 보여주고자 하는 열망을 놓지 않는다. 과학과 예술, 이 두 영역은 과거에도 그리고 오늘날에도 자연을 바라보는 공통된 시선을 통해 서로 이어져 있다.

Physics & Art 08

# '일요일 화가'의 꿈

사막 한가운데, 집시 여인이 만돌린을 연주하다 지쳐 잠이 들었다. 여인 곁으로 사자 한 마리가 다가온다. 어쩐 일인지 이 사나운 육식 동물은 깊은 잠에 빠진 여인을 슬쩍 보고는 그냥 지나쳐 간다. 매우 긴박한 상황이지만, 그림에서는 위기감이나 불안이 전혀 느껴지지 않는다. 저 멀리 희미하게 보이는 능선은 따뜻한 느낌이다. 달빛은 이 모든 상황이 별일 아니라는 듯 주변 공기를 부드럽게 감싸 안는다. 집시 여인은 꿈꾸는 듯 희미한 미소를 머금고 있다. 동화 속 한 장면처럼 신비롭고 아름다운 풍경이다.

이 그림은 우리가 경험으로 예측할 수 있는 상황과는 전혀 다른 분위기를 풍긴다. 맹수 앞에 여인이 무방비 상태로 잠들어 있는데도, 그

앙리 루소, 〈잠자는 집시〉, 1897년, 캔버스에 유채, 129.5×200.7cm, 뉴욕 현대미술관

림은 평화롭고 따뜻하기 그지없다. 앙리 루소Henri Rousseau, 1844~1910의 모든 그림은 각각이 하나의 '꿈' 그 자체다. 사나운 포식자와 피식자가 만나는 위기의 순간도 꿈속에서는 다르다. 현실에서 절대 일어날 수 없는 이상한 일들이 꿈속에서 펼쳐진다.

## 미술계의 외톨이

루소의 고향 프랑스 라발시 문서보관소에는 1898년 루소가 라발시 시장에게 보낸 편지가 남아 있다.

"제가 그린 그림 한 점을 추천하오니 부디 고향에서 구매해 소장하면 좋겠습니다."

루소가 시장에게 구매해달라고 부탁한 그림이 〈잠자는 집시〉다. 안타깝게도 루소의 제안은 받아들여지지 않았다.

루소는 20년 넘게 파리 세관에서 세관원으로 일했다. 정식 미술 교육을 한 번도 받은 적 없고, 주말에만 그림을 그려 '일요일의 화가'로 불렸다. 말단 세관원으로 일하다 마흔아홉 살이 되어서야 전업 화가가 되었다. '초현실주의의 아버지'라는 칭호는 사후에 얻었다.

현실에서 볼 수 없는 것, 만질 수 없는 것에 대한 호기심과 열망은 꿈이라는 잠재의식으로 표출되고 형상화된다. 정글 수풀과 야생 동물, 사람을 주로 그렸던 루소의 그림은 모두 그의 꿈 이야기다. 미술계의 외톨이였기 때문일까? 루소는 미술계에서 혁명의 시기와도 같았던 19세기 말 20세기 초 프랑스 파리에서 활동하면서도 어느 화파에도 속하지 않고 독특한 그림을 그렸다. 그의 그림은 오로지 그만의 것이었다.

## 평생 프랑스를 벗어나 본 적 없는 루소의 꿈

일생 가난했던 루소는 살면서 단 한 번도 프랑스를 벗어나지 못했다. 그는 정글을 묘사하기 위해 파리의 자연사박물관, 식물원, 동물원을 수없이 드나들었다. 그래서일까? 그의 그림에 등장하는 정글 배경은 더 이국적으로 느껴진다. 어쩌면 지구상 어디에도 그런 풀과 나무, 동물이 사는 곳은 없을지도 모른다.

〈뱀을 부리는 주술사〉에는 눈동자만 하얗게 번뜩이는 여인이 피리를 불고 있다. 숲 속에 있던 뱀들이 피리 소리에 하나둘 깨어나 그녀에게 다가가고, 이름 모를 아름다운 꽃들이 부드럽게 피어나기 시작한다. 밝고 신비로운 분위기가 가득한 밤이다. 그림을 보는 나도 그녀의 피리 소리에 홀려 정글 속으로, 캔버스 안으로 걸어 들어갈지도 모르겠다.

그림에 등장하는 동물과 식물은 매우 사실적으로 묘사되어 있다. 잎사귀 하나하나에 명암과 원근이 뚜렷하고, 결까지 세밀하게 그려져 있다. 그러나 이들을 한 화면에 모으니 오히려 현실감이 떨어진다. 멀리 있는 사물도 공기 원근법(거리가 멀어짐에 따라 대상과 관찰자 사이에 공기가 많아져 푸르게 보이고, 물체 윤곽이 희미해지는 현상을 이용해 원근감을 나타내는 기법)을 무시하고 윤곽이 선명하고 세밀하게 그려져 있다. 마치 대상을

앙리 루소, 〈뱀을 부리는 주술사〉, 1907년, 캔버스에 유채, 169×189.3cm, 파리 오르세미술관

따로 그린 뒤 오려 붙인 듯 어색하다. 또 그림에 등장하는 개별 오브제는 모두 자신만의 관찰 혹은 경험을 바탕으로 사실적으로 표현했지만, 그 조합은 시점이나 구성에 있어 이치에 맞지 않고 제각각이다. 이것은 파블로 피카소Pablo Picasso, 1881~1973가 다양한 각도에서 바라본 눈, 코,

입을 2차원 화면에 낯선 방식으로 재배치한 것과 유사하다(312쪽 참조). 사실적으로 세밀하게 표현한 작은 대상들이 모두 모였을 때 전체적으로는 오히려 매우 비현실적이고 몽환적인 분위기를 자아낸다.

루소의 그림에서 현실에서의 이해관계나 사건의 인과관계는 전혀 중요하지 않다. 때로 그의 그림에는 열대 밀림에 사는 식물과 사막에 사는 동물이 함께 등장한다. 숨 막히는 사냥의 순간에는 오히려 포식자와 잡아먹히는 동물 사이에서 알 수 없는 일종의 교감이 느껴지기도 한다.

이것도 맞고 저것 또한 맞다. 또 맞지만 동시에 틀리기도 한다. 이 모든 아이러니한 상황에 항상 저 멀리에서 둥근 달이 빛나며 그림 속의 모든 상황을 따스하게 안아준다. 어쩌면 이 달빛은 꿈을 내려다보는 루소의 눈일지도 모른다.

### 전기 시대를 연 제본소 견습공

영국 과학계는 매년 크리스마스에 재미있는 행사를 연다. 영국왕립연구소가 주최하는 '크리스마스 강연'이다. 저명한 과학자들이 극장식 강연장에서 과학 이야기를 들려주고 신기한 실험도 보여준다. 크리스마스 강연자로 뽑힌다는 것은 과학자에게는 대단한 명예다. 1977년 천문학자 칼 세이건 Carl Sagan, 1934~1996, 1991년 진화생물학자 리처드 도킨스 Clinton Richard Dawkins, 1941~가 크리스마스 강연자로 섰다. 강연은 영국 공영방송 BBC에서 특집방송으로 중계한다.

과학자들이 선사하는 최고의 크리스마스 선물이 된, 크리스마스 강연은 1825년 '전기학의 아버지' 마이클 패러데이Michael Faraday, 1791~1867의 제안으로 시작됐다.

패러데이는 어려운 가정 형편 탓에 정규 교육에서 읽기와 쓰기, 그리고 셈하기를 겨우 배우고 열세 살에 취업 전선에 뛰어들었다. 그의 첫 직업은 인쇄된 종이를 풀칠하고 실로 꿰매 책을 만드는 제본소 견습생이었다. 패러데이는 제본소에서 일하며 자신이 제본하는 책을 열심히 읽었다. 《브리태니커 백과사전》과 왕립연구소의 험프리 데이비Humphry Davy, 1778~1829가 강연한 것을 엮은 《화학에 대한 대화》를 감명 깊게 읽었다.

영국의 20파운드 지폐에는 패러데이가 크리스마스 강연을 하는 모습이 그려져 있다.

스무 살, 제본소 주인이 선물한 왕립연구소 공개강좌 입장권은 패러데이의 인생을 바꿔놓았다. 데이비 교수의 강연을 들은 패러데이는, 데이비 교수에게 실험 조수로 일하게 해달라고 편지를 보냈다. 결국 패러데이는 왕립연구소에 데이비 교수의 실험 조수로 채용되었다.

1820년 덴마크 과학자 외르스테드Hans Christian Örsted, 1777~1851는 전선을 통해 흐르는 전류가 자기장을 만

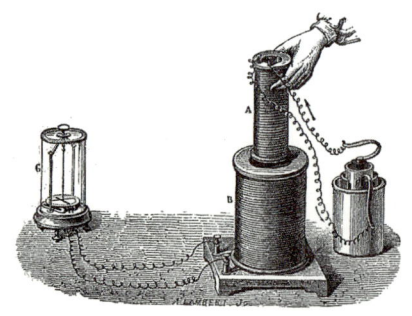
패러데이의 1831년 전자기유도 실험을 그린 일러스트.

든다는 사실을 발견했다. 패러데이는 전류가 전하의 흐름이라는 데 착안해 자기장을 이용해 전류를 만드는 실험을 거듭했다. 1831년 패러데이는 전자기 법칙의 핵심인 '전자기유도현상'을 발견했다.

그는 코일로 감아 놓은 도선의 양 끝을 검류계와 연결하고, 코일 안으로 자석을 넣었다 뺐다 하면 전류가 흐른다는 것을 실험으로 증명했다. 그리고 전압은 막대자석이 움직이는 속도에 비례한다는 것을 밝혀냈다. 전자기유도현상을 발표하고 두 달 후 패러데이는 구리로 만든 둥근 원판을 말굽자석 사이에서 회전시켜 전기를 만드는 인류 최초의 발전기를 만들었다.

패러데이는 1927년 세 번째 크리스마스 강연부터 강연을 시작해, 총 열아홉 번 강연자로 섰다. 그는 생전에 영국 정부로부터 귀족과 유명 인사들이 안장되는 웨스트민스터 사원에 안장되는 것을 제안받았다. 그러나 패러데이는 "그냥 패러데이로 남고 싶다"며 거절했고 한다. 대신 그는 가난해서 배우지 못하는 아이들을 위한 과학 강연을 지원해 달라고 부탁했다.

## 그들의 마지막 꿈

가족들을 먼저 떠나보내고 66세의 루소는 혼자 남았다. 쓸쓸한 이 세계의 끝에서 그는 지친 몸을 소파에 누이고 낮잠을 청했다. 그가 동경해 마지않는 그만의 유토피아, 정글이 아름답게 펼쳐졌다. 이름을 알

앙리 루소, 〈꿈〉, 1910년, 캔버스에 유채, 298×204cm, 뉴욕 현대미술관

수 없는 꽃들이 만개하고 탐스러운 열매가 가득 열렸다. 숲 속의 나무와 풀들은 여느 그림에서보다 풍성하고 반짝거린다. 꿈에서라도 보고 싶었던 그리운 이들이 모두 동물의 모습을 하고 찾아와 주었다. 저 멀리 휘영청 달이 빛나며 그들을 온화하게 내려다보고 있다. 1910년 작품 〈꿈〉은 루소가 꾼 마지막 꿈이었다.

 따로 그려서 하나의 캔버스에 모아놓은 듯한 루소의 독특한 화법은

서민아, 〈루소의 꿈〉, 2025년, 캔버스에 아크릴, 25×25cm

입체파의 콜라주에 영향을 줬다. 사실적이지만 환상적인 독특한 화풍은 초현실주의 화가들에게 커다란 영감을 주었다.

   과학적 발견과 예술적 혁신은 천재들만 이룰 수 있는 것일까? 루소와 패러데이 삶의 자취와 결실에서 답을 찾는다. 필자도 루소처럼 본업이 없는 주말이 되면 붓을 든다. 그림에 대한 열정을 간직하며 일요일의 화가로 살거나, 미지의 천체를 찾아 매일 밤 밤하늘을 올려다보는 사람들이 있다. 아마추어라 불리는 이들이다. 루소와 패러데이의 식을 줄 모르던 열정과 꿈이 다시금 우리의 '꿈'이 된다.

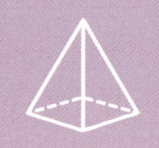

Chapter 3

슈뢰딩거의
고양이가 그린 그림

―― Physics & Art 01 ――

# 무질서로 가득한
# 우주 속 고요

'혹시 이 아이 미술 천재 아닐까?'

아이를 키우는 부모라면, 아이가 처음 붓을 잡고 하얀 종이에 물감을 떨어뜨리며 선과 형태를 그리는 걸 보면서 한 번쯤 해보는 생각이다. 아이들 그림은 대부분 형태가 명확하지 않고 의미를 알기가 어렵다. 아이가 그림 그리는 모습을 한번 지켜보자. 연필이나 붓을 제대로 잡는 법을 배운 적 없는 아이는 특별한 도구 없이 온몸을 사용해 종이에 '칠'을 한다. 그림을 그린다는 행위의 의미를 알고 하는 것인지, 물감이 손에 닿을 때 느껴지는 촉촉한 이물감 자체를 즐기는 것인지 분간할 수 없다. 부모가 말리지 않는다면 아이들은 순식간에 모든 벽과 바닥, 가구에 물감을 칠하고 천진한 미소를 지으며 즐거워할 게 뻔하다.

붓을 어떻게 쥐고 어떤 순서로 어떻게 색을 칠하는지 한 번도 배운 적이 없는 아이의 그림은 그 자체로 순수하고 자유롭기 그지없다. 부모 눈에 비치는 아이 그림은 어디에서도 본 적이 없는 창의적이고 신선한 '작품'이다.

### 온몸으로 그린 그림

〈춤추는 개미들〉은 딸아이가 네 살 무렵 파란색 물감을 가지고 그린 그림이다. 촘촘한 점들이 파란색이어서 그랬을 거다. 내가 "비 오는 모습을 그린 거야?"라고 물으니, 아이는 "아니"라고 답했다. "이건 춤추는 개미들이야." 언젠가 길바닥에 웅크리고 앉아 개미가 줄을 지어 이동하는 걸 신기하게 지켜보던 모습이 떠올랐다. 그 나이 무렵 아이들의 눈에는 어떤 색이 어떤 사물로 이어지는 선입견 같은 건 없을 테니……. 순간 내 질문이 무색하게 느껴졌다.

넓은 캔버스를 바닥에 눕혀 놓고, 물감을 쏟고, 사방으로 튀기고 때로는 캔버스 안으로 걸어 들어가기도 하며 어린아이처럼 자유로운 몸짓으로 그

오수아, 〈춤추는 개미들〉, 2013년, 종이에 수채화, 18.2×25.7cm

잭슨 폴록, 〈가을 리듬(No. 30)〉, 1950년, 캔버스에 에나멜, 266.7×525.8cm, 뉴욕 메트로폴리탄박물관

림을 그린 화가가 있다. 그의 붓끝에서 물감은 중력을 이기지 못해 아래로 떨어지면서, 다른 색 물감과 섞이고 번져나간다. 하지만 그는 물감이 흘러가는 그대로, 어떤 경계나 형태를 의도하지 않고 저절로 그림이 그려지도록 내버려 둔다. 미국 추상표현주의를 대표하며, 온몸으로 '액션 페인팅'을 선보인 잭슨 폴록Jackson Pollock, 1912~1956 이야기다.

커다란 캔버스에 물감을 흘리고, 끼얹고, 튀기고, 쏟아 부으며 온몸으로 그림을 그리는 폴록의 기법에, 미술평론가 해럴드 로젠버그Harold Rosenberg, 1906~1978가 액션 페인팅이라는 이름을 붙였다. 폴록은 생전에 독특한 화법과 퍼포먼스, 그리고 자유롭고 파격적인 결과물로 20세기 추상미술 역사를 다시 썼다는 찬사를 받았던 미술계의 슈퍼스타였다.

미술관에서 폴록의 작품을 보면서, 인물화나 풍경화 같은 일반적인 그림을 감상할 때 느낄 수 있는 감동을 재현하기는 어렵다. 폴록의 그림은 우리가 미술관에 갈 때 품었던 그림에 대한 기대를 완전히 무너뜨린다. 그의 그림은 대부분 애초부터 어떤 의도나 주제 없이 그렸다는 걸 시인하는 듯, 제목이 없고 번호만 매겨져 있다. 그러나 폴록의 작품 앞에서 사람들은 전혀 다른 형태의 감동을 느낀다.

그림 속 선은 서로 침범하고 삐져나와 있고 헝클어져 있지만, 이상하게도 그 앞에서 쉬이 발걸음을 옮길 수 없다. 형태가 없는 선과 색은 꿈틀꿈틀 살아 있는 것처럼 느껴지고, 때로는 엄청난 속도로 튀어나와 나를 붙드는 것 같다. 평면의 캔버스를 뚫고 나와 입체적이고 속도감 있게 움직이는 선 앞에 선 감상자는 그림에 압도되는 경험을 한다.

폴록의 그림을 보고 있으면, 넘치는 열정과 에너지를 캔버스에 남김없이 쏟아 붓던 그의 모습이 자연스럽게 떠오른다. 그가 분출했던 에너지가 그림을 통해 고스란히 전달된다.

1956년 여름밤, 폴록은 만취한 상태에서 차를 몰고 집으로 가던 중 가로수를 들이받고 그 자리에서 사망했다. 그때 폴록의 나이는 겨우 마

잭슨 폴록이 그림 그리는 모습.

흔넷이었다. 화산처럼 용솟음쳤다가 순식간에 꺼져버린 폴록의 삶을 보면, 주체할 수 없는 에너지에 잠식당한 게 아닌가 하는 생각이 든다.

## 우주의 무질서함을 캔버스에 담다

폴록의 페인팅 방식은 물감의 번짐과 퍼지는 범위·속도에 관한 연속적인 우연의 중첩 효과에 기반을 두고 있다. 캔버스에 물감을 떨어뜨리고 다른 물감을 또 떨어뜨리면, 시간이 지나면서 물감은 처음에 떨어진 자리에 가만히 있지 않고 퍼져 나가 섞인다. 물감이 퍼져나가는 방향과 속도는 예측하기 어렵고 복잡하다. 이것을 '확산diffusion'이라고 한다.

확산은 물질을 이루는 입자의 밀도 혹은 농도 분포가 일정하지 않고 차이가 날 때, 높은 쪽에서 낮은 쪽으로 퍼져나가는 현상이다. 물질의 온도가 높을수록, 그리고 물질을 이루는 분자의 무게가 가벼울수록 확산 속도는 빨라진다. 폴록은 경계면이나 초기 조건을 한정하지 않고 물감의 확산 현상 자체를 그대로 채색에 활용했다.

폴록이 1950년 베니스 비엔날레에서 작품을 처음 선보였을 때 수많은 평론가와 언론은 "혼돈"이라고 외쳤다. 혼돈은 폴록의 작품을 가장 압축적이고 적절하게 표현한 단어다. 혼돈을 뜻하는 카오스chaos는 무질서하고 예측할 수 없는 상태를 의미한다. 그리스 신화에서 카오스는 우주가 생성되는 과정 중 아무것도 존재하지 않던 무질서한 단계를 가

조지 프레더릭 와츠, 〈카오스〉, 1875년, 캔버스에 유채, 106.7×304.8cm, 런던 테이트브리튼

리킨다. 카오스에서 이 세상 만물과 신이 태어났다. 카오스는 질서 정연한 세계를 나타내는 코스모스cosmos의 반대말이기도 하다.

1905년 알베르트 아인슈타인Albert Einstein, 1879~1955의 상대성 역학 이론이 등장하기 전까지, 고전 물리학에서는 아이작 뉴턴Isaac Newton, 1642~1727의 법칙이 가장 유효했다. 즉, 질량을 갖는 물체의 처음 위치와 속도가 정해지면 그 후 위치와 속도를 구할 수 있다는 '결정론적 관점'이 바로 그것이다. 그러나 자연에는 뉴턴의 법칙만으로 설명할 수 없는 예측 불가능한 많은 현상이 존재하며, 양자역학의 등장으로 이러한 결정론적 관점은 전복되었다.

독일의 물리학자 베르너 하이젠베르크Werner Karl Heisenberg, 1901~1976는 1927년 발표한 《불확정성의 원리》에서 입자의 속도와 위치를 정확히 아는 것은 불가능하다고 주장했다. 불확정성의 원리에 따르면 초기 조건을 알고 있더라도 결코 미래 상태를 정확하게 예측할 수 없다. 양자역학의 세계에서는 결정론적 추론은 불가능하고, 확률론적인 추론밖에 할 수 없다.

엔트로피entropy란 무질서한 정도를 뜻하는 말이다. 일반적으로 자연계에서 물질의 변화는 엔트로피가 증가하는 방향으로 진행된다. 커피에 우유를 넣고 저으면, 커피와 우유는 일정하지 않은 모양으로 섞인다. 아무리 많이 저어도 절대 처음 상태로 되돌릴 수 없다. 엔트로피는 다시 되돌릴 수 없는 비가역적 변화이며, 무질서한 상태로 증가하기만 한다. 엔트로피가 작으면 질서 정연한 상태, 엔트로피가 크면 무질서한 상태를 의미한다.

폴록의 페인팅 기법은 이러한 자연계 법칙을 그대로 따라간다. 그가 그림을 그리면 그릴수록 조화와 안정이 느껴지기는커녕 캔버스는 점점 무질서해진다. 자연계에서 엔트로피는 항상 증가하는 방향으로 나타난다. 애초 무엇을 재현할 의도 없이 그려졌으며, 아무것도 재현하지

커피에 우유를 넣고 저으면, 커피와 우유는 일정하지 않은 모양으로 섞인다. 아무리 많이 저어도 절대 처음 상태로 되돌릴 수 없다. 자연의 모든 현상은 엔트로피(무질서)가 증가하는 방향으로 일어난다.

않은 듯 보이는 폴록의 무질서한 그림이 어쩌면 자연을 가장 잘 재현하고 있는 건 아닐까?

기법 때문에라도 폴록의 작품은 다른 사람에 의해 절대 복제될 수 없으며, 폴록을 통해서도 결코 복제될 수 없다.

## 무질서 속의 질서

카오스 현상은 단순하게 헝클어지고 무질서한 상태만을 이야기하는 게 아니다. 불규칙하고 복잡한 현상의 본질에는 이러한 결과를 일으키는 몇 가지 요인이 있으며, 무질서함의 한 편에 일종의 질서가 감추어져 있다. 어찌 보면 쉽게 드러나지 않는 규칙과 요소들을 찾아내려고 하는 것이 카오스 연구의 목적이기도 하다.

폴록이 말년에 그린 〈수렴〉(285쪽 그림)은 보기 드물게 제목이 붙어 있는 작품 가운데 하나다. 〈수렴〉 역시 액션 페인팅 기법으로 그려졌기 때문에 특별한 사물의 형상을 묘사했다거나, 의도가 담겨 있다고 볼 수 없다. 에나멜, 오일, 알루미늄 페인트 등 그림에 사용된 재료도 다양해 재료 간 이질감도 더 커져서, 번지고 섞인 결과물이 거칠고 투박해졌다. 〈수렴〉이라는 작품 제목이 역설적으로 느껴진다.

수렴은 수학 개념으로, 수열에서 지표가 점점 커짐에 따라 일정한 값에 한없이 가까워질 때를 가리킨다. 얼핏 엔트로피가 증가하는 액션 페인팅 과정과는 정반대 개념 같은데, 그렇지 않다.

1906년 독일의 물리학자 발터 헤르만 네른스트Walther Hermann Nernst, 1864~1941는 어떤 계의 열역학 과정에서 절대온도가 0이 됨에 따라 엔트로피 변화는 0이 된다고 주장했다. 네른스트의 주장이 '열역학 제3 법칙'이다. 절대온도가 0에 접근할 때, 즉 '수렴'할 때 엔트로피는 변화가 없는 즉 '일정한 값'을 갖고, 그 계는 가장 낮은 상태의 에너지를 갖게 된다는 법칙이다. 엔트로피 자체가 0이 아니라 엔트로피의 변화가 0인 상태를 말하는 것이므로, 여전히 엔트로피는 양(+)의 값으로 다른 열역학 법칙 간에 모순은 없다.

열역학 제3 법칙을 주장한 독일 물리학자 네른스트.

## 평가와 이해를 거부하는 그림

'꿈보다 해몽'이라는 말처럼 화가가 어떤 의도를 가지고 그린 그림이 아닌데 역사적 배경이나 사회 문화적 상황, 화가 개인의 삶의 흔적에 따라 작품이 다르게 해석되기도 한다. 화가는 의도나 주제 의식 없이 그림을 그리기도 하고, 후에 그림을 보고 느낌만으로 제목을 정하기도 한다. 또는 타인이 제목을 정하는 경우도 있다. 어찌 보면 특정한 기준을 가지고 명화를 해석하고 분석한다는 것이 어불성설인 셈이다.

폴록이 열역학 법칙을 알고 어떤 수학적·물리학적 상황이나 순간을 그림으로 표현했을 거라고 이야기하는 게 절대 아니다. 자연이 먼저 있었고, 법칙은 자연계에 존재하고 일어나는 현상을 이해하고 일반화하기 위해 탄생했다. 자연계가 그렇고, 인간군상도 그러하다. 그림 또한 그런 자연과 인간이 만들어낸 작품이기 때문에 자연스럽게 서로 맞닿아 있을 뿐이다. 그 연결고리를 하나하나 발견해나가는 것이 우리가 누릴 수 있는 재미 아니겠는가?

폴록의 그림들은 여러 가지 관점에서 더 의미 있다. 우리 안에는 수많은 기준과 잣대가 있다. 사람들 간에 합의된 규칙과 법칙이 있고, 우리는 성장 과정과 자신이 속한 범주 안에서 적절한 속도와 방향을 가지고 살아갈 것을 종용받곤 한다. 우리는 미래를 지향하며 현재를 살고 있지만, 어린 시절의 순수함과 자유분방했던 기억을 추억하곤 한다. 어찌 보면 어린 시절 정제되지 않고 무질서했던 마음 상태가 현재 우리 삶의 원동력이자, 미래를 위한 잠재적 에너지의 원천이기에 과거를

잭슨 폴록, 〈수렴〉, 1952년, 캔버스에 에나멜과 오일·알루미늄 페인트, 241.9×399.1cm, 뉴욕 올브라이트녹스미술관

되새김질하는 건 아닐까?

   잭슨 폴록의 작품을 단번에 이해할 수 없는 데에도 불구하고 왜 우리는 그의 작품 앞에서 쉽게 발걸음을 옮길 수 없는 걸까? 어쩌면 그의 작품이 우리의 마음 저 깊이 억눌려 있던 자유를 자극하고, 잠시나마 우리를 어린 시절로 돌려놓기 때문 아닐까? 폴록의 그림 속 무질서로 가득한 우주 한가운데에서 어린 나와 오롯이 다시 마주하는 순간, 절대적 고요와 평화가 찾아온다.

—— Physics & Art 02 ——

# 흐르는 시간을
# 멈출 수 있다면

"한순간만 더 살 수 있다면, 내가 가진 모든 것을 내놓을 텐데……."

변방의 섬나라였던 영국을 대영제국으로 이끈 엘리자베스 1세 Elizabeth I, 1533~1603가 생의 마지막 순간에 한 말이다.

시간은 한쪽으로만 흐른다. 시간이 과거에서 미래로만 흐르는 성질에, 영국의 천체물리학자 아서 에딩턴 Arthur Eddington, 1882~1944은 '시간의 화살'이라는 이름을 붙였다. 시간은 여지없이 우리를 통과할 것이다. 우리 가운데 누구도 시간의 흐름과 다가오는 죽음을 막을 수 없다. 하지만 더 오래 살고 싶고, 젊음이 영속되었으면 하는 바람은 동서고금을 막론하고 살아 있는 모든 이들의 염원이다.

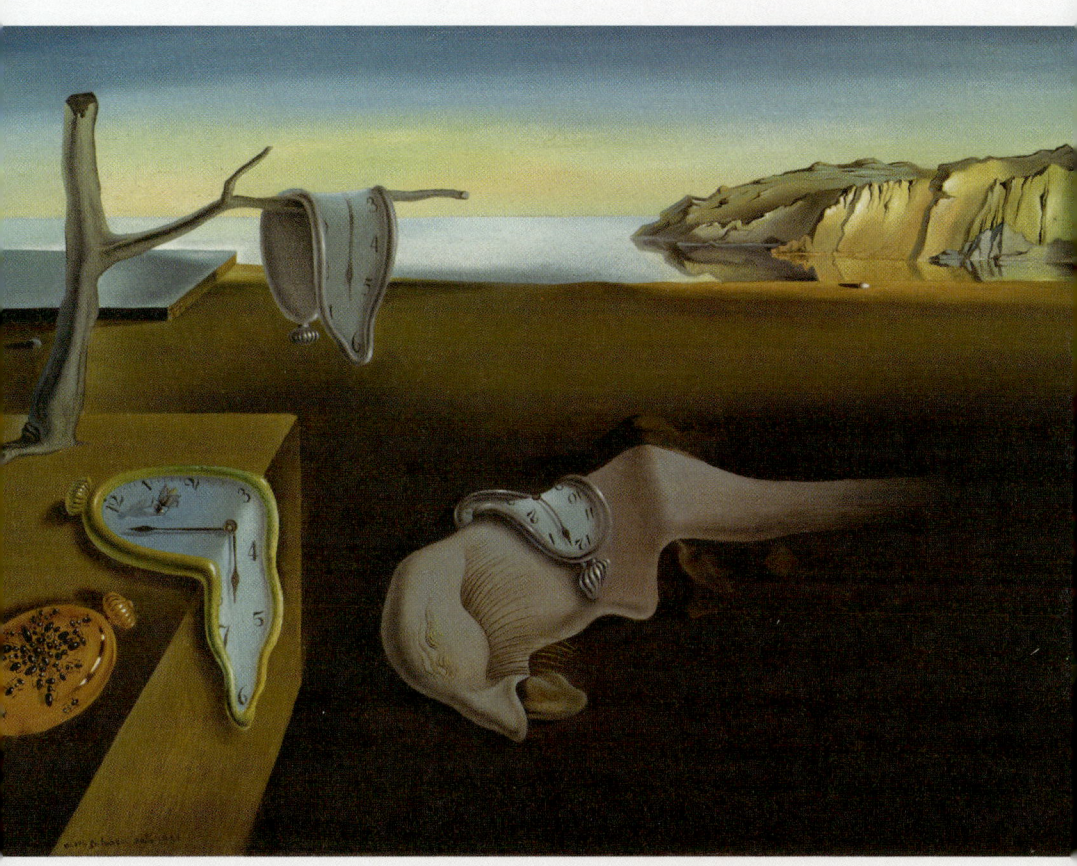

살바도르 달리, 〈기억의 지속〉, 1931년, 캔버스에 유채, 24×33cm, 뉴욕 현대미술관

## 기억과 무의식 속에 저장된 시간

스페인의 초현실주의 화가 살바도르 달리 Salvador Dali, 1904~1989 작품에는 시간의 비밀이 숨어 있다. 달리는 정신분석학자 지그문트 프로이트 Sigmund Freud, 1858~1939가 쓴 《꿈의 해석》을 읽고 꿈과 무의식 세계에 깊은 관심을 두게 된다. 그는 '편집광적 비판 방법'이라는 독특한 창작기법을 발견해 작품에 반영했다. 편집광 즉 편집증은 체계적이고 지속적으로 특정한 망상을 하는 질환이다. 편집증 환자는 일상적인 이미지를 보통 사람이 보는 것과 전혀 다르게 보기도 한다. 달리는 편집증 환자의 증상에서 착안해, 하나의 이미지가 여러 가지로 보이게 하는 초현실주의 기법을 생각해냈다.

달리는 사물의 은유와 상징을 활용해 무의식 세계를 표현하고자 했다. 또한, 사물과 사람의 모습을 비현실적으로 교차시키고 배치해 몽환적이고 환상적인 느낌을 주는 작품을 많이 그렸다.

달리의 〈기억의 지속〉(287쪽 그림)을 보자. 사막 한가운데 있는 테이블에 마른 나뭇가지가 놓여 있고, 여러 개의 시계가 마치 치즈처럼 흐물흐물 녹아내린다. 그림 가운데 바닥에 놓여있는 하얀 형상은 형태가 정확하지는 않지만, 사람 얼굴을 떠올리게 한다. 이 위에도 흐물흐물한 시계가 놓여있다.

재미있는 건 시계마다 가리키는 시각이 다르고, 늘어진 형상 때문인지 마치 시간이 멈춘 듯한 느낌마저 든다는 점이다. 시간은 절대적인 기준에 맞춰 흘러가는 게 아니라, 일그러진 공간과 일체화되기도 하고 보는 사람이 인식하기에 따라 달라지기도 하는 유연함이 있다고 말하고 있는 듯하다.

## 시간을 더 빨리, 더 느리게 만들 수 있을까?

시간 왜곡에 대한 달리의 표현은 자연스럽게 알베르트 아인슈타인Albert Einstein, 1879~1955의 상대성이론을 떠올리게 한다. 실제로 파블로 피카소 Pablo Picasso, 1881~1973와 달리 등 상당히 많은 입체파 및 초현실주의 화가들이 아인슈타인의 상대성이론으로부터 영감을 받았다.

결정론적 관점이 지배했던 뉴턴역학에 따르면, 절대적인 시간이 존재하며 시간은 모든 관찰자에게 동일하게 적용된다. 그러나 특수상대성이론에 따르면 절대적인 시간은 존재하지 않는다. 관찰자가 빛의 속도로 달리면 시간이 상대적으로 느리게 흐르거나 멈추고 길이의 차원이 없어진다. 어떤 사건이 동시에 일어난다고 해도 이 동시성은 관찰자의 운동 상태에 따라 달라지며 절대적이 아니라 상대적이다. 시간의 상대적인 개념과 멈춤에 대한 달리의 생각이 시계를 묘사한 그림 시리즈에 고스란히 담겨있다.

상대성이론이 발표된 이후, 현대 실험 과학자들은 실제 시간이 천천히 흐르도록 하는 등의 비정상적인abnormal 현상을 구현하는데 오랫동안 관심을 가져왔다. 투명 망토는 메타물질(자연계에 존재하지 않는 물리량을 갖는 인공 물질, 301쪽 참조) 구조에 의해 빛이 공간 좌표에서 왜곡되어 새로운 현상을 보여주는 것이다. 시간을 천천히 흐르도록 하는 건 빛이 시간 좌표에서 왜곡되는 현상에 비유할 수 있다. 시간 왜곡은 실제로 2000년대 초반 이후 펄스레이저 등을 이용해 활발하게 실험적으로 구현되기에 이르렀다.

빛은 진공에서 초당 3억 미터를 진행한다. 시간 왜곡은 빛의 전기장과 자기장 성분이 물질과 상호작용하는 것을 조절해, 마치 공간상에서 사물이 얼어버린 것처럼 빛의 속도가 느려지거나 멈추는 현상을 말한다. 빛은 '광자photon, 光子'라는 알갱이로 이루어져 있다. 빛을 물질의 가장 작은 단위인 원자atom, 原子에 쏘면 원자가 광자를 흡수해서 들뜬 에너지 상태가 된다. 그리고 원자가 다시 원래의 낮은 에너지 상태로 내려갈 때 흡수했던 빛을 방출한다.

특정 가스 원자와 빛이 상호작용할 때, 빛을 투과 또는 반사하는 작용이 번갈아가며 계속될 수 있게 만들면 광자들은 일종의 층 사이에

워싱턴 D.C. 소재 국립과학아카데미 정원에 있는 아인슈타인 동상. 달리를 비롯한 입체파 및 초현실주의 화가들은 아인슈타인의 이론에서 많은 영감을 받았다.

갇히게 된다. 광자들이 층 사이에 갇혀 앞뒤로 튀면, 결과적으로 빛은 더는 진행할 수 없는 정지 상태가 된다. 그러나 이 기술은 매우 국한된 실험 조건에서 매우 짧은 시간 동안만 구현된 것으로, 일반적인 상황에 확대해 적용하기는 어렵다.

과학자들은 끊임없이 빛의 멈춤이나 느린 빛을 구현하고자 한다. 어찌 보면 과학자들이 자연의 섭리인 '시간의 영속성'을 거스르려는 것처럼 보일 수도 있다. 그러나 과학자들이 시간 왜곡에 매달리는 이유는, 자연의 섭리를 부정해서가 아니라 탐구심 때문이다. 과학자들은 끊임없이 새로운 현상을 발견하고 싶어 하고, 이를 실험적으로 증명해 보이고자 한다.

달리의 다른 그림에도 시계는 계속 등장한다. 때로는 흘러내리는 형상으로, 때로는 부드러운 색감 또는 반짝이는 색채로 묘사되기도 하는 등 상징하는 의미에 따라 다르게 표현된다. 달리가 빛의 상대성이나 멈춤 등의 현상을 완전히 이해하고, 작심하고 캔버스에 옮긴 것은 분명 아니다. 하지만 '시간의 상대성'이라는 개념을 흐르는 듯한 시계로 시각화시킨 점은 매우 직관적이고 탁월했다고 볼 수 있다.

어떤 기계나 기록 장치 없이 인간에게 주어진 시간이라는 개념은 '기억'으로만 저장되고 회자될 수 있다. 시간은 기억과 무의식에 저장된다는 사실을 달리는 의미 있게 여기던 여러 가지 사물에 투영해 이야기하고 있다.

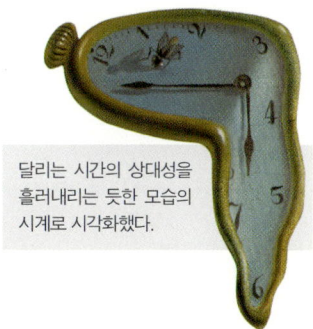

달리는 시간의 상대성을 흘러내리는 듯한 모습의 시계로 시각화했다.

## 비키니 섬의 비극을 재구성

태평양 서부 마셜 제도 서북쪽에 '비키니Bikini'라 불리는 아름다운 섬이 있다. 비키니 섬은 섬 중심 부분이 바다 아래로 가라앉으면서 둥근 고리 모양으로 남은, 마치 팔찌 같은 모양의 산호섬이다. 현재 이 아름다운 섬에는 아무도 살지, 아니 살지 못한다.

1946년 7월 1일부터 비키니 섬에서 미국 최초의 공개 핵실험이 진행됐다. 핵실험은 1958년까지 총 23차례에 걸쳐 진행됐다. 비키니 섬 핵 실험에서 사용된 핵무기 가운데 히로시마와 나가사키에 투하된 원자폭탄보다 1000배에 달하는 위력을 보인 것도 있었다.

핵실험이 시작되기 전 비키니 섬 원주민들은 2년 후 다시 돌아올 것을 기약하며 인근 섬으로 이주했지만, 그들은 20여 년이 지나서야 섬에 돌아갈 수 있었다. 미국 정부가 1960년 섬이 안전하다고 선언한 뒤

비키니 섬에서 진행된 핵실험 모습.

원주민들은 섬으로 돌아갔지만, 높은 수준의 방사능 때문에 다시 섬을 떠나야 했다.

비키니 섬에서 핵실험이 있은 지 얼마 안 돼, 파리 패션쇼에서 배꼽을 드러낸 파격적인 디자인의 수영복이 공개됐다. 수영복의 인상이 비키니 섬에서 진행된 핵실험만큼이나 충격적이라고 해서 이 수영복에 '비키니'라는 이름이 붙었다.

달리는 1947년 비키니 섬에서 진행된 원자폭탄 투하 실험에 큰 충격을 받고 〈비키니 섬의 세 스핑크스〉를 그렸다. 〈비키니 섬의 세 스핑크스〉에는 달리 특유의 은유와 상징, 그림 속 숨은 그림 등이 잘 나타나 있다. 그림에 세 개의 머리가 등장한다. 제일 멀리 있는 작은 머리는

살바도르 달리, 〈비키니 섬의 세 스핑크스〉, 1947년, 캔버스에 유채, 40.6×51.4cm, 후쿠시마 모로하시근대미술관

일반적인 사람의 뒷모습이고, 가운데 나무를 형상화한 머리는 목덜미 부분이 뻥 뚫렸다. 그리고 가장 가까이 있는 머리는 원자폭탄이 터질 때 발생하는 버섯구름을 형상화했다.

    달리는 특유의 편집광적 비판 방법을 동원해 캔버스에 여러 가지 상징적인 사물을 중첩해놨다. 그리고 프로이트와 아인슈타인의 옆얼굴을 그림 속에 숨겨놓았다. 아인슈타인 얼굴은 버섯구름 속에, 프로이트 얼굴은 나무속에 숨겨 놓으며 달리는 핵실험에 대한 비판 의식을 드러냈다.

### 인류를 위로하는 대천사의 미소

달리는 〈비키니 섬의 세 스핑크스〉를 그린 지 4년 만에 〈폭발하는 라파엘의 머리〉를 그렸다. 이 작품에는 비키니 섬 핵실험과 히로시마·나가사키에 원자폭탄이 투하됐을 때 사람들이 받은 충격, 그리고 눈에 보이지 않는 시간이라는 대상을 형상화하기 위한 달리의 집착이 복합적으로 담겨 있다.

    〈폭발하는 라파엘의 머리〉를 보자. 캔버스를 라파엘 얼굴이 가득 채우고 있다. 사람과 사물이 많이 등장했던 달리의 이전 작품과는 확실히 결이 다르다. 그만큼 집중시키는 힘이 강하다. 라파엘 얼굴은 전체적인 형상은 남아있지만, 깨어진 유리 조각처럼 파편화되어 있다. 얼굴을 이루던 파편들은 자연스럽게 코뿔소 뿔(달리의 그림에 자주 등장하는 오브제) 모양의 부서진 뼛조각과 연결된다.

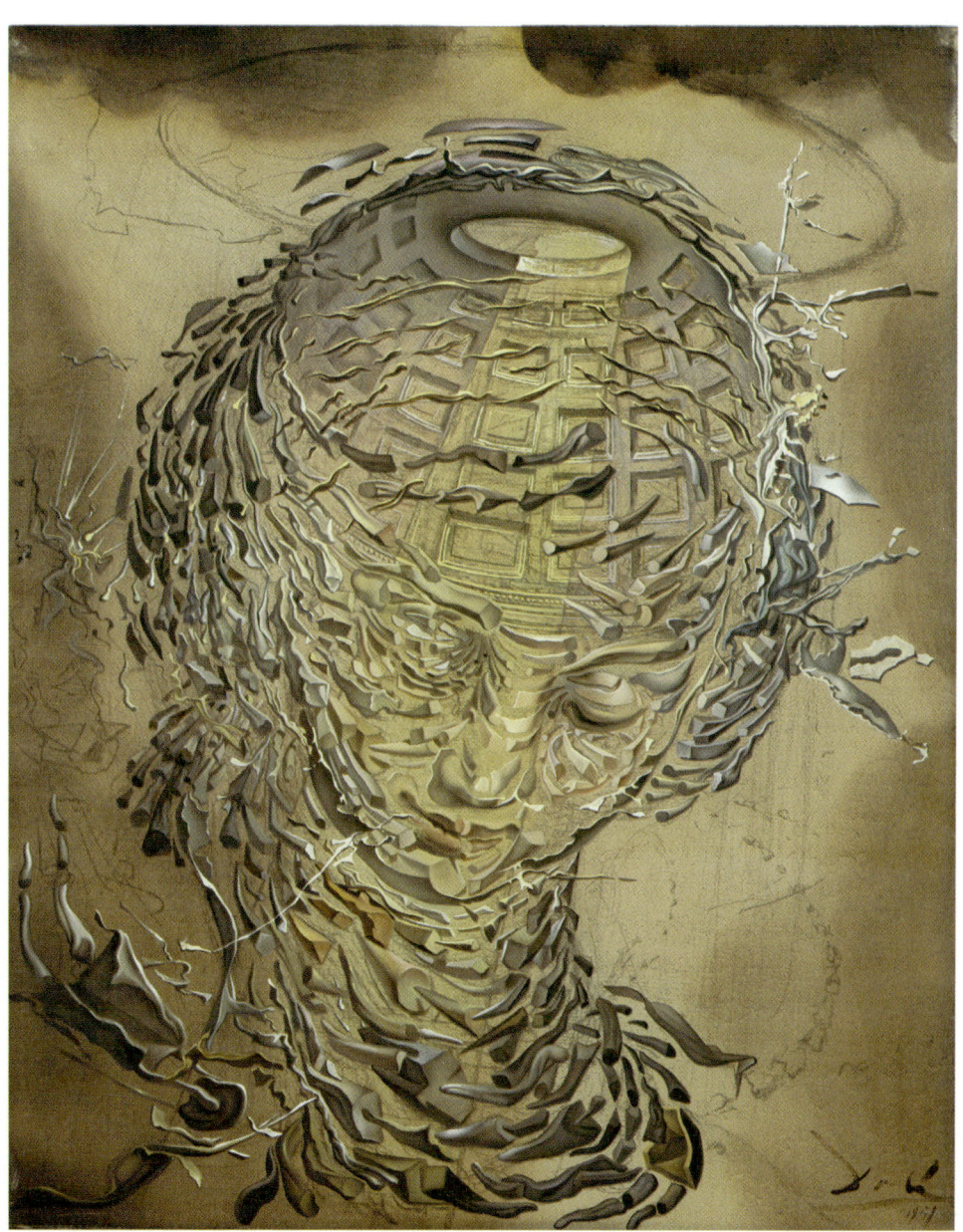

살바도르 달리, 〈폭발하는 라파엘의 머리〉, 1951년, 캔버스에 유채, 43.2×33.1cm, 스코틀랜드국립현대미술관

이탈리아 로마 판테온 신전 천장 구멍.

    라파엘의 머리 형상은 건축물 형태와 중첩된다. 판테온 신전 천장에 난 '오쿨루스Oculus'라는 구멍을 통해 태양 빛이 내리쬐는 순간을 묘사하고 있다. 그림의 주인공 라파엘은 〈구약성서〉에 등장하는 천사 중 인간의 고통을 치유하는 대천사다. 둥근 돔 지붕의 판테온은 신들의 공간인 하늘을 상징한다.

    비키니 섬에서 진행된 핵폭발 실험과 히로시마·나가사키에 투하된 원자폭탄의 위력은 실로 엄청났다. 핵폭탄은 인류에게 지울 수 없는 상처를 남겼다. 전 세계가 핵무기의 파괴력에 압도되었다.

    달리가 〈비키니 섬의 세 스핑크스〉 이후 폭발을 의미하는 그림을 연속해 그린 것은 우연이 아닐 것이다. 자신을 스스로 파괴한 인간에 대해 충격과 공포에 휩싸인 순간, 한 줄기 빛과 함께 등장한 건 다름 아닌 인간의 고통을 치유하는 대천사 라파엘이다. 아래쪽을 지그시 내려다보는 라파엘은 희미한 미소를 머금은 것처럼 보인다. 극렬한 공포와 고통을 어루만지고 위로하는 듯 라파엘의 미소가 절묘하게 중첩되어 있다. 이 순간을 이토록 처절하고 아름답게 묘사할 수 있는 화가가 달리 말고 또 있을까?

달리는 자신의 그림을 '손으로 그린 꿈의 사진'이라고 불렀다. 현실에서 시간은 절대적인 좌표를 따라 흘러간다. 시간이라는 화살이 날아가는 방향은 그 누구도 바꿀 수 없다. 그러나 달리는 그림을 통해 붙잡고 싶었던 시간을 기억 형태로 저장하고자 했다.

## 시간을 돌릴 수 없는 과학자들의 후회

제2차 세계대전 당시 독일을 견제하기 위해 미국은 주도적으로 각국 물리학자들을 설득해 맨해튼 프로젝트에 착수하고, 가장 먼저 원자폭탄을 만들었다. 원자폭탄의 폭발 위력은 과학자들이 예상했던 것보다 훨씬 컸다. 원자폭탄의 위험성을 인식한 과학자들은 원자폭탄이 실제로 사용되는 일이 없기를 바랐다. 하지만 과학자들의 바람과 달리 몇 주 후 원자폭탄은 히로시마와 나가사키에 투하되었다.

"내가 만약 히로시마와 나가사키 일을 예견했었다면, 1905년에 쓴 공식을 찢어버렸을 것이다."

아인슈타인은 맨해튼 계획을 시행하도록 루스벨트 대통령에게 편지를 보낸 것을 크게 후회했다. 아인슈타인이 찢어버리고 싶었다는 공식은 $E=mc^2$이라고도 부르는 '질량 에너지 등가 법칙'이다. 질량 에너지 등가 법칙은 핵폭탄 개발의 이론적 기초가 됐다.

E는 에너지, m은 질량, c는 빛의 속도로, $E=mc^2$는 에너지값은 질량에 빛 속도의 제곱을 곱한 것과 같다는 의미다. 원자핵이 분열하면 질량이 줄어들면서, 줄어든 질량에 해당하는 엄청나게 많은 양의 에너지로 변환된다. 핵폭탄은 핵분열이 순간적으로 한꺼번에 일어나면서 엄청난 양의 에너지가 순식간에 방출되는 것이다. 질량 에너지 등가 법칙은 핵물리학의 기초를 제공했을 뿐만 아니라 양자역학과 통계역학(분자, 원자, 소립자 등 미립자의 운동 법칙을 바탕으로 거시적인 물질의 성질이나 현상을 확률적으로 설명하는 이론) 태동에도 이바지했다.

아인슈타인뿐만 아니라 원자폭탄 개발에 직간접적으로 참여했던 과학자들은 훗날 핵무기 폐지 등 반전운동을 펼쳤다. 시간을 되돌릴 수 없어 괴로워한 과학자들에게 대천사 라파엘이 위로를 전한다.

───── Physics & Art 03 ─────

# 상상이
# 과학을 만났을 때


조앤 롤링 Joan K. Rowling, 1965~의 소설을 스크린으로 옮긴 영화 〈해리포터〉 시리즈에는 신기한 물건이 많이 나온다. 가장 인상적인 건 투명 망토다. 투명 망토를 쓰면 다른 사람 눈에 보이지 않는다. 해리포터는 이 망토를 쓰고 몰래 마법 학교 호그와트 이곳저곳을 누비고, 절체절명의 상황에서 몸을 숨겨 위기를 모면하기도 한다. 우리나라의 구전동화 〈도깨비 감투〉에도 머리에 쓰면 몸을 감출 수 있는 신기한 감투가 나온다.

누구나 한 번쯤 투명 망토 또는 도깨비 감투를 손에 넣으면 어떤 일이 벌어질까 상상의 나래를 펼쳐보았을 것이다. 내가 저지른 실수를 남의 눈에 띄지 않게 감추고, 다른 사람의 눈을 피해 어디든 갈 수 있고, 평소 자신을 괴롭히던 사람을 혼내주고……. 다른 사람 몰래 자신

르네 마그리트, 〈데칼코마니〉, 1966년, 캔버스에 유채, 81×100cm, 개인 소장

의 목적을 이루고 싶은 욕망은 동서고금 구분 없이 다양한 예술작품을 통해 표현됐다.

## 철저하게 계산된 초현실 세상

21세기 과학자들은 여러 방법으로 현실에서 투명 망토와 같은 콘셉트를 구현하고 있다. 투명 망토를 구현해줄 대표적 기술이 '메타물질meta-material'이라는 신물질이다. '메타meta'는 그리스어로 '범위나 한계를 넘어선다'는 뜻을 내포하고 있다. 메타물질은 빛의 파장보다 크기가 작은 인공원자를 주기적으로 배열해 자연 물질에는 없는 물리적 성질을 갖도록 만든 물질이다.

메타물질이라는 개념을 처음 사용한 과학자는 러시아 물리학자 빅토르 베셀라고Victor Veselago, 1929~2018다. 1968년 베셀라고는 그때까지 자연계에는 존재하지 않았던 '음(-)의 굴절률'을 가지는 물질이 존재할 가능성을 이론적으로 처음 제시했다. 본래 자연에 존재하는 모든 물질은 '양(+)의 굴절률'을 갖는다. 그로부터 30년 뒤 영국의 존 펜드리John Pendry, 1943~가 메타물질의 원리를 구체적으로 제안했으며, 이후 여러 과학자에 의해 실험적으로 입증되었다.

과학자들보다 훨씬 먼저 투명 망토처럼 숨고 싶은 인간의 욕망을 캔버스에 표현한 화가가 있었다. 벨기에의 초현실주의 화가 르네 마그리트René Magritte, 1898~1967의 〈데칼코마니〉를 보자. 마그리트는 양복 재단사인 아버지와 모자를 파는 어머니 사이에서 태어났다. 부모의 직업 때문이었을까, 마그리트는 양복을 입고 중절모자를 쓰고 있는 남성의 모습에 자신을 투영해 그림에 자주 등장시켰다. 〈데칼코마니〉는 마그리트의 아이콘이 잘 드러난 대표작이다.

중절모자를 쓴 남자 형상이 그림 가운데를 기점으로 양쪽에 그려져 있다. '데칼코마니décalcomanie'는 한쪽에 물감을 칠하고 종이를 접었다 펼쳤을 때, 반대편에 좌우 대칭으로 똑같은 그림이 찍혀 나오는 회화 기법이다. 마그리트 그림은 완벽한 데칼코마니는 아니다. 그림 속 두 사람은 형태만 공유하고 있다. 왼쪽 사람은 일반적인 뒷모습이지만, 오른쪽 사람은 마치 투명 인간처럼 보인다. 캔버스 오른쪽에 있는 커튼은 투명해서 보이지 않게 된 사람의 실루엣을 표현해 주는 역할을 한다. 그림 왼쪽에서는 사람의 뒷모습에 더 눈길이 가고, 오른쪽에서는 사람의 형태 너머 바다와 하늘 모습이 선명하게 느껴진다. 이러한 묘사는 왼쪽 사람과 그 사람이 가리고 있는 배경을 마치 투시해서 동시에 보는 듯 착각을 불러일으킨다.

마그리트는 이처럼 관찰을 통해 얻은 시각 정보를 바탕으로 그림 속의 그림, 그림과 그림을 결합한 형태 등 절대 단순하지 않은 방식으로 '역설paradox, 逆說'을 표현한다. 이러한 독특한 표현 방법은 마그리트가 다른 초현실주의 화가들과 다른 지점이다. 초현실주의 화가들은 비현실적인 상황, 꿈, 사물을 무의식적으로 나열해 현실 너머를 그린다. 그러나 마그리트는 사실적인 묘사와 철저한 계산을 바탕으로 캔버스에 초현실적인 세상을 구축한다.

## 어떻게 투명 망토를 만들 수 있을까?

마그리트의 초현실 세상은 〈인간의 조건〉(305쪽 그림)에서 더 놀라운 방식으로 표현된다. 창문 앞에 놓여있는 캔버스에는 산과 들이 그려져 있는데, 풍경은 자연스럽게 창밖 풍경과 이어진다. 얼핏 보면 그냥 창밖 풍경 같지만, 바닥에 놓인 이젤이 이것이 캔버스 속 그림이라는 걸 알려준다.

놀랍게도 마그리트는 투명한 소재로 만든 캔버스를 그림에서 표현하고 있다. 과학자들이 음의 굴절률을 갖는 물질을 처음 제안한 것보다 30년 전에 말이다.

우리가 어떤 물체를 보려면 빛이 반사하거나 굴절해야 한다. 다음 사진(왼쪽)과 같이 빛이 물질에 닿으면 입사각을 기준으로, 오른쪽으로

**빛의 굴절 경로**

양의 굴절                          음의 굴절

상상이 과학을 만났을 때

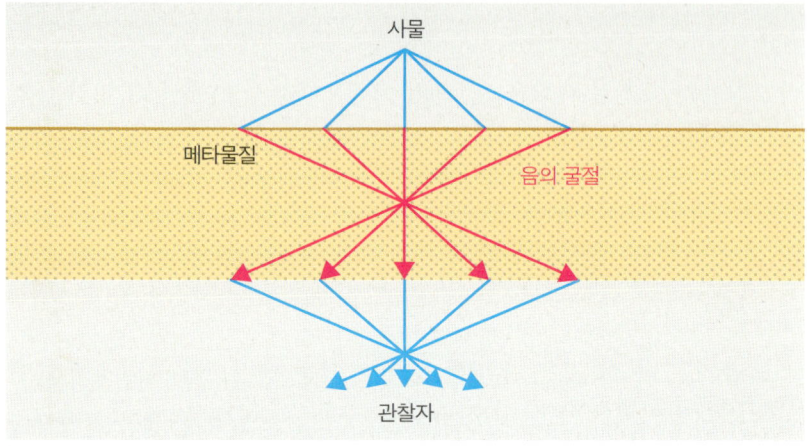

**투시 원리**

음의 굴절률을 갖는 물질을 지나는 빛에 의해 사물이 투시되는 원리.

굴절되는 현상을 양의 굴절이라고 한다. 빛이 음의 굴절을 하는 물질을 만났을 때, 굴절 방향은 양의 굴절과 반대다.

대략적으로 설명하자면, 굴절률이 음의 값인 물질을 지날 때 들어가는 빛은 안쪽으로 꺾이면서 물질 내부에서 한번 초점을 만들고, 물질을 다 지난 뒤에 다시 한 번 반대로 꺾이면서 초점을 만든다('투시 원리' 그림 참조). 이 같은 상황을 가정하면 (메타)물질이 가로막고 있더라도, 투명한 것처럼 사물의 형상이 관찰자에게 보이는 게 가능해진다. 혹은 특수하게 설계된 메타물질에 의해 직진하던 빛이 사물 주변을 돌아서 진행할 수도 있다. 이런 상황들은 메타물질을 이용해 투시를 가능하게 하는 몇 가지 콘셉트 중 일부다.

그러나 음의 굴절률을 이용해 투명한 소재를 만드는 것은 매우 제한

르네 마그리트, 〈인간의 조건〉, 1933년, 캔버스에 유채, 81×100cm, 워싱턴D.C.국립미술관

되고 통제된 실험 상황과 특정 파장의 빛에서만 가능하다. 이 기술은 아직 해리포터의 망토나, 마그리트의 캔버스처럼 큰 규모에 적용하기는 어렵다.

마그리트는 〈인간의 조건〉에서 그림 속에도 나무가 있고 창밖에도 나무가 있다고 표현했다. 이는 그림 속 그림이자, 형상이 같은 사물이 이곳에도 저곳에도 동시에 실존(實存)함을 보여주는 그의 역설적 표현이다. 마그리트의 〈인간의 조건〉 연작 모두 이러한 현상을 잘 보여주고 있다.

## 라퓨타의 재해석

아일랜드 소설가 조너선 스위프트Jonathan Swift, 1667~1745가 1726년 발표한 《걸리버 여행기》에 지름 72km 두께 270m의 하늘을 날아다니는 거대한 성 '라퓨타'가 등장한다. 이 신비로운 성은 미야자키 하야오みやざきはやお, 1941~ 감독의 〈천공의 성 라퓨타〉, 〈하울의 움직이는 성〉과 제임스 캐머런James Cameron, 1954~ 감독의 〈아바타〉에 등장해 대중에게 널리 알려졌다. 이들보다 앞서 마그리트는 《걸리버 여행기》 3부에 등장하는 '천공의 성'을 캔버스에 옮겼다. 바로 〈피레네의 성〉이다.

거대한 바위와 한몸이 된 돌로 만든 성이 중력을 거스르고 공중에 떠 있다. 같은 시기에 그려진 〈아르곤의 전투〉에서도 거대한 암석이 하늘 높이 떠 있다. 두 작품을 단순히 라퓨타를 시각화시킨 것으로 해석하고 말기에는 많은 아쉬움이 남는다.

르네 마그리트, 〈피레네의 성〉, 1959년, 캔버스에 유채, 200.3×130.3cm, 이스라엘미술관

좀 더 상상력을 동원해 그림 속 상황을 연출해보자. 돌로 만든 산을 메타물질인 투명 망토로 감싸면, 섬이 마치 떠 있는 것처럼 착시를 불러일으킬 수 있지 않을까? 알베르트 아인슈타인Albert Einstein, 1879~1955이 1905년과 1916년에 각각 '특수상대성이론'과 '일반상대성이론'을 발표했다. 아인슈타인과 동시대를 산 많은 예술가는 과학 이론의 전복에 큰 충격을 받아 이를 본인들의 작품에 녹여냈다는 점을 상기해 보자.

단지 어떤 개인의 감정 상태만이 아니라, 역사와 문화, 주변 상황은 물론이고 과학사의 흐름까지도 그림에 큰 영향을 미친다. 아인슈타인의 등장으로 뉴턴 물리학의 절대적인 시·공간 이론은 전복되었다. 당연하게 생각했던 모든 관점에 일대 전환이 필요했다. 새로운 시·공간 좌표를 설정하자고 제안했던 아인슈타인의 상대성이론에 영향을 받은 마그리트는 공간 좌표를 비틀고 반전을 꾀하고자 하는 즐거운 상상으로 붓을 들었을지도 모른다.

투명 인간이 되고 싶은 인간의 욕망을 시각화시킨 초현실주의 대표 작품을 살펴봤다. 현실에 안주하지 않고 모험하며, 익숙한 것과 이별하며 끊임없이 새로움을 추구해온 예술가들. 예술가들의 작품 세계를 관통하는 도전 정신과 창조에 대한 갈망은 과학자들의 그것과 굉장히 닮아있다. 프로이트의 정신분석에서 출발해 꿈·환상 같은 무의식 세계를 그려낸 초현실주의 미술작품들이 어찌 보면 가장 현실적이고 이성적이며 논리에 기반을 둔 과학의 정수와 맞닿아 있다는 점이 실로 놀랍다. 예술가와 과학자에게 가장 필요한 건 현실 너머 새로운 것을 꿈꾸는 능력, 상상력일지도 모른다.

―― Physics & Art 04 ――

# 불가사의한 우주의 한 단면

'Was it a cat I saw?'
'내가 본 것이 고양이였나?'
이 문장은 뒤집어서 철자를 다시 배열해도 똑같은 문장이 된다.

루이스 캐럴Lewis Carroll, 1832~1898의《이상한 나라의 앨리스(1865년)》는 언어유희가 두드러지는 작품이다.《이상한 나라의 앨리스》에는 기괴하면서도 신비로운 다양한 캐릭터가 등장한다. 물담배를 피우는 애벌레, 연신 "저 녀석의 목을 쳐라"라고 외쳐대는 하트 여왕, "바쁘다"는 말을 입에 달고 사는

존 데니엘이 그린《이상한 나라의 앨리스》에 등장하는 하트 여왕.

존 테니엘이 그린 《이상한 나라의 앨리스》에 등장하는 체셔 고양이.

회중시계를 찬 토끼……. 그중 제일은 히죽거리며 웃는 체셔 고양이 cheshire cat다.

길을 잃고 헤매던 앨리스는 나무 위에 웅크리고 앉아 있는 체셔 고양이를 만난다. 이빨을 전부 드러내며 웃고 있는 체셔 고양이는 '입이 귀에 걸렸다'는 표현이 딱 맞는 형상이다. 앨리스와 대화하던 체셔 고양이는 갑자기 꼬리 끝부터 머리까지 차례대로 사라진다.

"이번에는 아주 서서히 사라졌다. 꼬리 끝부터 사라지기 시작해서 씩 웃는 모습이 맨 마지막으로 사라졌는데, 씩 웃는 모습은 고양이의 나머지 부분이 다 사라진 뒤에도 한동안 그대로 남아 있었다."

고양이의 몸은 사라져 보이지 않는데 웃음이 존재하는 기묘한 상황에, 어리둥절해진 앨리스가 내뱉는 말이 'Was it a cat I saw?'다.

## 고양이는 사라졌는데 웃음은 남아

이 대목은 150여 년이 흘러 '양자 체셔 고양이'라는 이론이 돼 물리학계를 뒤흔들었다. 2013년, 야키르 아하로노브Yakir Aharonov, 1932~와 그의 동료들은 양자역학 법칙에 따라 광자光子, photon가 분리되어 관측될 수 있다는 실험을 구상했다. 광자가 어느 한 장소에 존재하면서 그 광자의 편광偏光, polarization(한 방향으로만 진동하는 빛) 같은 고유 특성은 동시에 다른 장소에 존재할 수 있다는 내용이다. 이듬해 오스트리아 그룹에서 중성자의 경로와 다른 경로에서 스핀(회전하는 물체가 갖는 고유의 물리량인 각운동량에 포함된 성질)이 분리되어 측정되는 실험에 성공하기도 했다(〈Nature Communications〉 5, 4492, 2014). 아하로노브 그룹은 이 효과를 '양자 체셔 고양이'라고 불렀다.

편광 상태를 측정했다는 말은, 물질과 물질이 가진 고유한 물성이 서로 분리돼 존재할 수 있다는 의미다. 체셔 고양이의 실체가 사라졌어도 웃음이 존재하는 《이상한 나라의 앨리스》의 한 장면이 연상된다고 해서, 연구팀은 '양자 체셔 고양이'라는 이름을 붙였다. 연구진은 이것을 양자역학의 '빛의 중첩 효과'로 설명한다. 양자역학은 원자, 분자, 소립자 등 미시적 대상에 국한되어 적용된다. 고전 물리학에서는 입자의 초기 조건을 알면 일정한 법칙에 따라 입자의 미래를 정확하게 예측할 수 있었다. 그러나 양자역학에서는 입자의 미래는 오로지 확률적으로만 존재한다. 따라서 엄밀하게 입자의 위치나 상태를 예측하거나 결정할 수 없게 된다.

양자 체셔 고양이는 현재도 많은 과학자가 관심을 두고 있는 주제다. 하지만 실험으로 구현하는 과정이 절대 만만치 않으며, 실험 결과를 증명하는 여부를 놓고 과학자들이 팽팽히 맞서는 중이다.

## 입체주의, 전통 회화를 파괴하다

양자역학이 설명하는 이 모순 같은 상황은 미술계에서 피카소의 등장에 비유할 수 있다. 파블로 피카소Pablo Picasso, 1881~1973가 1907년 스물여섯 살에 〈아비뇽의 처녀들〉을 내놨을 때, 미술계는 그의 작품을 전통과 권위에 대한 일종의 도전으로 간주했다. 비평가들은 〈아비뇽의 처녀들〉에 혹평을 쏟아냈다.

그림 속 여인들의 모습은 괴기하기까지 하다. 오른쪽 앞에 앉아있는 여인은 얼굴과 등을 동시에 보여준다. 다른 여인들도 몸통과 팔다리가 분리된 듯 현실에서는 있을 수 없는 기이한 형상을 하고 있다. 그들의 얼굴은 또 어떠한가? 눈의 위치는 고르지 못하고 코는 옆에서 보는 방향으로 그려져 있어, 얼굴이 어디를 향하고 있는지 도무지 알 수가 없다.

사진 기술이 보편화되자 피카소는 눈에 보이는 형상을 그대로 그리는 사실주의 회화는 더는 설 곳이 없다고 생각했다. 그는 전혀 새로운 방식으로 독창적인 그림을 그려 회화의 존재 이유를 재정립하고자 했다. 그는 어느 날 우연히 보게 된 아프리카 원시인들의 비대칭적인 조

파블로 피카소, 〈아비뇽의 처녀들〉, 1907년, 캔버스에 유채, 243.9×233.7cm, 뉴욕 현대미술관

각상에서 큰 감명을 받았다. 피카소는 단순하면서 강렬한 선을 강조했으며, 동시에 인체의 비례를 과감하게 무시하는 등 일종의 '익숙한 모든 것들로부터의 탈피'를 선언했다.

〈아비뇽의 처녀들〉은 기존 미술에 맞서는 피카소의 실험적 시도로 탄생했다. 이 그림은 '미술사의 대혁명'이라 불리는 입체주의Cubism 시대를 열었다. 입체주의 그림들은 우리가 작품을 감상하면서 기대하는 미(美)에 대한 기준을 완벽히 뒤엎는다. 비례와 조화로부터 오는 아름다움은 입체주의 그림에서 기대할 수 없다. 입체주의 그림은 괴상하고, 기이하고, 불편하기까지 하다. 단순한 법칙에 의해 우주의 모든 현상이 명쾌하게 설명되고 해석될 수 없다고 주장하는 양자역학이 과학계에 던진 충격도 이와 다르지 않았다.

피카소가 〈아비뇽의 처녀들〉을 그릴 때 영감을 받은 아프리카 (가봉) 가면.

### 그림 속 여인은 어디를 보고 있을까?

입체주의를 이끄는 화가들은 형태를 기하학적으로 해체하고 여러 개의 시점을 하나의 캔버스에 펼쳐놓음으로써 오히려 사물의 본질에 더 다가갔다고 여겼다. 그들은 화면 전체를 일정하게 분할하고 그리고자 하는 주제의 앞모습과 옆모습의 특징적인 일부를 겹쳐서 나열했다. 사물의 원근, 빛에 의한 명암과 인상, 색채가 내포하는 상징성이나 경험에 기반을 둔 의미는 모두 철저하게 배제시켰다. 한 방향에서 본 사물 모습이 사물의 전부가 될 수 없으며, 다른 시간에 여러 방향에서 인지할 수 있는 모든 형태가 2차원 평면에 동시에 담긴다.

시공간을 초월하는 입체주의의 표현 방법은 오히려 우리의 상상을 더 자극한다. 사물의 형태는 자세하게 설명

파블로 피카소, 〈바이올린과 포도〉, 1912년, 캔버스에 유채, 50.6×61cm, 뉴욕 현대미술관

되고 표현될 때가 아니라 우리의 상상과 합쳐질 때 비로소 온전한 의미가 완성된다. 피카소의 〈바이올린과 포도〉에는 분석에 입각한 입체주의 성향이 잘 나타나 있다.

피카소는 중·후반기에 이르러 단순한 조형적 요소에 대한 실험에서 몇 걸음 더 나아가 작품에 색채적 요소를 가미했다. 1932년 작품 〈거울 앞의 소녀〉(316쪽 그림)에서 그는 입체주의에 입각한 구도적 균형과 함께 색채의 다양한 조화를 추구했다. 거울을 마주하고 있는 여인의 얼굴은 옆모습과 앞모습이 절묘하게 겹쳐져 있다. 거울에 비친 모습은 거울 밖 얼굴과 다른 형상과 색으로 묘사되어 있다.

색의 조화 중에서도 피카소는 반대대비와 보색대비를 과감하게 사용했다. 특히 밝은 색조로 표현된 거울 밖 여인과 달리, 거울 속 여인은 어둡고 푸른빛으로 채색되어 있다. 여인의 어둡고 음울한 내면을 표현

파블로 피카소, 〈거울 앞의 소녀〉, 1932년, 캔버스에 유채, 130.2×162.3cm, 뉴욕 현대미술관

하고 있다. 이는 두 차례 세계대전을 겪으며 사람들이 느낀 불안과 공포, 시대적 우울을 표현했다고 해석되곤 한다. 굵고 대담한 검은색 윤곽선은 거울 안과 밖 여인의 몸을 절묘하게 연결해 분위기가 다른 두 여인이 같은 사람임을 암시적으로 표현하고 있다.

피카소는 그림의 대상을 완전히 해체하고 분리해 단순한 도형의 형태로 만들고 이들을 철저하게 낯선 방식으로 재배치한다. 또한 현실 세계에서 우리가 경험적으로 알고 있는 대상의 상징적인 색상을 의도적으로 배제한다. 형태의 재배치와 비현실적인 채색으로 재조합된 이미지는 전혀 새로운 의미를 갖게 된다. 그림 속 대상은 결코 우리가 알고 있는 자연의 법칙을 따르지 않는다.

양자역학이 다루는 미시세계에서는 우리가 살아가는 세계와는 전혀 다른 현상이 벌어진다. 양자역학에 의하면 빛은 입자이면서 동시에 파동이다. 물체의 특성이 다른 장소에서 동시에 관찰이 되기도 한다. 또한 대상을 보고자 하는 행위 자체가 대상의 위치와 상태에 영향을 주어, 우리는 대상의 절대 상태를 알 수가 없다.

피카소의 그림에는 시공간을 초월해 여러 각도에서 본 세상이 하나의 캔버스에 표현된다. 그림 속 여인은 거울을 향해 서 있지만, 동시에 그림을 보는 우리를 보고 있기도 하다. 이것이 피카소가 이해한 세계이자 불가사의한 우주의 한 모습이다.

Physics & Art 05

# 태어나려는 자는
# 한 세계를 파괴해야 한다

초현실주의 그림에는 어김없이 태양 또는 달이 주요한 오브제로 등장한다. '러시아의 살바도르 달리'로 불리는 블라디미르 쿠쉬 Vladimir Kush, 1965~의 그림도 마찬가지다. 쿠쉬는 뛰어난 상상력으로 현실 세계에서 우리가 보는 모든 사물의 스케일을 비틀고 순서를 뒤집는다. 과거와 현재가 공존하고, 생물과 사물이 연결되는 그의 그림은 환상적이고 몽환적이다.

쿠쉬의 〈해돋이 해변〉은 태양을 그린 것일까? 아니면 달걀을 그린 것일까? 쿠쉬는 장렬하게 떠오르는 태양을 달걀노른자에 은유했다. 알은 삶의 시작이자 세상 만물의 중심을 상징한다. 쿠쉬는 창조의 순간을 포착했는지 모른다. 태양은 유일한 빛의 근원이며, 동시에 세상을

블라디미르 쿠쉬, 〈해돋이 해변〉, 1990년경, 캔버스에 유채, 63.5×53.4cm, 개인 소장

바라보는 하나의 '눈'이기도 하다. 상징과 은유가 가득한 쿠쉬의 작품은 보는 사람의 경험과 지식에 따라 전혀 다른 형상으로 보인다.

## 물리학을 발전시킨 논쟁, '빛이란 무엇인가?'

1900년 영국 물리학자 윌리엄 톰슨William Thomson, 1824~1907은 영국과학진흥협회에서 이렇게 선언했다.

"이제 물리학에서 새로운 발견이 이루어질 가능성은 없다. 우리에게 남은 과제는 관측의 정확도를 높이는 것뿐이다."

뉴턴의 고전물리학이 절정에 이른 19세기 후반, 과학자들은 과학이 완성 단계에 있다고 생각했다. 그러나 19세기에서 20세기로 넘어가면서 물리학계에는 지각변동이 일어났다. 상대성이론과 양자역학이 뉴턴의 고전물리학 체계를 송두리째 흔들었다.

모든 것은 '빛이란 무엇인가?'라는 근원적인 질문에서 시작되었다. 이것은 마치 신의 존재 혹은 생명의 근원에 대한 의문처럼 오래되고 중요한 문제다.

빛에 관한 과학적 연구는 17세기에 본격적으로 시작되었다. 네덜란드 물리학자 호이겐스Christian Huygens, 1629~1695는 빛이 '파동'이라 주장하며 간섭과 회절 현상을 설명했다. 영국 물리학자 뉴턴Sir Isaac Newton, 1642~1727은 프리즘에 빛을 통과시켰을 때 일곱 가지 색으로 나뉘는 실험을 통해, 가시광선의 정체를 밝혀냈다. 그는 실험 결과를 바탕으로 빛을 작은 '입자'의 흐름이라고 주장했다. 그러다 영국의 영Thomas Young, 1773~1829과 프랑스의 프레넬Augustin Jean Fresnel, 1788~1827이 좁은 틈을 이용해 빛을 투과시키는 실험을 통해 빛의 파동성을 입증했다. 영국의 맥스웰James Clerk Maxwell, 1831~1879과 독일의 헤르츠Heinrich Rudolf Hertz, 1857~1894도 빛이 전자기파의 일종이라고 설명하며 파동설에 힘을 실었다.

그러나 1905년 독일 출신 미국 물리학자 아인슈타인Albert Einstein, 1879~1955이 빛 에너지는 '광자'라고 하는 작은 알갱이로 양자화되어 있다는 광양자설Quantum Theory을 제안했다. 아인슈타인은 빛(광자)을 금속

카스파르 네츠허르, 〈크리스티안 호이겐스 초상화〉, 1671년, 캔버스에 유채, 30×24cm, 헤이그미술관

고드프리 넬러, 〈아이작 뉴턴의 초상화〉, 1702년, 캔버스에 유채, 75.6×62.2cm, 런던 국립초상화미술관

빛에 관한 과학적 연구는 17세기에 본격적으로 시작되었다. 호이겐스는 빛이 파동이라고, 뉴턴은 빛이 작은 입자의 흐름이라고 주장했다.

표면에 쪼여줄 때 금속 표면에서 전자가 튀어나오는 광전효과를 설명하면서 빛의 입자적 측면을 지지했다. 아인슈타인의 뒤를 이어 1913년 덴마크의 보어Niels Henrik David Bohr, 1885~1962가 원자모형(333쪽 참조)으로, 1923년 미국의 컴프턴Arthur Holly Compton, 1892~1962이 엑스선X-ray 산란 효과로 광양자설을 뒷받침했다.

  빛의 정체에 대한 과학자들의 논쟁은 식을 줄 몰랐다. 하지만 실험적으로 검증된 사실을 반박하기는 어려웠다. 결국, 빛은 파동이면서 입자라고 결론 내리며 논쟁은 종결되었다. 물론 '빛의 이중성'을 받아들이는 과정은 전혀 간단하지 않았다. 현실에서 그런 일을 겪는 것은 불가능하며, 우리는 어쩔 수 없이 경험을 바탕으로 사고하기 때문이다.

  1927년 보어는 양자 세계에서 빛의 이중성을 설명하기 위해 '상보성 원리Complementarity principle'를 제안했다. 빛은 간섭이나 회절 실험에서는 파동의 성질을 보여주고, 광전효과 실험에서는 입자의 성질을 나타낸다. 그러나 파동성이나 입자성이나 빛의 두 가지 성질은 한 가지 실험에서 동시에 나타나지는 않는다. 여기에 독일 물리학자 하이젠베르크Werner Karl Heisenberg, 1901~1976의 '불확정성의 원리'를 더해 '코펜하겐 해석'이라고 한다. 불확정성의 원리는 어떤 물체의 상태, 즉 위치와 운동량은 동시에 정확하게 측정할 수 없다는 것이다. 코펜하겐 해석은 현재까지 양자역학에서 가장 보편적으로 받아들여지고 있는 해석이다.

  코펜하겐 해석이라는 명칭은 덴마크 코펜하겐대학교에 설립된 보어의 연구소에서 유래되었다. 1916년 코펜하겐대학교 교수가 된 보어에게 대학에서 이론물리연구소를 마련해주었다. 보어는 코펜하겐대학교 연구소에서 많은 물리학자와 공동으로 연구했다. 코펜하겐대학교 연구소는 원자물리학과 양자이론 연구의 국제적 중심지로 발전했으며, 1965년 10월 7일 보어 탄생 80주년을 맞아 '닐스보어연구소'로 이름을 바꿨다.

## 반은 죽었고 반은 살아 있는 고양이

1935년 오스트리아 물리학자 슈뢰딩거 Schrödingers Katze, 1887~1961 는 코펜하겐 해석을 부정하고 양자역학의 불완전함을 보여주기 위해 '슈뢰딩거의 고양이'라는 사고 실험을 고안했다. 상자 속에 반감기가 한 시간인 방사성 물질과 청산가리가 든 병, 고양이가 들어있다. 방사성 물질이 붕괴하면 연결된 방사능 검출 계수기가 작동하면서 망치가 청산가리가 들어있는 병을 깨고, 고양이는 청산가리를 흡입해 죽게 될 것이다. 방사성 물질은 50% 확률로 붕괴되도록 세팅되어 있다.

한 시간 뒤 고양이는 어떻게 되어있을까? 코펜하겐 해석에 따르면 어떤 물질의 상태는 그 상태를 관측하면 변한다. 즉 고양이는 상자를 열어 관찰하기 전까지 살아있지도 죽어있지도 않으며, 상자를 열어 우리가 관찰하는 순간 살았거나 죽은 상태 가운데 한 상태로 확정된다.

슈뢰딩거는 이것이 틀렸다고 주장했다. 고양이는 우리가 상자를 여는 행위(관찰)와 상관없이 살아있거나 죽어있으며, 단지 상자 밖에 있는 우리가 이 사실을 모를 뿐이라고 했다. 원자나 전자처럼 작은 미시

서민아, 〈슈뢰딩거 고양이〉, 2019년, 종이에 수채화, 15×20cm

세계가 아닌 거시세계, 즉 우리의 현실에 불확정성 원리와 코펜하겐 해석을 적용한다면 얼마나 이상하게 느껴지는지, 슈뢰딩거는 이 사고실험을 통해 역설하고자 했다.

## 데칼코마니 같은 미술과 물리학의 궤적

빛은 파동이며 동시에 입자다. 흥미롭게도 양자역학이 태동하고 빛의 정체에 대한 열띤 토론과 논쟁을 거치는 동안, 미술계에서도 빛에 대한 해석과 빛을 표현하는 방식을 두고 다양한 화풍의 사조들이 쏟아져 나왔다.

19세기 후반에서 20세기 초 프랑스를 중심으로 퍼져나간 인상주의에서는 전통 회화기법을 모두 거부하고, 빛에 의해 달라지는 자연의 모습을 순간적으로 포착해 화폭에 담았다. 빛과 사물의 상호작용에 따라 달라지는 색이 그림의 색채를 결정했으며, 야외에 나가 직접 관찰하면서 객관적으로 세계를 표현하고자 했다. 대표적인 화가로 마네, 모네, 르누아르, 드가, 세잔, 피사로, 고갱, 고흐 등이 있다. 인상주의를 좀 더 체계적이고 과학적으로 발전시킨 신인상주의 대표 화가는 시냐크와 쇠라다. 특히 신인상주의의 중심에는 물리학자와 화학자의 빛과 색에 관한 이론을 기반으로 한 색채학이 자리하고 있다.

피카소와 브라크 등이 이끌던 입체주의는 사물을 공간상에서 완전히 해체한 후에 전혀 새로운 구도로 재배치해 낯설게 그림으로써 화단에 충격을 주었다. 마티스로 대변되는 야수파 회화는 사실주의나 관찰주의에 입각한 색채에 관한 개념을 완전히 무너뜨렸다.

짧은 시간 다양한 사조가 등장하며 20세기 초 미술계는 요동쳤다. 같은 시기에 신경병리학자이자 심리학자 프로이트는 《꿈의 해석》을 통해 꿈이라는 무의식 세계를 체계적으로 분석한 정신분석학을 소개했다. 미술계는 정신분석학의 영향을 받아 무의식 세계를 화폭에 담았고, 이는 자연스럽게 극한의 무의식 세계를 담는 초현실주의로 이어졌다. 초현실주의는 현실에서 결코 일어날 수 없는 일이나 배치되는 상황을 그림의 주제로 거침없이 택하기에 이른다. 달리, 에른스트, 키리코, 미로, 마그리트, 탕기 등이 초현실주의를 대표하는 화가다.

## 시대를 대표하는 미술과 빛·색의 역사

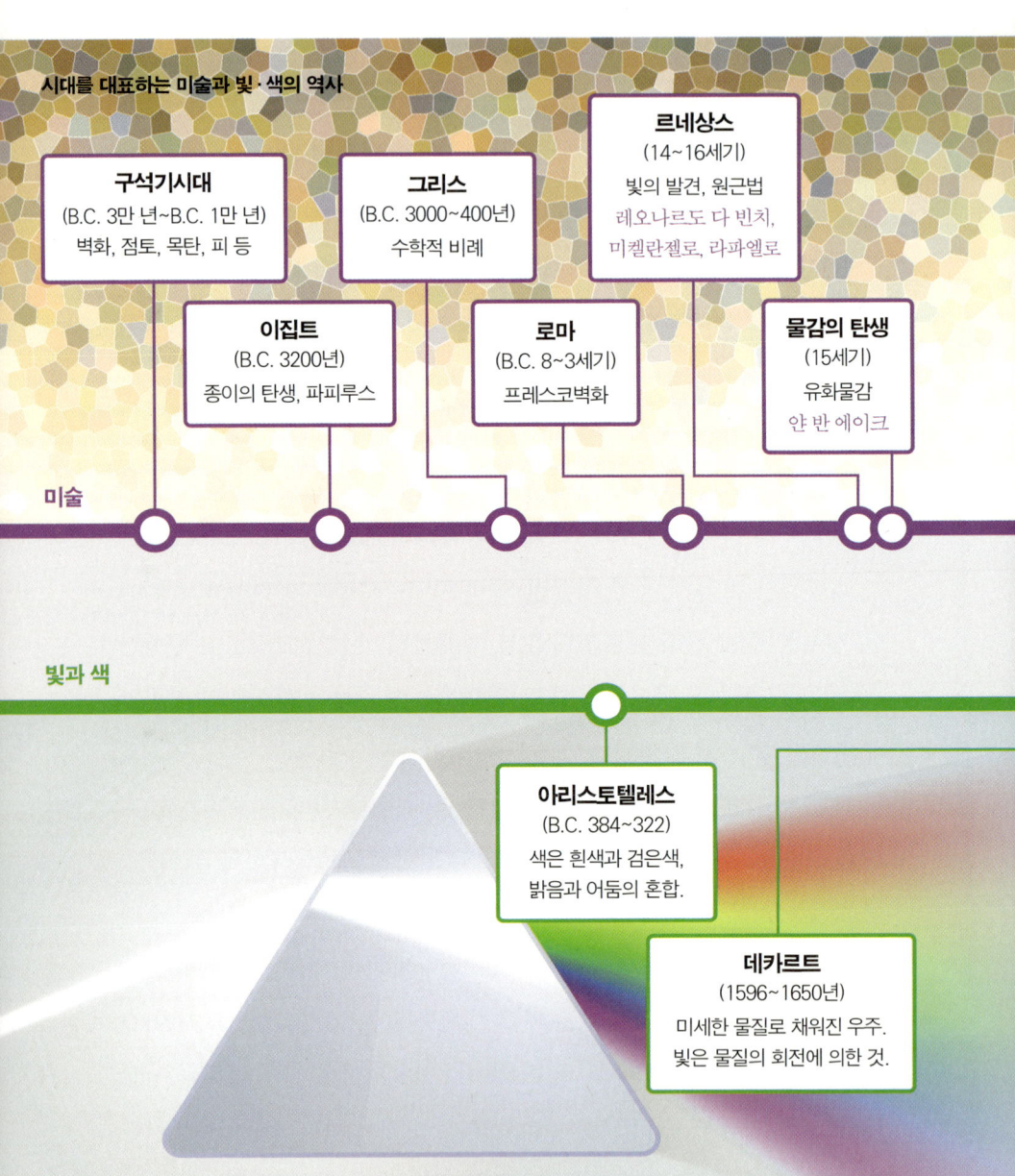

**구석기시대**
(B.C. 3만 년~B.C. 1만 년)
벽화, 점토, 목탄, 피 등

**이집트**
(B.C. 3200년)
종이의 탄생, 파피루스

**그리스**
(B.C. 3000~400년)
수학적 비례

**로마**
(B.C. 8~3세기)
프레스코벽화

**르네상스**
(14~16세기)
빛의 발견, 원근법
레오나르도 다 빈치,
미켈란젤로, 라파엘로

**물감의 탄생**
(15세기)
유화물감
얀 반 에이크

**미술**

**빛과 색**

**아리스토텔레스**
(B.C. 384~322)
색은 흰색과 검은색,
밝음과 어둠의 혼합.

**데카르트**
(1596~1650년)
미세한 물질로 채워진 우주.
빛은 물질의 회전에 의한 것.

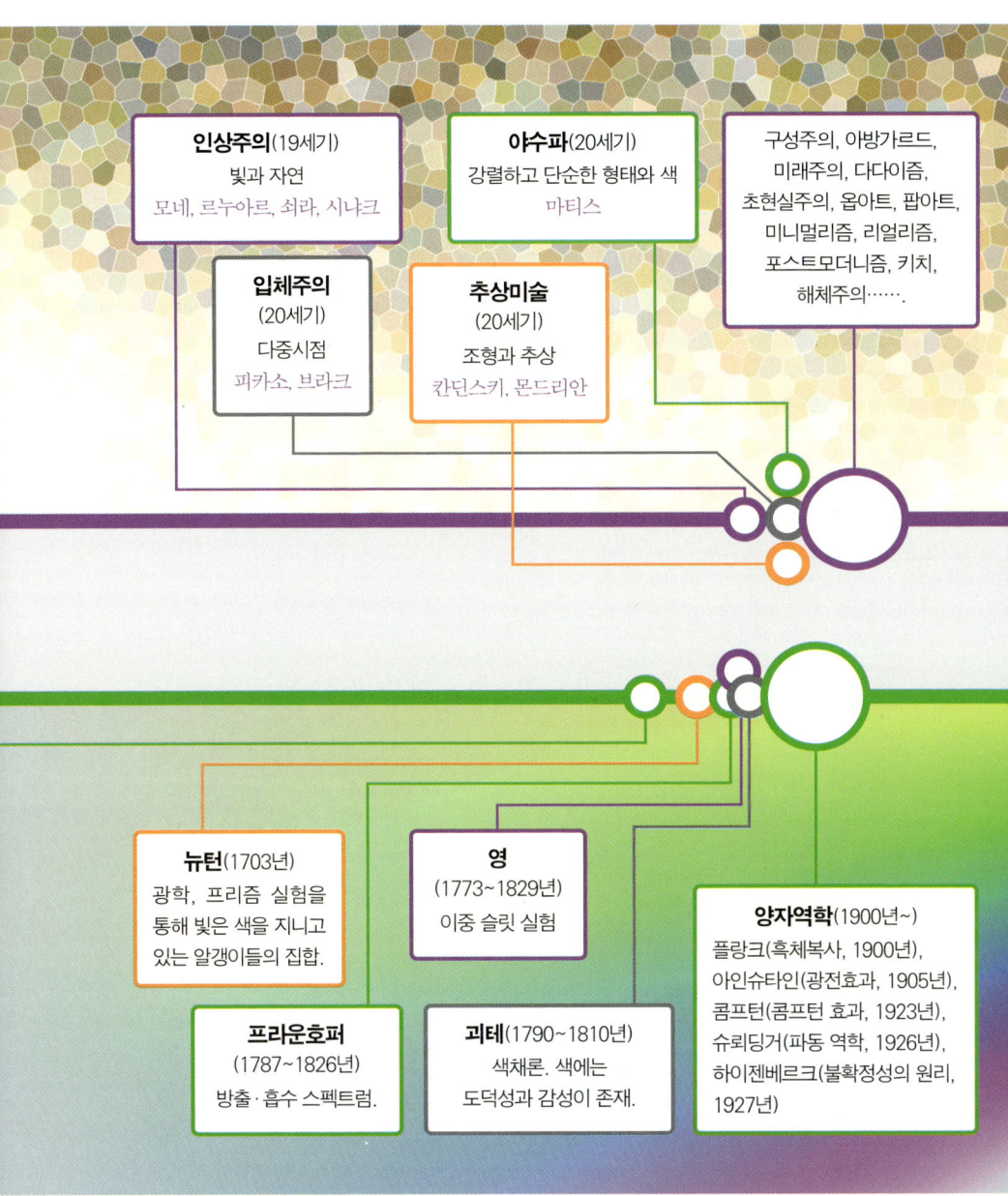

프로이트는 《꿈의 해석》을 통해 꿈이라는 무의식 세계를 체계적으로 분석한 정신분석학을 소개했다. 미술계는 정신분석학의 영향을 받아 무의식 세계를 화폭에 담았다.

르네상스 시대까지 회화의 방식이나 주제 의식은 큰 틀에서 상당히 비슷했다. 그러다 빛을 직접 묘사하고, 회화 기법에 빛을 반영한 인상주의를 시작으로 새로운 미술 사조가 하나둘 등장했다. 하나의 사조가 일정 시간 부흥하다가 다시 반대 사조가 나타나고, 다시 이 사조를 부정하는 정반합(正反合) 과정을 반복하며 진화해 미술계는 오늘날과 같은 다양함에 이르게 되었다.

놀랍게도 19세기 말에서 20세기 초반 미술계 상황은 빛의 정체와 특성을 다양한 방법으로 분석하고 이를 뒷받침할 새로운 이론이 끊임없이 등장해 증명과 반박을 거듭하며 이루어낸 현대물리학의 발전과 그 맥을 같이 한다. 전혀 접점이 없을 것 같은 두 분야, 미술과 물리학이 '빛'이라는 공통의 화두를 놓고 고민하고 논쟁하며 비슷한 시기에 비슷한 패턴의 풍파를 겪으며 발전해왔다는 것이 참으로 놀랍다. 자세히 들여다보면 빛에 관한 과학 이론에 직접적인 영향을 받아 탄생한 신인상주의도 있었으니, 예술과 과학이 오래전부터 서로 공생 관계였음을 부정할 수 없다. 회화는 '무엇을 어떻게 표현할 것인가?'라는 공통된 대명제를 놓고 철학적인 고민을 거듭하며 성장해왔다. 그 고민의 궤가 물리학과 상당히 닮아있다.

# 이미지의 배반과 상보성의 원리

르네 마그리트René Magritte, 1898~1967는 1929년, 커다란 캔버스에 파이프를 하나 그리고 그 아래 이런 문장을 적었다(330쪽 그림). 'Ceci n'est pas une pipe.' '이것은 파이프가 아니다.' 하나의 그림 안에서 이미지와 반대되는 의미의 문자가 충돌한다. 마그리트는 이 작품을 통해 미술계를 지배해 왔던 사실주의에 입각한 사물의 형태와 구성 즉, '이미지'와 우리의 머릿속에서 경험에 의해 일체화되어 있던 '언어'와의 완벽한 분리를 꾀한다.

우리가 보는 이미지는 경험으로 습득한 언어의 지배를 받고 있다. 마그리트는 이 실험적 작품을 통해 우리가 보고 있는 것은 파이프라는 '형상'일 뿐, 실재가 아니라고 역설적으로 말하고 있다. 즉, 언어는 사회적 합의에 결정된 것이지 사물이나 본질과는 무관하다는 것을 말하고 있다. 〈이미지의 배반〉이라는 제목처럼 이 그림이 보여주는 배반과 역설은 물리학에서 다루는 빛의 이중성 및 상보성과 닮아있다. 보어가 상보성의 원리에서 말한 대로, 한 물리적 측면에 대한 특성은 다른 측면에 대한 특성을 배제하고 설명되어야 한다.

고전역학에 의하면 위치와 속도처럼 한 쌍의 물리량은 항상 동시에 측정할 수 있다고 생각했다. 측정값이 불확정한 것은 측정기술이 부족했기 때문이라고 봤다. 하지만 양자역학에서 입자의 위치와 속도는 동시에 확정된 값을 가질 수 없다. 한 가지를 정확히 알게 되면, 다른 한 가지에 대해서는 점점 더 정확도가 떨어진다. 우리는 물리량의 정확한

르네 마그리트, 〈이미지의 배반〉, 1929년, 캔버스에 유채, 60×81cm, 로스앤젤레스 카운티미술관

값을 알 수 없고, 그것은 오로지 확률로만 존재하게 된다.

독일의 문호 헤르만 헤세Hermann Hesse, 1877~1962가 쓴 소설《데미안》에 이런 문장이 나온다.

"새는 알을 깨고 나온다. 알은 세계다. 태어나려는 자는 하나의 세계를 파괴해야 한다."

새가 태어나기 위해서는 반드시 자신을 둘러싸고 있는 알을 깨야 한다. 새로운 세계는 기존 규범을 파괴해야 열린다. 현대미술과 현대물리학은 새가 알을 깨고 나오듯 절대적인 믿음을 깨트리며 세상에 나왔다.

---- Physics & Art 06 ----

# 춤추는 원자들

사람들이 손을 맞잡고 둥글게 줄지어 있다. 음악에 몸을 맡긴 사람들의 발놀림은 가볍고 경쾌하다. 손을 맞잡은 사람들이 한쪽으로 빙글빙글 돌고 있는데, 그 속도가 꽤 빠른 것 같다. 옆 사람의 손을 놓치고 홀로 버둥거리는 사람이 그 증거다. 강렬한 파란 하늘과 초록 들판의 배경은 단 두 가지 색으로만 이루어져 있다. 사람들은 최소한의 선으로 윤곽만 묘사했고, 같은 색으로 몸통을 채색했다. 인체의 윤곽을 표현한 선은 가늘어졌다가 굵어지는 등 유려하게 이어지며, 꼭 필요한 인체의 굴곡과 근육을 간결하지만 정확하게 표현한다. 춤을 추고 있는 건 그림 속 사람들일까? 사람들을 춤추게 하는 화가의 붓일까? 아니면 그림을 보고 있는 우리의 시선일까?

앙리 마티스, 〈춤 II〉, 1909~1910년, 캔버스에 유채, 260×391cm, 상트페테르부르크 에르미타주미술관

"춤은 삶이요, 리듬이다." 앙리 마티스Henri Matisse, 1869~1954는 춤을 좋아했다. 마티스의 〈춤 Ⅱ〉는 형태와 풍경을 그리지 않았는데도 불구하고, 동적인 요소와 리듬감만으로 충만한 느낌이 든다. 조화롭게 원을 그리며 돌고 있는 사람들의 움직임은 마치 태양 주변을 돌고 있는 행성의 움직임을, 원자핵 주변을 돌고 있는 전자를 떠올리게 한다.

## 작은 우주 속 춤추는 원자들

물질을 쪼개고 쪼개면 가장 작은 원자原子, atom만 남게 된다. 너무 작아서 볼 수 없는 원자의 구조를 설명하기 위해 물리학자들은 원자모형을 제시했다. 원자모형은 여러 단계 발전을 거듭하며 1911년 영국의 물리학자 러더퍼드Earnest Rutherford, 1871~1937의 원자모형에 이르렀다. 러더퍼드가 제시한 원자모형은 중심부에 양전하가 뭉쳐 원자핵을 이루고, 음전하를 가진 전자들이 마치 행성이 태양을 중심으로 공전하듯이 원자핵 주변을 돈다는 것이다.

1913년 덴마크 물리학자 닐스 보어Niels Bohr, 1885~1962는 원자핵 주위를 전자가 돌 때 일정한 궤도 따라 돈다고 주장했다. 그는 원자가 특정한 파장의 빛을 방출하거나 흡수하는 현상을 설명했다.

현대에 이르러서 슈뢰딩거Erwin Schrödinger, 1887~1961 방정식과 하이젠베르크Werner Heisenberg, 1901~1976의 불확정성의 원리에 따라 전자의 위치와 운동 상태를 동시에 알 수 없다는 것이 밝혀졌다. 양자역학에서 전자

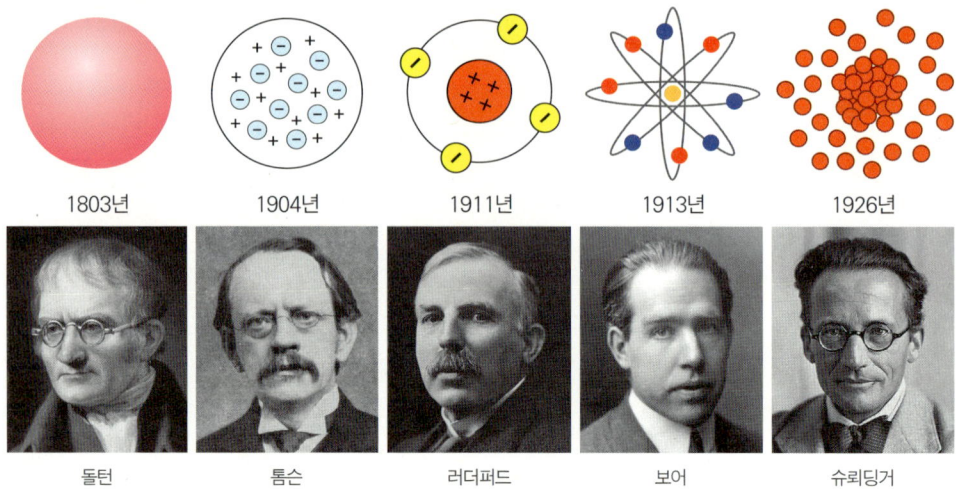

는 특정 위치에 존재할 확률분포함수로 표현되며, 원자핵을 구름처럼 감싼다. 세상에서 가장 작은 물질 단위인 원자 구조는 놀랍게도 가장 큰 세상인 우주를 닮아있다. 우주에 존재하는 수많은 별보다 훨씬 많은 원자가 우리 몸을 구성하고 있으니, 이 또한 놀랍지 아니한가?

### 소리라는 파동의 조화는 음악이라는 예술이 된다

마티스의 〈음악〉은 러시아 상트페테르부르크 에르미타주미술관에서 〈춤 Ⅱ〉와 나란히 걸려있다. 춤이 있는 곳에 응당 음악이 있어야 한다는 의미일까? 맨 왼쪽에 있는 사람은 바이올린, 그 옆에 있는 사람은

앙리 마티스, 〈음악〉, 1910년, 캔버스에 유채, 260×389cm, 상트페테르부르크 에르미타주미술관

양 갈래 피리를 연주하고 있다. 두 사람 옆 웅크려 앉은 세 사람은 함께 노래를 부르고 있다. 춤과 노래야말로 인간이 실오라기 하나 걸치지 않은 태곳적 모습으로 할 수 있는 가장 원초적인 감정 표현 아니던가.

빛과 마찬가지로 소리 또한 시간과 공간에서 진동하는 파동이다. 파동이란 매질을 통해 운동이나 에너지가 전달되는 현상이다. 소리는 공기(매질)의 파동이다. 공기가 시간에 따라 수축과 팽창을 파도타기처럼 반복하면 압력이 생기고, 그 압력이 귀에 전달된다. 우리의 귀에 있는 얇은 막인 고막이 공기의 주기적인 파동으로 이루어진 압력 변화에 반응해 소리를 인지한다.

파동을 구성하는 요소는 진동의 중심에서 최대 세기를 일컫는 '진폭', 같은 변위를 가지는 이웃한 두 점 사이의 거리인 '파장', 매질의 한

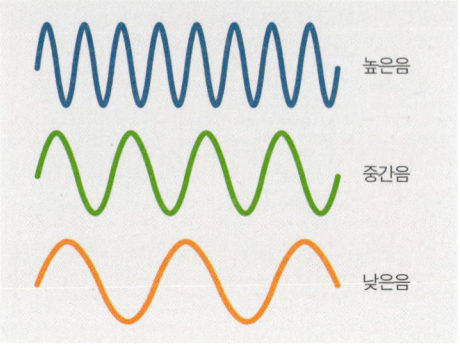

점이 한번 진동하는 데 걸리는 시간인 '주기'다(38쪽 '파동의 각 부분 명칭' 참조). 이 주기는 다른 말로 진동수 또는 주파수라고 부른다.

사람의 귓속 달팽이관에 있는 림프와 유모세포(소리 정보를 뇌에 전달하는 소리 감지 세포)들은 구조에 따라 진동수가 다른 소리에 다르게 공명하며 함께 진동한다. 즉 특정 구조의 세포들이 특정한 소리에 함께 떨리는 것이다. 우리 귀는 마치 망막에서 R(red, 빨강), G(Green, 초록), B(Blue, 파랑)를 분리해 인식하듯, 공기의 파동을 통해 전달된 소리에서 특정 진동수를 다르게 인지해 소리의 높낮이를 구분한다.

빛(태양빛, 가시광)의 경우 파동의 파장이 짧으면 파란색, 길면 빨간색이 된다. 소리에서는 주기가 짧으면 높은음, 길면 낮은음이다. 이렇게 높낮이가 다른 음들이 연속으로 모여 조화를 이루면 음악이 된다. 다양한 색이 비슷하거나 대비되는 색들과 이웃해 조화를 이루며 그림이 되듯이, 여러 가지 음색의 악기들과 높낮이가 다른 음들이 모여 음악이라는 하나의 예술이 된다.

## 가장 단순하고도 순수한 기쁨을 표현하다

마티스는 〈춤 Ⅱ〉와 〈음악〉을 그리기 5년 전, 〈생의 기쁨〉에서 삶을 만 끽하는 자유로운 인간 모습을 가장 원초적이고 순수한 형태로 묘사했 다. 〈춤 Ⅱ〉에 등장하는 둥글게 모여 손을 잡고 춤추는 사람들이 이미 〈생의 기쁨〉에 등장했다. 〈음악〉에 등장하는 양 갈래 피리를 부는 사람 도 〈생의 기쁨〉 그림 앞쪽에 배치되어 있다. 오른편 앞쪽에는 부둥켜안 고 있는 남녀가 있다. 마티스는 삶에서 오는 다양한 순간의 기쁨과 쾌 락을 형상화했다.

전체적으로 노란색 들판과 저 멀리 푸른 바다, 그리고 핑크빛 나무,

앙리 마티스, 〈생의 기쁨〉, 1905년, 캔버스에 유채, 175×241cm, 필라델피아 반즈파운데이션

초록 잎사귀, 단풍이든 붉은 나무가 계절을 초월한 듯 하나의 캔버스에 환상적으로 펼쳐져 있다. 이후에 그린 〈춤 Ⅱ〉와 〈음악〉 같은 그림에 비하면 〈생의 기쁨〉은 색채도 좀 더 풍성하고 등장하는 사람들의 행동과 상황도 다양하다. 하지만 마티스는 이 그림 역시 전체적으로는 매우 기본적인 조형적 요소만 사용해 그렸다. 이렇게 극도로 절제되고 단순한 윤곽과 몇 가지 색채의 조합만으로 삶의 다양한 순간에서 느낄 수 있는 생의 에너지와 기쁨을 이다지도 풍성하게 표현하고 있다니, 실로 놀랍다.

## 작은 우주의 시작을 그림으로 그리다

앙리 마티스는 포비슴fauvisme(야수파) 운동을 주도했다. 대상의 재현을 추구한 전통회화에 대항해 큐비즘이 '형태의 해체'를 선언했다면, 야수파는 '색채의 해체'를 선언했다. 야수파는 빨강, 노랑, 초록, 파랑 등 원색을 대담하게 병렬 배치하거나 보색을 활용해 강렬한 개성을 표현했다. 익숙한 사물에 기존에 사용하지 않았던 낯선 색을 입히는 등 관찰에 입각한 사실주의 회화 형식과 색채 질서를 과감하게 무너뜨렸다. 심지어 이들은 원근감이나 빛에 의한 명암도 무시한다. 야수파 그림은 극도로 단순화된 도형들을 재조합하고 원색을 나열해 우주 질서를 재편하고 새로운 방식으로 인간의 내면 세계를 표현한다.

캔버스 속 우주는 파란 하늘과 초록빛 들판이 전부다. 그리고 아무

프랑스 남서쪽에 있는 라스코 동굴 안에 기원전 1만 5000~1만 3000년경 그려진 것으로 추정되는 후기 구석기 시대 그림이 있다. 라스코 동굴 벽화는 알타미라 벽화와 함께 인류 최초의 회화작품으로 평가받고 있다.

것도 걸치지 않은 사람들이 있다. 그들은 오로지 공기만 있으면 할 수 있는 가장 원초적인 예술 활동을 한다. 바로 '노래'와 '춤'이다.

스페인 알타미라 동굴 벽화와 프랑스 라스코 동굴벽화는 인류 최초의 회화 기록이다. 약 2만여 년 전에 그려진 이 오래된 벽화에는 당시 사람들의 가장 큰 관심사였던 사냥하는 모습과 모여서 춤을 추는 사람들이 등장한다. 고대 이집트 벽화나 고구려 고분 벽화도 마찬가지다. 인류는 동서고금을 막론하고 눈으로 보는 율동의 형상, 귀로 들리는 소리의 조화, 즉 춤과 음악이 주는 즐거움을 '회화'라는 매체에 오롯이 담아냈다.

춤과 음악은 우주를 아우르는 하나의 질서이자 조화의 궁극체다. 물질을 이루는 가장 작은 단위인 원자 구조와 전자 배열로 설명되는 작은 우주의 시작과 춤과 음악이 맞닿아 있음은 결코 우연이 아니다.

Physics & Art 07

# 낮은 차원의 세계

스물한 살 젊은 나이에 세계적 명품 브랜드 크리스찬 디올의 수석 디자이너가 된 이브 생로랑Yves Saint Laurent, 1936~2008은 1966년에 피에트 몬드리안Piet Mondrian, 1872~1944의 작품에서 영감을 받아 디자인한 드레스를 패션쇼에 올렸다. 극도로 절제되고 단순한 기하학적 요소들을 통해 삼라만상을 표현하고자 했던 몬드리안의 철학과 단순한 요소이야 말로 가장 아름다운 형태임을 인지했던 이브 생로랑의 아이디어가 만나 기존에 없던 새로운 예술 장르가 탄생했다. 몬드리안의 작품은 건축, 그래픽 디자인, 광고, 영화, 음악, 패션 등 20세기 예술계 전반에 새로운 시야를 선사했다.

피에트 몬드리안, 〈빨강, 파랑, 노랑의 구성〉, 1930년, 캔버스에 유채, 46×46cm, 취리히 쿤스트하우스

## 패션이 된 그림

네덜란드 화가 몬드리안은 조형 요소의 기본인 수직·수평선, 색의 삼원색인 빨강·파랑·노랑, 그리고 무채색만으로 우주 불변의 법칙을 표현하고자 했다. 몬드리안은 다양한 작업을 통해 단순한 것이 가장 아름답다는 철학을 피력해왔다. 그는 사물의 외적인 모습 안에 숨어 있는 본질을 끄집어내 표현하는 것이 예술이며, 본질은 복잡한 형상과 색채를 모두 버림으로써 표현 가능하다고 믿었다. 그에게 수직선과 수평선은 질서를 의미했다. 몬드리안은 수평선과 수직선의 조화와 균형이 미(美)의 궁극이라 생각했다.

몬드리안이 회화에서 강조한 수직선과 수평선은 가장 단순하면서도 아름다운 자연의 본질 그 자체다. 지구상에서 가장 긴 수평선은 바다와 하늘이 만나 이루는 수평선이다. 바다의 수평선은 지구가 끌어당기는 힘, 중력 때문에 발생한다. 넓은 공간에 균일하게 끌어당기는 중력이라는 힘의 작용으로 높이가 같은 해수면이 형성된다. 수직선으로 대변되는 자연은 나무다. 중력을 거슬러 하늘 높이 뻗은 나무숲은 태양에 다가

이브 생로랑이 몬드리안의 〈빨강, 파랑, 노랑의 구성〉에 영감을 받아 디자인한 드레스.

가고자 하는 생명의 힘이 표출된 것이다. 수평선과 수직선, 이 두 가지 선은 자연의 가장 기본적인 형상이면서 동시에 거대한 자연의 힘을 상징한다.

### 단순할수록 아름답다

몬드리안의 그림은 대개 수직과 수평, 두 방향의 선과 두 선이 만나 생겨난 면으로 이루어져 있다. 우리가 살아가는 세상은 가로, 세로, 높이로 형성되는 부피를 가진 3차원 사물로 이루어져 있다. 몬드리안의 발상처럼 차원이 줄어 1차원이나 2차원이 되면 실제로 어떤 일이 일어날까? 가장 낮은 차원은 한 개의 점으로 이루어져 있다. 이 점들이 한쪽 방향으로 연결되면 선, 즉 1차원이 된다. 1차원 세상에는 길이만 있고 면적이 없다. 이제 가로와 세로 선들이 연결되면 2차원이 된다. 2차원 세상에는 면적이 존재하지만, 부피는 없다.

우리가 사는 세상인 3차원 공간에서 차원이 줄어 1차원이나 2차원이 되면 자연은 어떤 상태가 될까? 차원을 줄여나가 궁극적으로 몇 개의 원자로 구성된 물질계를 만날 수 있다면, 우리는 그 물음에 관한 해답을 얻을 수 있을 것이다. 최근 실험 기술이 비약적으로 발전하면서 낮은 차원의 물질을 발견하고 인위적으로 만들어내는 것이 가능해지면서 본격적으로 의문이 풀리기 시작했다. 1차원 또는 2차원 등 낮은 차원의 물질에서 일어나는 여러 가지 물리 현상을 관찰하려면 우선 낮

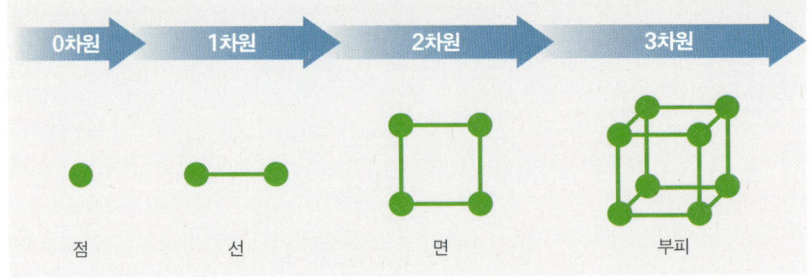

여러 가지 차원

은 차원의 물질을 만들어야 한다.

　동일한 원자로 구성되어 있어도 원자들이 어떻게 결합되어 있는지, 몇 차원 구조를 갖는지에 따라 특성이 전혀 다른 분자나 물질이 되는 경우가 있다. 다이아몬드와 흑연은 똑같이 탄소 원자로만 이루어졌지만, 탄소 배열 방법에 따라 전혀 다른 물질이 된다. 다이아몬드와 흑연처럼 원소 종류는 같지만, 배열 방법이 다른 물질을 '동소체'라고 한다.

　풀러린Fullerene은 탄소 원자 60개가 축구공처럼 오각형과 육각형으로 결합된 구형의 가장 작은 형태의 탄소 구조체다. 풀러린은 하나의 점으로 간주되어 0차원이라고 볼 수 있다. 탄소 나노튜브Carbon nanotube는 육각형의 탄소 원자들이 원통처럼 한 방향으로 길게 결합되어 있는 구조다. 탄소 나노튜브는 한쪽 방향으로 길어 1차원 구조에 해당한다. 과학자들은 단면 지름이 나노 크기인 각종 나노와이어nanowire나 탄소 나노튜브를 이용해 1차원 물질에서 일어나는 다양한 물리적 현상을 연구한다.

　탄소 동소체 가운데 탄소 배열이 원자 한 개 두께만큼 얇아 2차원

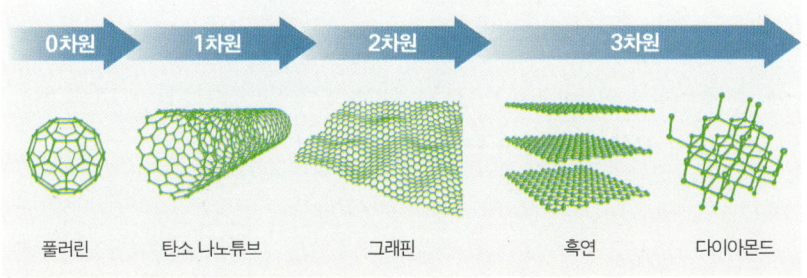

탄소의 여러 가지 구조에 따른 차원

물질이라고 불리는 그래핀Graphene이 있다. 그래핀은 일반 금속보다 전기가 잘 통하고, 반도체에 널리 쓰이는 실리콘보다 전자의 이동성이 매우 빠르며, 기계적 강도도 강철에 비해 강해 차세대 기술을 선도할 신소재로 주목받고 있다.

그래핀이 처음 발견된 것은 2004년이다. 영국 맨체스터대학교의 안드레 가임Andre Geim, 1958~과 콘스탄틴 노보셀로프Konstantin Novoselov, 1974~ 교수가 접착테이프를 이용해 연필심 같은 흑연에서 그래핀을 분리하는 데 성공했다. 신소재 분야의 큰 획을 그은 공로를 인정받아 두 사람은 2010년 노벨 물리학상을 수상했다. 흑연에서 분리한 한 장의 얇은 그래핀 막은 원자 한 개 층과 같아서 그 두께가 불과 0.3나노미터(nm)다. 한 장의 그래핀 막은 위아래에 다른 탄소 원자 층이 없어서 전자가 상대론적 양자전기역학의 지배를 받는다. 즉 여러 층으로 이루어져 위아래 원자들과 상호작용하는 일반적인 물질과 전혀 다른 전기역학적 성질을 띠는 새로운 물질이 탄생한 셈이다.

탄소 원자 하나의 두께인 그래핀은 두께가 얇아 투명성이 높고 신축성이 좋아 늘리거나 접어도 전기전도성을 잃지 않아 플렉시블Flexible 디바이스 시대의 차세대 소재로 손꼽힌다. 그래핀을 시작으로 다양한 2차원 결정들이 분리되었고, 단일 원자 층에서 일어나는 다양한 물리 현상에 대한 관측이 쏟아져 나오게 되었다.

## 몬드리안은 어떻게 낮은 차원의 세계로 들어갔을까?

낮은 차원의 물질에서 일어나는 전자의 특이한 운동과 현상은 전 세계적으로 수많은 과학자를 흥분시켰다. 낮은 차원의 물질세계에 대한 연구는 여전히 현재진행형이다. 낮은 차원의 물질에 많은 과학자가 매료된 까닭은 물질을 탐구하는 행위에 있어 낮은 차원으로 접근할수록 그들의 근본 속성에 가장 가깝게 다가갈 수 있기 때문이다.

몬드리안은 '나무'라는 주제를 놓고 1912년 〈꽃 피는 사과나무〉에서 선과 최소한의 면으로 이루어진 단순화 과정을 거친다. 몬드리안이 추상에 이르는 과정을 보면, 현실 세계에서 점차 차원이 줄어드는 모습을 매우 잘 이해할 수 있게 된다. 몬드리안의 나무는 점점 더 단순화되고 추상화되어 〈꽃 피는 사과나무〉에서는 주로 수평선과 수직선, 그리고 타원 형태로 표현된다. 타원 형태의 면이 캔버스에 표현된 대상이 나뭇잎이라는 것을 어렴풋하게 짐작할 수 있게 한다. 자연을 직접적으로 연상시키는 초록색과 곡선을 표현하기를 극도로 꺼렸던 몬드리안의 신조형주의 화법이 아직 완성되기 이전, 일련의 중간 과정이라

피에트 몬드리안, 〈붉은 나무〉, 1908~1910년, 캔버스에 유채, 70×90cm, 헤이그시립현대미술관

피에트 몬드리안, 〈꽃 피는 사과나무〉, 1912년, 캔버스에 유채, 78.5×107.5cm, 헤이그시립현대미술관

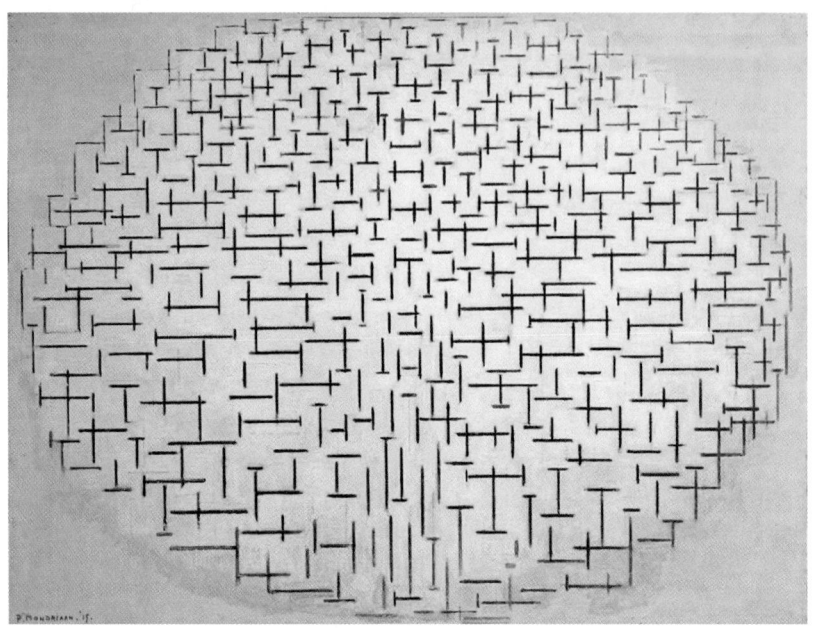

피에트 몬드리안, 〈구성 10〉, 1915년, 캔버스에 유채, 108×85.5cm, 오테를로 크뢸러뮐러미술관

추측할 수 있다.

1915년 〈구성 10〉에 이르렀을 땐 급기야 면도 사라진 1차원 선으로만 나무 형상을 축약한다. 이윽고 직선만 남은 이 구성을 모티브로 해 몇 가지 색채가 추가되면서 그의 대표작인 〈빨강, 파랑, 노랑의 구성〉과 그다음 시리즈가 태어날 수 있었다.

다시 '구성' 시리즈를 살펴보자. 〈빨강, 파랑, 노랑의 구성〉에는 붉은 태양을 떠올리게 하는 빨강, 하늘과 바다의 파랑, 피어나는 생명의 에너지 노랑, 그리고 이 모든 세상을 고요하게 덮어주는 겨울의 하얀 눈이 있다. 한 폭의 그림 속에 세상의 모든 풍경과 사계가 담겨있다.

피에트 몬드리안, 〈브로드웨이 부기우기〉, 1942년, 캔버스에 유채, 127×127cm, 뉴욕 현대미술관

## 딴딴딴, 따따따, 따따딴딴!
## 캔버스에 흐르는 경쾌한 리듬

몬드리안은 고향 네덜란드를 떠나 파리, 런던에 머물다 제2차 세계대전 중 나치의 침략을 피해 뉴욕으로 이주했다. 전운이 감도는 암울하고 황폐한 유럽에서 건너온 이방인의 눈에 비친 뉴욕은 활기차고 역동적인 에너지가 넘쳐흐르는 신세계였다. 뉴욕에 반한 몬드리안은 〈뉴욕 시티〉, 〈뉴욕, 뉴욕〉 등 뉴욕이라는 도시 이름이 붙은 여러 작품을 제작했다. 〈브로드웨이 부기우기〉도 그 연장선에 있는 작품이다.

'부기우기Boogie'라는 제목은 그가 좋아했던 경쾌한 비트의 재즈 연주 기법에서 가져왔다. 종전보다 훨씬 자잘하게 분할한 면을 보색으로 채색함으로써 리듬감을 부여해, 도시 생활 특유의 에너지를 담았다. 특히 이 그림에서 몬드리안은 오랫동안 고수해 온 검은 선에 대한 고집을 버렸다. 화면을 여러 가지 색으로 나눠 그만의 질서와 균형은 유지하면서도, 색채는 훨씬 풍부하고 깊어졌다. 음악을 회화적으로 표현하고자 했던 몬드리안의 시도는 바실리 칸딘스키Wassily Kandinsky, 1866~1944와도 상당히 닮아있다(199쪽 참조).

몬드리안은 1917년 '신조형주의Neo Plasticism'를 주창하면서, 선과 색채만으로 순수한 추상적 조형을 나타내고자 했다. 이는 몬드리안의 모든 작품을 관통하는 기본 정신이다. 그는 세상을 이루는 가장 기본적인 조형 요소만 드러냈을 때 비로소 사물의 본질을 직시할 수 있다고 생각했다.

피에트 몬드리안, 〈빅토리 부기우기〉, 1944년, 캔버스에 유채, 127.5×127.5cm, 헤이그시립현대미술관

몬드리안은 우리가 경험하는 3차원 세계에 존재하는 모든 것을 있는 그대로 보지 않고 1차원과 2차원으로 단순화시켜 본질만 남기고자 했다. 과학자들 역시 온갖 첨단 기술을 동원해 계속해서 낮은 차원의 세계로 들어가고 싶어 한다. 과학자와 예술가 모두가 낮은 차원의 세계 기저에 세상을 이루는 기본 원리가 숨어 있다는 것을 알고 있기 때문이다.

—— Physics & Art 08 ——

# 별이 빛나는 밤의 과학

"네가 이 밤이 얼마나 아름다운지 알았더라면 좋았을 텐데……. 고요함 속에서 느껴지는 경이로움은 너무 커서 실제로 압도당하는 기분이 들어."

바르비종으로 이주한 뒤 본격적으로 전원 풍경을 그리기 시작한 장 프랑수아 밀레Jean-Francois Millet, 1814~1875가 밤하늘 풍경을 그리고, 그에 대해 형제에게 보낸 편지의 한 대목이다. 이 편지에 묘사된 그림이 바로 〈별이 빛나는 밤〉이다. 〈별이 빛나는 밤〉이라고 하면 흔히 빈센트 반 고흐Vincent van Gogh, 1853~1890의 작품을 떠올리지만, 고흐 외에도 많은 화가들이 별이 총총한 밤하늘을 캔버스에 담아냈다.

장 프랑수아 밀레, 〈별이 빛나는 밤〉, 1855~1867년경, 캔버스에 유채, 65×81cm, 코티네컷주 뉴헤이븐 예일대학교미술관

## 밀레가 붓을 들게 한 밤하늘

밀레는 인적이 끊긴 시골의 밤길을 그렸다. 나무, 수풀, 자갈 등 지상의 사물들은 어둠 속에서 아스라이 윤곽이 흐려졌다. 적막하지만 외롭지는 않은 길이다. 지평선 너머로는 희미하게 빛이 차오르고, 밤하늘에는 별이 쏟아질 듯 찬란히 빛난다. 화면을 가로지르는 별똥별(유성)은 이 고요한 풍경에 역동성을 더한다. 이 풍경이 나그네의 눈 앞에 펼쳐진 것이라면, 그는 곧 따스하게 자신을 환대해 줄 사람 혹은 공간을 마주하게 될 것이다.

밀레의 밤하늘 묘사는 천문학적으로 상당히 정확한 편이다. 특히 오른쪽 하늘에 별 셋이 나란히 빛나는 '오리온의 허리띠'와 그 아래 오리온자리에서 가장 밝은 별인 '리겔(Rigel)'이 선명하게 보인다. 왼쪽 위에는 밤하늘에서 가장 밝은 별인 '시리우스(Sirius)'가 있는 큰개자리도 확

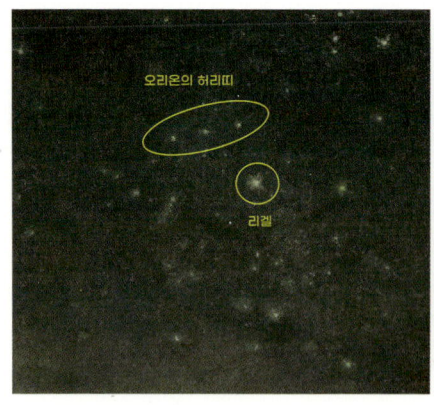

밀레의 〈별이 빛나는 밤〉에서 오리온자리가 묘사된 부분(왼쪽).

인할 수 있다. 화면을 가로지르는 두 줄의 긴 꼬리는 오리온자리 유성이 대기권을 통과하며 남긴 흔적으로 보인다. 오리온자리 유성우는 매년 10월경 극대기를 맞이하기 때문에, 작품의 배경이 초겨울임을 짐작할 수 있다. 별자리들의 위치로 추정해 보건대, 지평선 위로 퍼지는 초록빛은 해 진 뒤가 아니라 동이 트기 직전의 새벽녘을 묘사한 것으로 보인다.

별을 사랑한 화가 고흐는 독학으로 그림을 공부했다. 특히 밀레를 마음의 스승으로 삼고, 그의 작품을 여러 차례 모사했다. 〈낮잠〉, 〈씨 뿌리는 사람〉 등이 그 결실이다. 밀레가 그린 별을 바라보고 있자니, 고흐가 그를 얼마나 흠모했는지 짐작할 수 있다.

우주에는 많은 은하가 있고, 하나의 은하 속에는 수천억 개의 항성과 행성이 있다. 지구는 행성으로 스스로 빛을 내지 못하고 항성 주변을 돌고 있다. 태양처럼 스스로 빛과 열을 내는 천체가 항성으로, 우리는 항성을 '별'이라고 부른다. 별은 어떻게 만들어진 것일까?

**태양의 일생**

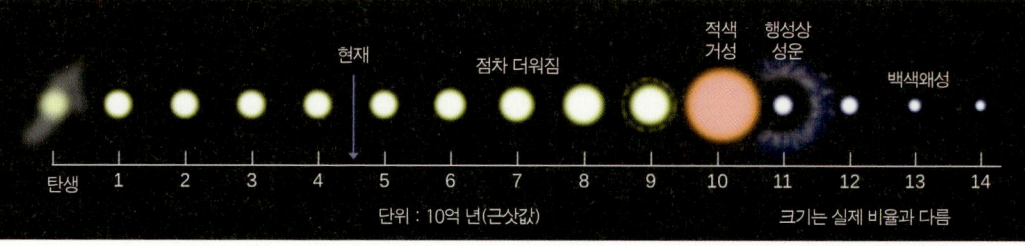

현재 약 46억 살인 태양은 지금처럼 빛과 열을 내며 안정적으로 타오르는 상태(주계열 단계)를 약 100억 년 동안 유지할 것으로 보인다.

수소와 헬륨으로 이루어진 거대한 분자 구름이 중력 붕괴(중력을 이기지 못해 중심으로 급격히 수축하는 현상)를 시작하면서 별이 탄생한다. 중력 붕괴가 일어나면 밀도가 높아진 분자 구름의 중심부는 온도가 1천만 도에 이르고, 이때 핵융합이 시작된다. 별은 핵융합을 통해 높은 열과 빛을 방출하면서 안정적으로 빛나는 '주계열성'이 된다.

　별이 핵융합을 통해 수소를 헬륨으로 바꾸는 동안 막대한 에너지가 생성되고, 충분히 질량이 큰 별은 시간이 지남에 따라 더 무거운 원소로 차례로 바뀐다. 이 과정에서 원소의 주기율표가 확장된다. 그러다가 철이 생성되는 단계에 이르면 더 이상 핵융합으로 에너지를 낼 수 없어, 중심부는 불안정해지고 결국 초신성 폭발로 이어진다. 이것이 별의 탄생에서 죽음에 이르는 여정이다. 때로 태양 같은 별은 백색왜성, 더 큰 별은 중성자별이나 블랙홀이 되기도 한다.

　간단한 듯 보이지만, 사실 이 과정은 짧게는 수백만 년에서 길게는 약 수천억 년이 걸린다. 영원의 시간 중 한 조각에 머무르는 우리는 이 영원에 가까운 별의 일생을 직접 관찰할 수 없다.


### 무한한 우주의 시간 앞에서 찰나에 불과한 인간의 역사

　은하는 수천억 개의 별과 성운, 가스, 먼지, 암흑물질 등이 중력으로 묶여 하나의 거대한 구조를 이루는 우주의 단위다. 관측 가능한 우주에는 약 2조 개의 은하가 존재한다고 추정된다. 태양계가 속한 우리은하를 비롯해 모든 은하는 끊임없이 움직이며, 서로 충돌하고 흡수하며 상호작용한다.

이 거대한 싸움은 서로에게 큰 상처를 남긴다. 먼 과거에 일어났던 은하 간의 충돌은 오늘날 은하의 모양과 구조에 깊은 영향을 미쳤다. 은하가 충돌할 때, 작은 은하는 질량이 큰 은하에 압도당한다. 우리은하처럼 거대한 은하에 부딪힌 작은 은하의 별들은 대부분 큰 은하에 흡수되어 원반에 안착한다.

조 바이든 미국 대통령이 2022년 공개한 제임스웹우주망원경의 첫 관측 영상. 지구에서 46억 광년(1광년은 빛이 1년 가는 거리로 약 9조 4600억 킬로미터) 떨어진 SMACS 0723 은하단이다. 이 영상 일부가 131억 년 전 초기 우주에서 온 빛으로 밝혀졌다. ⓒ NASA , ESA, CSA, STScI

그러나 충돌의 방향과 속도에 따라, 작은 은하가 오히려 더 큰 은하에 거대한 상흔을 남기기도 한다. 이러한 은하 간의 전쟁은 수십억 년에 걸쳐 이미 벌어진 과거의 일이자, 여전히 계속되고 있는 현재진행형이다. 우리는 그 오랜 시간 동안 계속되어 온 역동적인 은하 전쟁 속에서 티끌 같은 한 장면 속에 살고 있는 셈이다. 우주의 시간에 비하면 인간의 역사는 그렇듯 찰나에 불과하다.

오래전부터 사람들은 본능적으로 밤하늘을 올려다보았다. 이들에게 별의 반짝임과 크기, 움직임은 '경이로움' 그 자체였다. 과학자는 물

에드바르 뭉크, 〈별이 빛나는 밤〉, 1893년, 캔버스에 유채, 135×140cm, 로스앤젤레스 J. 폴게티미술관

론이고 대부분의 사람은 별 보기를 좋아한다. 눈앞의 별빛이 멀리 떨어진 별에서 아주 오래전에 출발한 빛이라는 사실을 떠올리면, 미세한 반짝임조차 신성하고 소중하게 느껴진다. 많은 화가들이 별을 그림으로 남겼다. 그들의 작품 속에서 별, 해, 달은 늘 우리를 굽어살피는 신성한 존재로 표현되곤 한다.

고독과 불안을 시각화한 화가 에드바르 뭉크Edvard Munch, 1863~1944 역시 밤하늘을 그렸다. 뭉크는 멀리서 소곤소곤 빛나는 별들을 화폭에 담았다. 오로라가 번지는 듯 짙은 초록빛 밤하늘은 고요하고 적막한 그의 내면을 대변한다.

오로라는 태양에서 방출된 전하(전기적 성질)를 띤 입자들이 지구 자기장에 이끌려 극지방 상공으로 유입되며, 대기 중 입자들과 충돌해 빛을 내는 자연 현상이다. 주로 북극과 남극에 가까운 위도 65~70도 지역에서 관측된다. 태양에서 날아온 이 입자들이 지구 대기의 산소나 질소와 부딪칠 때, 하늘은 마치 살아 있는 듯 녹색과 붉은색 물결로 일렁인다.

뭉크는 거친 형태와 강렬한 색채를 통해 감정을 격렬하게 분출해 온 화가로 잘 알려져 있다. 그런 그의 다른 작품들과 비교해 보면, 〈별이 빛나는 밤〉은 유독 차분하고 정적인 분위기를 띤다. 반짝이는 별빛의 향연이 소용돌이치던 그의 마음을 잠시나마 가라앉혀준 것일까. 멀리서도 또렷이 빛나는 별빛은 뭉크에게 긴 어둠 끝에서 마침내 마주하게 될 '희망'이었을지도 모른다.

## 밤하늘 그림의 숨은 조력자, 화학

평생 단 한 점의 작품밖에 팔지 못한 가난한 화가 고흐가 수많은 그림, 특히 짙푸른 밤하늘을 주제로 한 작품들을 남길 수 있었던 데에는 숨은 조력자, '화학'의 힘이 있었다. 서양 회화사에서 오랫동안 화가들이

빈센트 반 고흐, 〈론강의 별이 빛나는 밤〉, 1888년, 캔버스에 유채, 92×72.5cm, 파리 오르세미술관

그림에 가장 담고 싶어 했던 색은 단연 파란색이었다. 특히 '청금석'이라는 보석을 갈아 만든 울트라마린ultramarine의 인기는 여러 일화를 낳았다. 예컨대 레오나르도 다 빈치Leonardo da Vinci, 1452~1519는 〈암굴의 성모〉를 그릴 당시 울트라마린 사용에 대해 의뢰인과 계약서를 작성했다. 계약서에는 울트라마린을 칠할 부위는 물론, 안료의 사용량과 비용까지 세세하게 명시되어 있었다. 당시 울트라마린은 금보다 값비쌌기 때

문에, 이를 마음껏 사용할 수 있는 화가는 극히 드물었다.

18세기에 화학이 발전하면서 합성물감이 대거 등장했고, 다양한 광물의 조합으로 물감의 세계는 새롭게 재편되었다. 다행히 고흐가 그림을 그리던 시기에는, 울트라마린이 지배하던 시대와 달리 파란색 물감을 훨씬 싼 값에 쉽게 구할 수 있었다.

고흐에게 파란색은 단순히 푸른 하늘을 표현하기 위한 색이 아니었던 것 같다. 그에게 있어 사랑의 표현이자 생의 에너지였던 빛이 해바라기와 별빛의 노란색이었다면, 이와 대비되는 어두운 파란색은 그의 내면 깊은 곳 심연을 상징하는 색이었다. 온갖 역경에도 강인한 생명력을 간직했던 고흐에게 어둠을 뚫고 빛나는 별은 더없이 소중한 그림의 소재였을 것이다.

〈론강의 별이 빛나는 밤〉은 천문학적으로도 밤하늘을 꽤 정확하게 표현하고 있다. 서양에서는 '큰곰자리'의 일부로 분류되고, 우리나라에서는 '북두칠성'으로 알려진 별자리가 선명하게 그려져 있다. 고흐가 별을 얼마나 신중하게 관찰했는지를 보여주는 대목이다.

다음 해에 그린 〈별이 빛나는 밤〉(362쪽)에는 무수한 별들이 소용돌이치듯 그려져 있다. 마치 은하 전쟁을 의식하기라도 한 듯, 별들은 분주하게 회전하며 각자의 에너지를 뿜어내며 반짝인다. 역동적인 별들 가운데 사이프러스 나무 오른편에는 유독 하얗게 빛나는 '금성$_{Venus}$'이 있다. 금성은 새벽녘에 낮게 떠올랐다가 사라지는 별로, '샛별'이라는 예쁜 별명으로도 불린다.

노랗게 반짝이는 다른 별들에 비해 더욱 환하게 빛을 내는 금성에,

빈센트 반 고흐, 〈별이 빛나는 밤〉, 1889년, 캔버스에 유채, 73.7×92.1cm, 뉴욕 현대미술관

고흐는 어쩌면 자신을 투영했는지도 모른다. 금성은 지구에서 관측할 수 있는 천체 가운데 태양과 달에 이어 세 번째로 밝다. 노란 별들 사이에서 유일하게 하얗게 칠해진 금성은 오히려 더 눈에 띄며, 강한 존재감을 드러낸다. 실제 고흐는 이른 새벽에 창밖으로 샛별을 보고 이 그림을 그렸다고 동생 테오에게 편지를 통해 전했다.

"오늘 아침, 해가 뜨기 한참 전에 창문을 통해 아주 큰 샛별뿐인 시골을 바라보았다."

이제 우리는 그의 그림을 다시 바라보며, 수많은 별 속에서 조용히 그러나 우직하게 빛을 내며 존재감을 뽐내는 금성을 더 주목하게 될 것이다.

고흐의 삶은 이른 새벽에 낮은 하늘에서 아스라이 반짝이다가 동이 트면 이내 사라지는 샛별을 닮았다. 금성은 지구보다 안쪽 궤도를 공전하기 때문에 해가 뜨기 전이나 진 직후에 잠깐만 볼 수 있다.

독학으로 그림을 배우고, 기적처럼 짧은 시간 동안 천여 점의 스케치와 작품을 남긴 고흐의 삶은 겉으로는 에너지 가득하고 분주해 보인다. 하지만 어쩌면 그는 자신을 샛별처럼 강렬하게 잠깐 빛을 내고 긴 어둠 속으로 사라지는 존재로 여겼을지도 모른다. 서른일곱의 나이에 샛별처럼 은하 저편으로 사라져 버렸으니 말이다.

### 별빛이 사라진 고흐의 밤

한때 고흐는 프랑스 남쪽 아를 지방에 노란 집을 마련해 예술가들만의 유토피아를 꿈꿨다. 그러나 예술가 공동체는 실패로 돌아갔고, 결국 그는 정신병원에 입원하게 된다. 그런 고흐에게 남은 것은 무엇이었을까.

고흐는 정신병원에 입원하기 전후에 집중적으로 많은 작품을 남겼다. 오베르-쉬르-우아즈(Auvers-sur-Oise)는 고흐가 병원에서 나와 마지막 시간을 보낸 파리 근교의 작은 마을이었다. 비록 병원 신세를 지는 삶

빈센트 반 고흐, 〈오베르-쉬르-우아즈의 교회〉, 1890년, 캔버스에 유채, 75.4×94cm, 파리 오르세미술관

이었지만, 그의 에너지와 열정은 여전히 빛나는 별처럼 반짝이고 있었다. 그러나 어쩐 일인지 오베르 교회를 그리면서 그는 강하게 밤과 별을 표현하지 않았다. 교회는 형태가 정형화되어 있지 않고, 빛에 의한 효과를 의도적으로 배제한 듯 명암 없이 차분하게 칠해져 있다. 밝은 노란 빛은 모두 사라졌고, 오직 고요한 파란 밤만 남아 있다. 별도 달도 없는 이 과묵한 밤은 곧 다가올 그의 죽음과 중첩되어 더욱 쓸쓸하게 느껴진다.

거대한 스케일의 우주 전쟁은 계속 진행 중이지만, 어쩐지 이 작은 지구에서 바라보는 별들은 그저 고요하고 아름답기만 하다. 하지만 본능적으로 우리는 별의 반짝임으로부터 강인한 생명력을 느낀다. 우리 곁을 떠난 사람이 하늘의 별이 되었다는 서사도, 이 영원과도 같은 별의 긴 생명력과 역동성에 의지하는 우리 마음의 반영일 것이다.

우리는 영겁의 시간 속에 놓여 있으면서도, 한편으로는 멈춘 듯한 지구의 한 장면 속에 잠시 머물다 가는 존재다. 그렇다면 우리가 지상에서 맺은 인연이 서로에게 찰나처럼 느껴지는 것도 당연하지 않을까. 그렇다고 아쉬워할 필요는 없다. 어제의 별이 그러했듯, 오늘의 별 또한 우리에게 말없이 다가와 이 짧은 찰나의 아름다움 뒤에 놓인 무한한 영원을 약속해 줄 테니.

---

\* 이 글을 그 누구보다 반짝이는 삶을 살다 이제는 하늘의 별이 되신 나의 스승님, 故 김대식 교수님께 바칩니다.

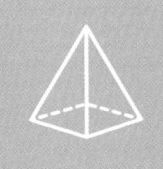

Chapter 4

•

물리학으로 되돌린
그림의 시간

―― Physics & Art 01 ――

# <모나리자>를 다 알고 있다고 자신할 수 있는가?

역사상 이렇게 많은 사람에게 사랑받고, 패러디되고, 문학적인 관심을 받고 있는, 여전히 풀리지 않는 수수께끼를 간직하고 있는 작품이 또 있을까? 레오나르도 다 빈치 Leonardo da Vinci, 1452~1519의 <모나리자> 이야기다.

<모나리자>의 실제 모델이라고 유력시되는 인물인 리사 게라르디니 Lisa Maria Gherardini, 1479~1542는 피렌체 평민 가정에서 태어나 열여섯 살에 프란체스코 디 바르토로메오 델 조콘다 Francesco di Bartolomeo del Giocondo와 결혼했다. <모나리자>는 그녀의 20대 중반 모습으로 알려졌다. <모나리자>의 다른 이름 '라 조콘다 La Gioconda'는 리사 게라르디니의 결혼 후 바뀐 성에서 따온 이름이다. 이탈리아어 '모나 mona'는 유부녀 이름 앞에 붙는 경칭으로, 모나리자는 우리말로 '리사 여사님' 정도로 번역할 수 있다.

레오나르도 다 빈치 〈모나리자〉, 1503~1506년 사이 추정, 캔버스에 유채, 77×53cm, 파리 루브르박물관

## <모나리자> 다시 보기

그림에 문외한이라고 해도 알고 있을 만큼 <모나리자>는 세계에서 가장 유명한 초상화다. <모나리자>는 작품성이나 심미성을 떠나, 그림 속 여인의 오묘하고 신비로운 미소만으로도 충분히 매력적인 작품이다. 프랑스 루브르박물관에서 <모나리자> 실물을 봤다면, 두 가지 사실에 매우 놀라게 된다. 첫 번째는 <모나리자>를 둘러싼 어마어마한 인파 때문에 도저히 가까이에서 그림을 감상할 수 없다는 점이다. 두 번째는 먼발치에서 또는 인파를 헤치고 어렵게 가까이에서 보면, 그림이 생각보다 작다는 점이다. <모나리자> 크기는 77×53cm로, 모나리자 얼굴은 실제 사람 얼굴보다 조금 작다.

루브르박물관에 전시된 <모나리자>는 두꺼운 방탄유리 안에 들어 있다. 그마저도 6m 떨어진 거리에서 관람할 수 있다. <모나리자>는 1974년 이후 프랑스를 떠난 적이 없다. 루브르박물관이 유난스럽다고 할 정도로 <모나리자>를 애지중지하는 데는 그럴만한 이유가 있다. <모나리자>는 루브르박물관이 1911년에 도난당했다가 2년 3개월 만에 되찾은 그림이다. <모나리자>가 도난당했을 때 초현실주의 시인 기욤 아폴리네르Guillaume Apollinaire, 1880~1918와 그의 친구 파블로 피카소Pablo Picasso, 1881~1973가 용의자로 체포되기도 했다. 행방이 묘연했던 그림은 이탈리아에서 발견됐다. 빈센초 페루자Vincenzo Peruggia, 1881~1925라는 이탈리아인이 루브르박물관에서 훔친 모나리자를 피렌체 우피치박물관에 팔려다가 덜미를 붙잡혔다. 재판 과정에서 페루자는 "이탈리아 사람이 그린 그림이니, 고국으로 돌아와야 한다고 생각해 훔쳤다"고 주장했다. 그 후 〈모나리자〉는 '특정 예술품 국외반출금지법령'의 적용을 받아 영원히 루브르박물관에 갇히는 영어(囹圄)의 신세가 되었다.

2018년 기준으로 루브르박물관을 찾은 관람객이 천만 명을 넘어섰다고 한다. 관람객 대부분은 루브르박물관에 들어선 순간, 〈모나리자〉를 향해 돌진한다. 500여 년 전에 그려진 한 점의 그림이 수많은 인파를 프랑스 파리로 부르고 있다. 이 작은 그림이 품고 있는 에너지가 얼마나 큰지 새삼 감탄하게 된다.

〈모나리자〉 도난범 빈센초 페루자.

### 그림 속에 몇 사람이 있을까?

〈모나리자〉는 보는 각도에 따라 달라지는 표정, 웃고 있는지 아닌지 알 수 없는 묘한 미소 등 많은 이야기를 몰고 다니는 작품이다. 〈모나리자〉의 신비로움은 색깔과 색깔 사이의 경계선을 명확히 구분하지 않고 부드럽게 표현하는 '스푸마토 sfumato' 기법을 사용한 데서 비롯되었다고 한다. 스푸마토는 연기 속으로 서서히 사라진다는 의미의 이탈리아어 '스푸마레 sfumare'에서 왔다. 다 빈치가 처음 시도했으며, 가장 잘 사용했다고 평가받는 회화 기법이다.

스푸마토 기법이 화면 전체적으로, 특히 모나리자 입술 주변에 사용돼 깊이를 더하고 원근감과 공간감을 느끼게 한다. 입 주변과 턱을 확대해 보면 테두리가 명확하지 않고 자연스럽게 번져있는 것을 확인할

〈모나리자〉에서 입 주변을 확대한 모습.

파스칼 코테가 다중스펙트럼으로 분석하고 재구성한 〈모나리자〉와 〈모나리자〉 밑바탕에 가장 먼저 그려진 얼굴(ⓒ Brinkworth Films).

수 있다. 스푸마토 기법 때문에 모나리자의 미소가 더욱 신비롭고 오묘하게 느껴진다.

그런데 〈모나리자〉는 단순히 스푸마토 기법 때문에 신비로운 분위기가 감도는 걸까? 왜 다른 초상화에 비해 〈모나리자〉는 유독 살아있는 듯 생동감 있게 느껴지는 것일까?

〈모나리자〉의 또 다른 비밀은 바로 덧그림에 있다. 2015년 프랑스 뤼미에르 연구소Lumiere Technology는 〈모나리자〉를 2억 4000만 화소의 특수 카메라로 촬영했다. 〈모나리자〉를 용량이 총 6기가바이트(GB)에 달하는 13가지 컬러 버전의 디지털 파일로 만들었다. 프랑스 물리학자 파스칼 코테Pascal Cotte와 함께 다중스펙트럼 디지털 분석을 통해 얻은 밑그림을 다시 재구성했다. 그들은 〈모나리자〉 그림 밑바탕에 다른 얼굴이 두 명 더

〈모나리자〉를 다중스펙트럼으로 분석한 결과 나타난 여러 명의 얼굴 윤곽.

있다는 것을 확인했다고 발표했다.

뤼미에르 연구소와 파스칼 코테가 사용한 다중스펙트럼 분석은 마치 파이 반죽을 여러 겹 포개어 놓은 밀푀유mille-feuille처럼 그림을 두께별로 따로 스캔해 천개 이상의 사진으로 나누는 것이다. 작품 당 수십 시간을 들여 고해상도 파일로 스캔하며, 스캔한 파일을 재구성해 화가가 처음 그렸던 밑바탕의 스케치부터 덧칠한 그림을 모두 따로 보여준다. 파스칼 코테는 〈모나리자〉에 총 세 명의 얼굴이 있다고 발표했다. 다 빈치는 여러 번 스케치 및 밑그림을 그린 후에 현재의 모나리자 얼굴을 완성했다.

여러 번 덧 입혀진 얼굴 윤곽들이 겹쳐지면서 표정이 살아 있는 듯 풍부한 입체감이 느껴지는 건 아닐까?

## 밑그림까지 보여주는 빛

전문가가 눈으로 작품의 진위 여부를 밝혀내는 안목감정이 전통적인 그림 감정 방법이다. 현대에는 테라헤르츠, 적외선, 형광, 엑스선X-ray 검사 등 다양한 파장의 광학 장비를 이용하는 분광법Spectroscopy, 分光法을 동원해 그림을 분석한다. 과학기법을 동원한 분석은 어떤 물감을 사용해 언제, 어떤 순서로, 어떻게 그려나갔는지 오롯이 화가만이 알고 있던 시간을 재현해낼 수 있다.

빛은 엑스선부터, 자외선, 가시광선, 적외선, 테라헤르츠파 쪽으로 나아감에 따라 파장이 점차 길어진다. 파장이 길어질수록 침투깊이 Depth of penetration가 더 길어진다. 침투깊이가 길다는 건 그만큼 물질 속으로 더 깊이 들어갈 수 있다는 말이다. 빛을 이용해 그림을 분석할 때 파장이 긴 빛은 그림 표면에서부터 더 깊이 그림 안으로 침투했다가 반사돼 그림 내부 정보를 알려준다.

일반적인 서양 회화는 목재나 천으로 된 캔버스 위에 여러 겹의 물감과 안료를 덧칠해가며 완성한다. 먼저 목재나 캔버스를 준비하고, 물감의 발색과 접착력이 좋아지도록 젯소를 바른다. 페인트칠을 할 때 접착력을 높이기 위해 사포질을 하는 등 표면을 거칠게 만든다. 젯소가 사포질 같은 역할을 하는 것이다. 젯소를 바른 표면 위에 연필이나 목탄으로 스케치를 하거나, 바로 오일 기반의 물감으로 스케치를 하기도 한다. 색색의 물감으로 채색을 하고나면, 최종적으로 그림에 바니시라는 코팅제를 바른다. 바니시는 그림의 변색을 막아주고 물감이 외부 공기와 직접 닿는 것을 막아 그림을 오래 보존할 수 있게 도와주는 역할을 한다.

우리는 그림을 볼 때 가장 바깥에 칠해진 채색과 형태만 본다. 하지만 그림은 밀푀유처럼 다른 종류의 물질이 여러 겹 쌓인 것이다. 파장

**빛의 파장과 주파수 스펙트럼**

| 주파수 | 100PHz | 10PHz | 1PHz | 100THz | 10THz | 1THz | 100GHz | 10GHz |
|---|---|---|---|---|---|---|---|---|
| | 엑스선 | 자외선 | 가시광선 | 적외선 | 테라헤르츠파 | | 밀리미터파 | 마이크로파 |
| 파장 | 3 nm | 30 nm | 300 nm | 3 μm | 30 μm | 300 μm | 3 mm | 30 mm |

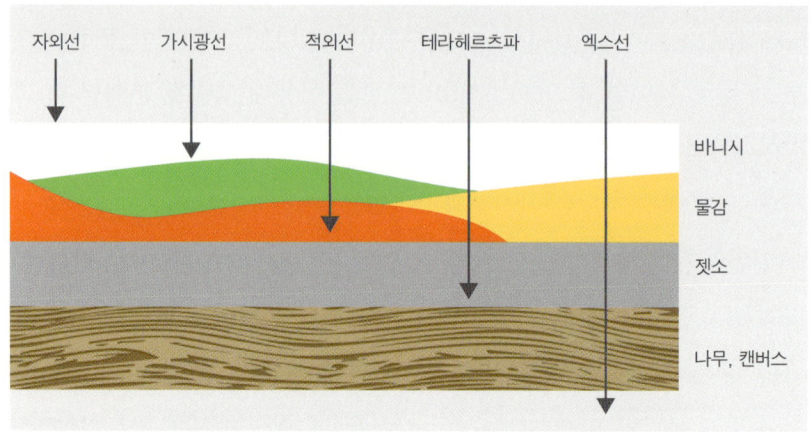

이 다른 빛은 각각의 물질을 다른 깊이로 침투할 수 있다.

주로 가장 마지막에 칠하는 바니시는 광택 유무와 상관없이 투명해서 가시광선에 민감한 우리 눈으로 볼 때는 그림의 채색 부분만 보인다. 하지만 좀 더 긴 파장을 가진 적외선이나 테라헤르츠파를 이용하면 물감 아래 젯소가 칠해진 부분, 심지어는 나무나 캔버스 표면까지 관찰할 수 있다.

과학기술의 눈부신 발전으로 적외선과 테라헤르츠파로 그림 표면과 내부를 관찰할 수 있는 카메라가 근래에 만들어졌으며, 최근에는 파장이 긴 빛으로 그림을 분석하는 연구가 유럽을 중심으로 활발하게 진행되고 있다. 이미 루브르박물관 등 여러 대형 미술관과 많은 과학기술대학 또는 연구소가 이러한 목적으로 활발하게 협업하고 있다.

### 화가만 아는 비밀까지 파헤치는 빛

다음 그림은 멕시코 과나후아토의 퓨리스마 콘셉시온 교회에 있는 〈Jesus se encuentra con su madre〉(378쪽 그림)다. 이 그림은 1725~1776년 경 처음 그려져 여러 차례 수정해 1879년 완성되었다고 한다. 그림은 십자가를 지고 있는 예수가 어머니 마리아와 만나는 장면을 묘사하고 있다. 이 그림을 가시광선과 적외선, 테라헤르츠파 분광 기술을 이용해 층위 분석을 해보았더니, 놀랍게도 각각의 빛이 보여주는 그림의 형상이 모두 달랐다.

원본 그림에서 마리아 얼굴 부분을 확대해서 자세히 살펴보자(하얀색 네모). 처음 가시광선 이미지 (a)는 맨눈으로 보는 것처럼 마리아 얼굴 형태를 그대로 보여준다. 두 번째 적외선 이미지 (b)에서는 마리아 머리 뒤로 가시면류관을 쓴 예수 얼굴이 보인다. 그리고 세 번째 엑스레이 이미지 (c)에는 마리아 얼굴은 없고 예수 얼굴만 보인다. 예수는 가시면류관을 쓰지 않았고, 머리 뒤로 옅은 후광이 보인다. 마지막 테라헤르츠파 이미지 (d)에서는 후광이 있는 예수 얼굴과 가시면류관이 모두 나타난다. 또 머리카락과 턱 주변 수염도 희미하게 나타난다.

이 그림은 오랜 세월 여러 사람에 의해 덧칠되고 다시 그려졌다고 알려졌다. 아마도 그때마다 구조와 인물 묘사 등이 달라졌을 것이다. 여러 파장의 빛을 이용한 연구는, 지금 보는 마리아 형상 그림 이전에 전혀 다른 구성의 밑그림이 있었다는 것을 알려준다.

그림에 젯소를 칠하고 밑그림을 그리고 그 위에 채색하는 일련의 과

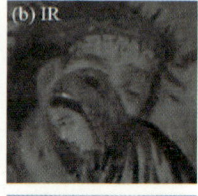
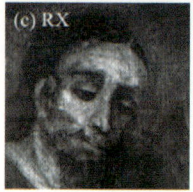
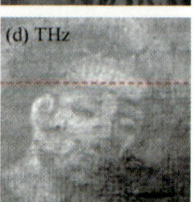

작자 미상, 〈Jesus se encuentra con su madre〉, 17~18세기, 목재 위에 유화, 99×97cm, 과나후아토 퓨리스마 콘셉시온 교회

〈Jesus se encuentra con su madre〉 그림을 여러 가지 분광 기술로 관찰한 모습. A Journal of Infrared Millimeter and Terahertz Waves 38, 403(2017)

정은 사실 그림을 직접 그렸던 화가 본인만 알고 있는 일이다. 처음에 그린 그림이 마음에 들지 않아 수정하기도 하고, 처음 그렸을 때와는 다른 목적에 따라 재구성하기도 한다. 오일을 기본으로 하는 유화 물감은 물 기반의 수채화와 달리 덧칠을 해도 밑바탕 그림이 온전히 비치지 않기 때문에 화가들은 수없이 그림을 덧칠하고 다시 그리기도 한다. 최종 완성작이 나오기까지 다시 그리고 수정하고 덧그리는, 오롯이 화가만 알고 있는 이 시간의 비밀을 현대 과학기술은 조금씩 풀어낼 수 있게 되었다.

─── Physics & Art 02 ───

# 나치까지 속인
# 희대의 위작 스캔들

네덜란드에서 한 남자가 경찰의 삼엄한 감시를 받으며 집에 갇혀 그림을 그렸다. 남자가 3개월 동안 매달린 그림에 남자의 명운이 걸려 있었다. 2년여의 징역형을 사느냐, 사형을 당하느냐. 남자가 그린 그림은 언론을 통해 전 세계에 보도되었다. 그림을 완성한 남자는 1947년 8월 29일 열린 재판에서 예술품을 위조한 혐의로 2년형을 선고받았다.

남자는 미술사에서 가장 유명한 위조화가 한스 반 메헤렌Henricus Antonius van Meegeren, 1889~1947이다. 네덜란드에서 태어난 메헤렌은 델프트 공과대학교에서 건축을 공부했지만, 화가를 꿈꿨다. 네덜란드 고전 회화에 심취한 메헤렌은 고전 스타일의 그림을 그렸다. 그러나 당시 미술계의 주류는 인상주의였다. 메헤렌의 그림은 미술평론가들에게 고

요하네스 베르메르, 〈편지를 읽는 여인〉, 1664년, 캔버스에 유채, 46.6×39.1cm, 암스테르담국립미술관

한스 반 메헤렌, 〈악보를 읽는 여인〉, 1936년, 캔버스에 유채, 58.5×57cm, 암스테르담국립미술관

루한 그림이라고 혹평을 받았다. 본인의 화풍을 인정받지 못해 크게 상심한 메헤렌은 엉뚱한 사고를 치기로 했다.

## 매국노 vs. 위대한 사기꾼

메헤렌은 〈진주 귀걸이를 한 소녀〉로 유명한 네덜란드 화가 요하네스 베르메르Johannes Vermeer, 1632~1675의 그림을 위조하기로 했다. 위조한 그림을 본 평론가들이 위작인지도 모르고 그림에 관해 찬사를 늘어놓으면, 나중에 위작임을 밝혀 평론가들을 망신 줄 계획이었다.

베르메르는 평생 고향인 델프트를 떠나지 않았고, 생전에 유명한 화가가 아니었기에 기록도 거의 남아 있지 않다. 사망한 후 사람들에게 잊혔다가 19세기에 재발견 되었다. 남아 있는 작품 수도 겨우 30여 점에 불과하다. 베일에 싸인 베르메르는 메헤렌에게 적절한 위조 대상이었다. 메헤렌은 베르메르 화풍을 수년에 걸쳐 연습한 뒤, 17세기에 제작된 캔버스를 구해 베르메르 작품을 위조하기 시작했다.

380쪽 그림은 베르메르의 〈편지를 읽는 여인〉이고, 381쪽은 메헤렌의 〈악보를 읽는 여인〉이다. 메헤렌이 매우 오랜 시간에 걸쳐 베르메르의 화법을 연구하고 구도와 사물을 차용해 비슷하게 보이도록 노력했음을 알 수 있다. 메헤렌은 위작이 300년 전 그림처럼 보이게 하려고 유성 물감에 사용되는 기름 대신 내열성이 강한 합성수지를 사용한 물감으로 그렸다. 그림을 페놀과 포름알데히드로 처리하고, 오븐에 구워

본인의 위작 실력을 증명하기 위해 가택연금 상태에서 베르메르 그림을 따라 그리는 메헤렌.

균열을 만들어내 오래된 것처럼 보이게 하는 치밀함까지 보였다. 메헤렌이 어찌나 베르메르 화풍을 완벽하게 마스터했는지, 그가 미술 협회로 보낸 작품들은 전문가에게 호평을 받으며 베르메르의 진품으로 판명되어 높은 가격에 팔렸다.

이후 메헤렌은 연이어 베르메르 작품을 위조했고, 대담하게도 독일 나치당의 핵심 인물인 헤르만 괴링Hermann Göring, 1932~1945에게 〈간음한 여인과 그리스도〉라는 위작을 팔았다.

머지않아 독일이 패망하고, 괴링이 약탈한 그림이 히틀러의 비밀 창고에서 발견되었다. 괴링의 수집품 가운데 전문가들도 처음 보는 베르메르 그림이 발견되었다. 메헤른은 1945년 국보급 작품을 나치에게 팔아넘겼다는 죄목으로 체포되었다. 나치에 협력한 죄로 사형을 받을 위기에 처하자, 메헤른은 위작을 실토했다. 하지만 그림이 너무나 감쪽같아서 메헤렌의 말을 믿어주는 사람이 없었다.

메헤렌은 본인이 얼마나 위조를 잘하는지 증명하기 위해 3개월간 가택연금 상태로 베르메르의 〈학자들과 함께 있는 젊은 예수〉라는 그림을 그려 보였다. 메헤렌의 위작 실력을 확인한 재판부는 그에게 위작죄를 물어 2년의 징역형을 선고했다. 건강상태가 안 좋았던 메헤렌은 감옥 대신 요양원에 구금되었고, 그해 12월에 사망했다.

메헤렌에 대한 평가는 나치에 국보급 예술작품을 팔아넘긴 매국노에서 나치를 골탕먹인 사기꾼이자 위대한 영웅으로 뒤바뀌었다. 〈간음한 여인과 그리스도〉에 위작이라는 최종 판결이 내려질 수 있었던 결정적 단서는 메헤렌이 뛰어난 위작 실력을 직접 공개한 것과 함께, 그림에서 17세기에는 쓰지 않았던 코발트블루 물감이 발견됐기 때문이다.

### 파란 물감 때문에 들통 난 거짓말

베르메르의 〈우유 따르는 여인〉(130쪽 그림)에서 강렬한 인상을 주는 푸른색은 '울트라마린Ultramarine'이라는 안료다. 울트라마린은 '군청색'이라고 부르는 짙은 파란색으로, 대리석과 비슷한 청금석을 곱게 갈아서 접착제와 섞어 만든다. 베르메르가 활동할 당시 네덜란드는 1602년부터 통합동인도회사를 설립해, 전 유럽 무역의 관문이 되었다. 무역 대국이던 네덜란드는 아프가니스탄에서 값비싼 울트라마린을 쉽게 들여왔다.

1800년대에 들어서야 미술사에 '코발트블루'라는 파란색이 등장했다. 코발트블루는 코발트Cobalt라는 광석의 화합물로 만든 파란색 안료

한스 반 메헤렌, 〈간음한 여인과 그리스도〉, 1937년, 캔버스에 유채, 118×130.5cm, 로테르담 보이만스반뵈닝겐 미술관

울트라마린 안료의 원료인 아프가니스탄에서 채굴한 청금석.

다. 붉은빛이 약간 도는 오묘한 푸른빛 때문에 빈센트 반 고흐Vincent van Gogh, 1853~1890가 코발트블루를 즐겨 사용했다.

메헤렌이 그림을 그리던 19세기에 순수한 울트라마린은 시장에서 사라져 구하기 힘든 안료였다. 메헤렌이 코발트블루가 일부 섞인 파란색 물감을 사용하는 바람에 위작이 발각되었다.

그림의 진위를 판별하는 방법은 굉장히 다양하다. 화가의 서명을 확인하거나 그림을 그리는 패턴, 즉 화가의 다른 작품에 여러 차례 등장하는 사물이나 사람을 배치하는 공통된 방식이나 그림이 그려진 시대적 배경 등을 총체적으로 고려해 진위를 판별한다. 또 직접적인 감정 방법으로 그림에 채색된 물감 일부를 채취해 성분을 분석해 안료의 종류에 따라 작품이 생성된 시대별 지역별 분류를 하기도 한다.

메헤렌 사건에서처럼 그림 재료의 합성법이나 지역별 전파 여부와 역사는 오래된 그림을 분석하는 데 있어 매우 중요하다. 그러나 간혹 그림이 여러 번 덧칠되어 표면에 드러나는 물감만으로 정보를 알기 어렵거나, 물감의 종류가 특정 시대에만 사용된 경우가 아니라면 판별하기 어려울 수 있다.

## 테라헤르츠가 알려준 그림의 생애

빛을 이용한 그림 분석 기법의 대표적인 예가 엑스선x-ray 기술이다. 근래에는 파장이 매우 긴 적외선이나 테라헤르츠 전자기파를 이용하기도 한다. 엑스선은 에너지가 높고 투과성이 좋으나 밀도가 높은 백페인트lead paint(납을 함유한 페인트)를 사용한 그림은 분석하기 어려웠다. 또한 엑스선의 높은 에너지 때문에 그림에 사용된 물감을 일부 이온화시킬 수 있다는 우려도 있다. 이온화는 전자나 분자에 전자를 더하거나 제거해 이온 상태가 되게 만드는 것으로, 물질 구조를 변화시킨다.

테라헤르츠파(주파수 : 0.1~10 Terahertz=$10^{12}$Hz, 파장 : 0.03~3mm)는 파장이 길지만, 에너지가 매우 낮아 물질을 이온화시키거나 훼손하지 않는다는 큰 장점이 있다. 또한 파장이 길어 그림 내부를 깊게 투시해 이미징하는 것이 가능하다. 일반적으로 테라헤르츠파는 마이크로파처럼 다양한 절연체 물질을 관통할 수 있다. 테라헤르츠파는 플라스틱, 옷감, 종이, 고무, 목재, 세라믹을 관통할 수 있다. 물과 같은 액체에는 크게 흡수되며, 금속에서는 반사된다.

테라헤르츠 전자기파는 자연계에 존재하지 않기 때문에 특별한 광원과 검출기가 없어 오랫동안 빛의 전 파장 대역에서 일종의 '비어있는 갭'으로 불리며 미지의 영역으로 여겨져 왔다. 1990년대 중반부터 나노 재료 기술과 반도체, 초미세 공정 기술이 발전하며 테라헤르츠 전자기파를 간접적으로 발생시키고 검출하는 기술이 소개돼 다양한 응용 연구가 시작되었다. 테라헤르츠 반사 이미지를 통한 회화 분석은

1990년대 후반부터 본격적으로 시작됐다. 엑스레이 투시 이미지 등의 기술과 결합해 다양한 그림 정보를 제공하고 새로운 관점에서 작품을 분석할 가능성을 열었다.

특히 테라헤르츠파 대역에 특정 물감의 원소 고유 진동수가 존재해 어떤 물감이 사용되었는지, 물감이 얼마나 산화되거나 마모되었는지에 대한 정보도 얻을 수 있다. 테라헤르츠파는 미술작품 분석이나 복원과학에 크게 기여할 수 있을 것으로 기대를 모으는 '빛'이다.

## 과학, 명화의 삶을 재조명하다

테라헤르츠 이미지 기술을 이용해 프란시스코 고야Francisco José de Goya, 1746~1828의 작품을 한번 살펴보자. 고야는 대담하고 자유로운 붓질로 인간 내면의 어두운 면을 풍자적으로 묘사한 18~19세기 스페인 미술을 대표하는 화가다. 고야 작품은 크게 1771년부터 1794년까지 후기 로코코 양식 작품과 그 이후 작품으로 나뉜다. 후기 로코코 시대에는 프랑스 18세기 영향으로 왕조풍의 화려함을 다룬 작품이 많았다. 그 후 벨라스케스Diego Rodríguez de Silva Velázquez, 1599~1660, 렘브란트Rembrandt Harmenszoon van Rijn, 1606~1669, 보쉬Hieronymus Bosch, 1450~1516 등의 영향을 받으면서 차츰 독자적인 양식을 형성했다.

1771년 청년 고야는 위대한 예술가에게 그림을 배우고 영감을 얻기 위해 로마로 떠났다. 그 해에 그린 〈Sacrifice to Vesta〉는 로마 신화에 나오는 불의 여신 베스타에게 희생 제물 바치는 모습을 묘사한 작품이다. 이 작품은 고야의 작풍이 단순한 조형적 단계에서 어떻게 예술적으로 발전해 왔는지 보여준다. 미술사적으로 매우 중요한 작품으로, 약 100여 편의 미술사 간행물과 수차례 전시회에 소개되었다.

〈Sacrifice to Vesta〉는 고야의 페인팅 기법과 화풍이 고스란히 드러나는 작품이라, 진위 여부에 대한 이견은 크게 없었다. 하지만 그림에 결정적으로 고야의 서명이 없어 논쟁을 완전히 불식시킬 수 없었다.

프란시스코 고야, 〈Sacrifice to Vesta〉, 1771년, 캔버스에 유채, 32×24cm, 개인 소장

2013년 바르셀로나대학교의 크리스티나 세코 마르토렐Cristina Seco-Martorell과 동료들은 테라헤르츠 이미지 기술을 이용해, 그림 속에서 고야 서명을 발견했다(390쪽 그림). 테라헤르츠 이미지 분석을 통해 그림 안료를 분석한 것은 물론, 놀랍게도 오른쪽 아래 모서리에 고야의 서

명이 있다는 사실을 알게 되었다. 테라헤르츠 이미지(d)에서 'o'는 보이지 않지만, 'G'와 'ya'는 형태를 인식할 수 있다. 2007년에 찍었던 엑스레이 사진에서는 이 위치에서 고야 서명이 보이지 않았다. 서명은 연필(기본적으로 탄소)로 작성되었으며, 시간이 지남에 따라 그림 표면 안료가 변해 어두워지면서 광택 마감재의 최상층에 덮여 있어 분간되지 않았던 것으로 해석된다. 특히 서명과 서명 주변 캔버스 그리고 페인트에 탄소 원자량과 매우 유사한 원소들이 존재해 엑스레이 기술만으로 구분하기 어려웠다.

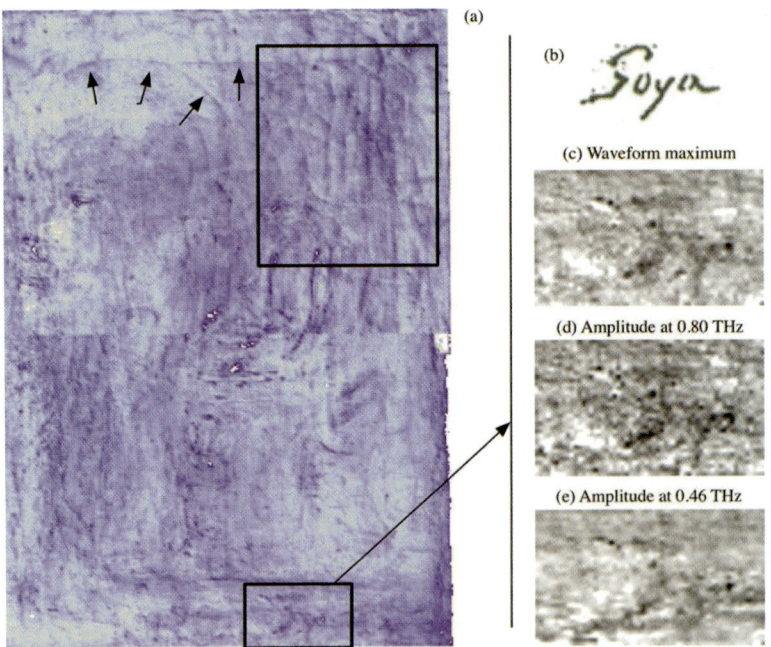

고야의 〈The Sacrifice to Vesta〉 테라헤르츠 투시 이미지. 〈The Sacrifice to Vesta〉, C. Seco-Martorell 외, 〈Goya's artwork imaging with Terahertz waves〉, Optics Express 21, 17800 (2013)

또 다른 흥미로운 발견은, 테라헤르츠 이미지를 통해 캔버스에 물감이 묻어 있는 구조적 특징을 볼 수 있다는 것이다. 그림 상단에서 수평선이나 원호, 여러 가지 복잡한 패턴들을 볼 수 있다. 이러한 수평선은 나무 프레임과 캔버스가 맞닿은 부분이 눌려 생긴 흔적이다. 오른쪽 균열은 그림을 운송하는 중에 충격이나 오랜 시간 온도 및 습도 변화에 물감과 캔버스가 미세하게 반응해 일부 변질된 것으로 볼 수 있다. 특히 왼쪽 상단의 원호 형태는 고야만의 브러시 스트로크 흔적으로 보인다. 화가들은 저마다 고유의 붓질이나 붓놀림 패턴이 있다. 특히 이 그림 배경처럼 넓은 면을 채색할 때 붓을 눌렀다가 떼면서 돌리거나 밀어내는 방식은 사람마다 모두 달라서 고유한 스트로크 패턴을 통해 어떤 식으로 채색했는지 추측할 수 있다. 화가 고유의 그림 작업 습관이나 동작은 겉면에 칠해진 채색만 봐서는 절대 알 수 없다.

엑스선x-ray, 적외선, 테라헤르츠……. 빛을 이용해 그림을 비파괴 분석하면 생각보다 훨씬 많은 정보를 알 수 있다. 그림을 하나의 표본이자 대상체로 과학적인 분석을 하는 것에 그치지 않는다. 그림에 사용된 물감이 어떤 재료였는지는 물론이고, 그림을 그리는 상황에서 화가의 몸짓과 팔 동작까지 상상할 수 있게 도와준다. 그리고 그림이 살아온 시간 동안 겪은 변형 과정을 하나하나 유추할 수 있다.

빛은 한 편의 그림이 태어나 어떻게 살아왔는지, 그림의 생애를 보여준다. 과학의 힘을 빌려 우리는 한 편의 명화가 걸어온 길을 재조명할 수 있게 되었다.

Physics & Art 03

# 빛을 비추자 나타난
# 그림 속에 숨겨진 여인

빈센트 반 고흐Vincent van Gogh, 1853~1890는 생전에 단 한 점의 그림밖에 팔지 못했다. 숨 쉬듯 그림을 그렸으나, 작품을 팔지 못한 화가는 궁핍할 수밖에 없었다. 종이 살 돈도 부족해 그림 뒷면에도 그림을 그렸고, 완성한 그림 위에 물감을 덧칠해 새로운 그림을 그리기도 했다. 모델 살 돈이 없어 자신을 모델 삼아 거울을 보고 자화상을 그렸다.

아고스티나 세가토리Agostina Segatori, 1841~1910는 짝사랑이 전문이던 고흐와 실제 연인 관계였던 여성이다. 세가토리는 파리 클리쉬 대로에서 카페 겸 선술집 '르 탱부랭'을 운영했다. 고흐보다 열두 살 연상이었다. 그녀는 자신의 카페에 고흐 그림을 걸어줬다. 하지만 그림은 한 점도 팔리지 않았다. 세가토리는 모델이 되어 가난한 고흐 앞에 섰다.

빈센트 반 고흐의 〈카페에서, 르 탱부랭의 아고스티나 세가토리〉(1887년)를 엑스선으로 촬영한 결과 나타난 밑그림.

그렇게 탄생한 그림이 〈카페에서, 르 탱부랭의 아고스티나 세가토리〉(398쪽 그림)다. 붉은 깃털 모자를 쓴 여성은 한 손에 담배를 들고 있다. 고흐가 괜찮다고 하면 금방 한 모금 빨아들일 생각인지, 담배에는 불이 붙어 있다. 무언가를 골똘히 생각하는 듯한 눈빛이다. 고흐와 세가토리의 사랑은 오래가지 못했지만, 그들이 사랑했던 시간은 캔버스에 박제되었다.

네덜란드 반 고흐 미술관이 이 그림을 엑스선x-ray으로 촬영했다. 그런데 놀랍게도 밑그림에서 다른 모습의 여인 흉상이 또렷이 나타났다.

## 빛의 과학, 어디까지 와 있나?

그림을 분석하는 방법에는 빛을 이용해 그림 표면 혹은 그 속을 직접 관찰하는 기법이 있다. 근래에는 광학 기술이 발전해 다양한 파장 대역의 빛이 비파괴 검사 형태로 미술품 분석에 이용되고 있다. 비파괴 검사는 검사 대상을 훼손하지 않고 현장이나 실험실에서 분석하는 방법이다. 여러 파장 대역의 전자기파를 이용해 검사 대상의 일부를 투시하는 형태로 검사하는 방법이 대표적이다. 빛이 그림에 입사될 때, 내부에 일어나는 물리적 현상의 영향으로 투과 또는 반사하는 빛의 양을 측정해 분석한다. 파장이 길어 침투깊이가 깊은 테라헤르츠파를 이용하면 처음 그린 밑그림을 알아낼 수 있다. 테라헤르츠파 분광법은 시간 의존 분석법의 원리와 물질마다 다른 반사율을 갖는 광특성을 이용해 층위별 성분이 다른 그림의 특징을 알아낸다.

예를 들어 테라헤르츠 기술을 이용하면 벽화에 처음 그려진 그림을 읽어낼 수 있으며, 오래된 고문서를 열지 않고 페이지별로 글자를 읽어낼 수 있다. 최근 미시건대학교 과학자들은 루브르박물관과 함께 프레스코화 바깥 그림에 비치는 흑연으로 그려진 밑그림을 테라헤르츠파 이미징을 이용해 분석해냈다(2008). 이 방법을 적용하면 여러 번 덧그려진 미술작품도 층별로 그림 형태 및 재료 분석이 가능하다.

테라헤르츠파로 프레스코화를 분석했더니, 프레스코화 뒷면에 나비가 그려져 있었다. 나비는 혼합된 탄소, 철, 산소 성분과 불에 탄 페인트 밑면에서 선명하게 드러났다. 흑연으로 그린 스케치 역시 두 개의 4mm 석고 기판 사이에서 테라헤르츠파 반사도를 측정했을 때 명확하게 드러났다.

미국 MIT 대학원 연구원들은 테라헤르츠파를 이용해 책을 열지 않

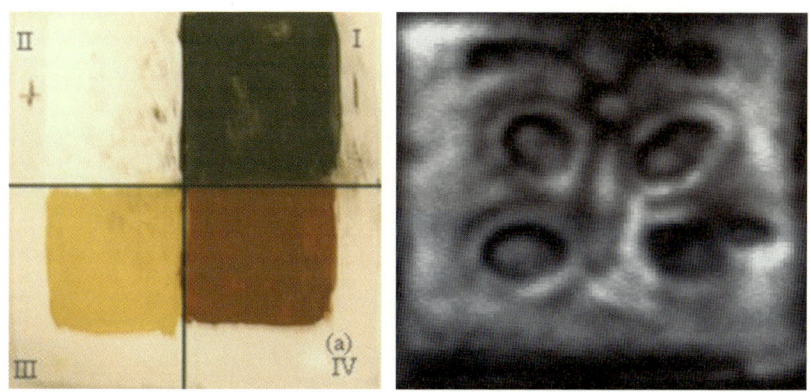

프레스코화를 테라헤르츠파로 촬영한 그림. Optics Communications 281, 527 (2008)

 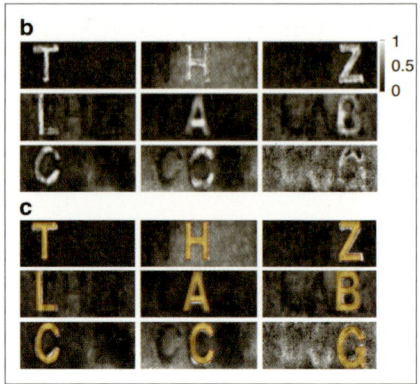

테라헤르츠 투시로 책을 열지 않고 글자를 읽어낸다. Nature Communications 7, 12665 (2016)

테라헤르츠 계단 단층 촬영법을 이용하면 마트료시카 내부도 투시해 볼 수 있다.

고 읽어내기도 했다(2016). 그들은 최근 논문에서 한 페이지에 한 글자씩 인쇄된 책을 열지 않고, 9장의 글자를 정확하게 읽었다. 이 시스템을 사용해 기계 부품이나 의약품 코팅 같이 얇은 층으로 구성된 모든 물질을 분석할 수 있다고 덧붙였다. 여기에 3차원 영상 기법을 접목해 평면으로 된 그림이나 벽화가 아닌, 입체에 대한 투시 분석도 가능하다. 이 기술은 '테라헤르츠 계산 단층 촬영법'이라고 알려져 있다. 러시아를 대표하는 민속 공예품 마트료시카는 내부에 똑같이 생긴 좀 더 작은 크기의 인형이 여러 개 들어있다. 테라헤르츠 계산 단층 촬영법을 이용하면 이러한 목각 구조물 내부를 볼 수 있게 된다. 처음에 그렸다가 다른 물감으로 뒤덮은 그림을 투시해서 볼 수 있는 기술까지, 빛의 과학은 끊임없이 진화해오고 있다.

## 궁핍했던 예술가가 날마다 그릴 수 있었던 비결

현재까지 그림 분석에 가장 널리 이용되는 빛 기술은 엑스선이다. 엑스선 장치를 이용해 그림 표면을 이루는 원소와 함량, 조성 등을 파악할 수 있다. 엑스선을 이용하는 첫 번째 방법인 엑스선회절분광X-ray Diffraction Spectroscopy, XRD은 파괴분석법이다. 즉 안료를 일부 추출해 직접 분석한다. 일부 채취한 안료 샘플에 엑스선을 쪼이면 안료를 구성하는 재료의 원

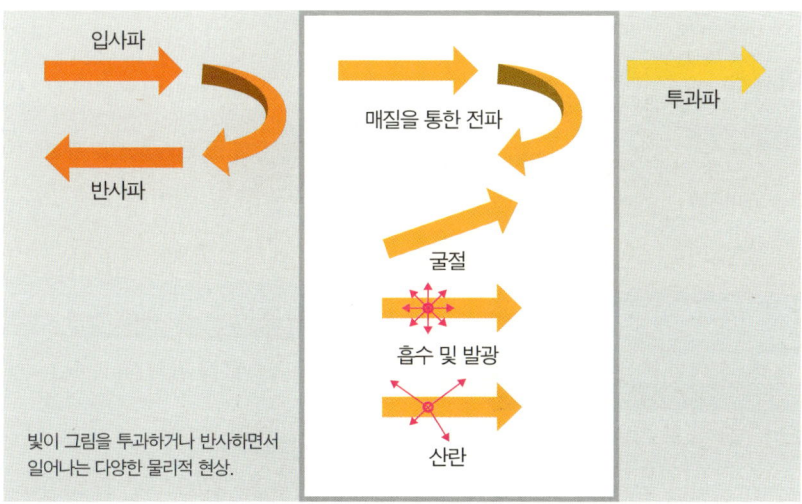

빛의 성질에 따른 물리적 현상

빛이 그림을 투과하거나 반사하면서 일어나는 다양한 물리적 현상.

자 배열에 의해 방출되는 엑스선이 회절된다. 엑스선회절분광은 회절 패턴을 분석해 안료를 구성하고 있는 재료의 조성과 양을 밝혀낸다.

두 번째 방법은 엑스선형광분광X-ray Fluorescence Spectroscopy, XRF으로, 비파괴 방식의 분석법이다. 즉 안료 일부를 그림에서 떼어내지 않고 있는 그대로 분석한다. 그림에서 특정 안료 표면에 엑스선을 쪼이면, 입사되는 엑스선은 높은 에너지를 가지고 있어 안료 안에 들어 있는 원소들을 들뜨게 해 특성 엑스선을 방출시킨다. 이때 방출되는 빛을 '형광 엑스선'이라고 한다. 형광 엑스선의 파장에 따라 원소의 종류를, 강도에 따라 원소의 양을 알 수 있다. 그 밖에도 다양한 방법이 폭넓게 적용된다. 각 기술의 장단점이 있어 상호보완적으로 여러 가지 기술이 동시에 적용된다고 보는 게 맞다.

빈센트 반 고흐, 〈카페에서, 르 탱부랭의 아고스티나 세가토리〉, 1887년, 캔버스에 유채, 55.5×47cm, 암스테르담 반 고흐 미술관

근래에는 폭넓은 파장의 빛을 모두 사용해 비파괴 검사 형태로 미술품 분석에 활용하고 있다. 예를 들면, 엑스선형광분광, 라만 분광법, 레이저 분광법(가시광선, 적외선, 테라헤르츠 광선 등) 등이 있다. 특히 파장이 긴 적외선이나 테라헤르츠 분광법을 이용하면 그림 밑면에 감추어 놓은 캔버스나 스케치까지 깊이 있게 투시할 수 있다. 그림을 그릴 때 어떤 순서로 어떤 재료를 사용했는지 층별 정보도 알 수 있다.

엑스선 촬영을 통해 가난했던 고흐가 캔버스를 여러 번 재사용했다는 것이 밝혀졌다. 검은 선으로 존재하는 여인은 고흐가 네덜란드에서 활동하던 시절(1881~1885년)에 그린 것으로 추정된다. 그림을 팔지 못해 가난했던 예술가는 캔버스를 재사용했다.

## 잃어버린 큐피드를 찾아서

2019년 독일 드레스덴 고전 거장 미술관에서 요하네스 베르메르Johannes Vermeer, 1632~1675의 〈열린 창가에서 편지를 읽는 여인〉(400쪽 왼쪽 그림)을 현미경으로 관찰한 후, 외과용 칼을 이용해 2년간 정교한 작업 끝에 그림에 숨어 있던 큐피드를 찾아내 큰 화제가 되었다. 드레스덴 고전 거장 미술관의 복원전문가는 어둡게 칠해진 물감층 사이에 오염된 또 다른 층이 있다는 것을 알게 되었다. 그리고 덧붙여진 물감층을 걷어내기로 했다. 사실 〈열린 창가에서 편지를 읽는 여인〉에서 큐피드의 존재는 오랫동안 연구자들에 의해 언급됐다. 1979년 엑스레이를 이용한 투시 이미징 결과 그림 속 빈 벽에 큐피드를 그린 그림 액자가 있다고 밝혀졌다. 하지만 이내 베르메르가 스스로 짙은 물감을 칠해 이를 뒤덮었을 것으로 생각했다.

근래에 와서 이 그림의 캔버스 바탕 층에 대해 다시 엑스선, 적외선 반사 영상 및 현미경 분석과 안료 분석을 했다. 〈열린 창가에서 편지를 읽는 여인〉은 적어도 베르메르가 죽은 후 수십 년 뒤에 덧칠됐다는 것

요하네스 베르메르, 〈열린 창가에서 편지를 읽는 여인〉, 1657~1659년, 캔버스에 유채, 83×64.5cm, 드레스덴 고전 거장 미술관

베르메르의 〈열린 창가에서 편지를 읽는 여인〉을 현미경과 안료 분석으로 복원 중인 그림.

이 밝혀졌다. 그림에 큐피드 배경이 등장하면서, 그동안의 그림 해석을 뒤엎었다. 그림 속 여인은 연애편지를 읽고 있는 것일지도 모른다.

2019년 5~6월 잠시 드레스덴 고전 거장 미술관은 절반쯤 복원된 베르메르의 〈열린 창가에서 편지를 읽는 여인〉을 공개했다. 그리고 곧 덧칠된 나머지 물감도 제거할 계획이라고 밝혔다. 〈열린 창가에서 편지를 읽는 여인〉은 베르메르가 이후 그린 다른 그림 〈버지널 앞에 있는 여인〉에서 벽에 걸려있던 천사 그림과도 일치한다. 아마 벽에 걸린 큐피드 그림을 실제로 베르메르가 소유했던 게 아니었을까?

빛은 화가의 가난 때문에 또는 실전처럼 반복된 연습 때문에 세상에 영원히 나오지 못했을 뻔했던 그림을 보여줬다. 고흐는 평생 동생

요하네스 베르메르, 〈버지널 앞에 서 있는 여인〉, 1672년, 캔버스에 유채, 51.7×45.2cm, 런던 내셔널갤러리

테오에게 경제적 지원을 받았지만, 다른 사람에게 손 벌리지 않고 그림만 그렸다. 제대로 된 물감을 살 수 없어 싼 안료를 사용했다. 덕분에 고흐 그림은 색이 날아가거나 점차 변색되고 있다. 태양처럼 영원히 이글거릴 것 같던 〈해바라기〉도 차츰 시들고 있다(417쪽 참조). 〈카페에서, 르 탱부랭의 아고스티나 세가토리〉를 엑스선으로 촬영한 그림은 화가가 가난과 힘겹게 싸웠던 시간을 오롯이 보여준다.

Physics & Art 04

# 우리는 앞으로도 미술관을 사랑할 것이다

"우리는 예술의 죽음이 눈앞에서 펼쳐지는 것을 보고 있다." 2020년, 콜로라도 주립 박람회 미술전 디지털아트 부문에서 1위를 차지한 작품을 본 한 네티즌이 트위터에 남긴 감상이다. 관람객에게 '예술의 종말'이라는 아이러니를 떠올리게 한 문제적 작품은 제이슨 앨런Jason M. Allen의 〈스페이스 오페라 극장〉이었다. 이 작품은 앨런이 '미드저니 MidJourney'라는 인공지능(AI) 프로그램에 몇 가지 키워드를 입력해 그린(?) 것이다.

인공지능으로 생성한 이미지가 미술전에서 1위를 차지하자, 미드저니와 같은 프로그램을 두고 '새로운 미디어의 탄생'인지, '단순한 그림 도구'에 불과한지 전 세계에서 논쟁이 일었다. 앨런은 이 작품의 저

제이슨 앨런, 〈스페이스 오페라 극장〉, 2020년, 디지털아트

작권 등록을 시도했지만, 미국 저작권국은 이를 거부했다. 이에 반발한 그는 2024년 9월 저작권국을 상대로 소송을 제기했다. 지금까지 저작권은 인간이 창의성을 발휘해 만든 결과물에만 부여되어야 한다는 입장이 우세하다.

## 물리학의 언어로 빚어낸 인공지능

몇 년 사이 우리가 겪은 급격한 변화 중에 인공지능을 빼놓을 수 없다. 인공지능은 과학기술계 전반은 물론 개인의 삶의 방식까지 근본적으로 바꾸고 있다. 2024년 노벨 물리학상이 존 J. 홉필드<sub>John J. Hopfield, 1933~</sub>와 제프리 E. 힌튼<sub>Geoffrey E. Hinton, 1947~</sub>에게 공동으로 수여된 사실은 이러한 변화를 상징적으로 보여준다. 두 사람은 인공신경망과 머신러닝(사람이 일일이 규칙을 프로그래밍하지 않아도 컴퓨터가 데이터라는 '경험'에서 스스로 배우고 판단하는 기술)의 기초를 확립해 현대 인공지능 발전에 결정적 기여를 한 공로를 인정받았다. 많은 이들이 놀란 것은, 인공지능 발전에 대한 크레딧이 컴퓨터공학이 아닌 물리학 영역에서 평가되었다는 점이다. 그러나 따지고 보면, 컴퓨터를 학습시키는 알고리즘의 기반은 다름 아닌 통계물리학이다.

원자 속 전자는 '스핀(각운동량)'이라는 고유한 회전 성질을 가지며, 이웃한 원자와 상호작용한다. 홉필드는 이 상호작용 모델에 착안해, 인공신경망의 노드(node)가 마치 인간 뇌의 뉴런처럼 연결되는 '홉필드

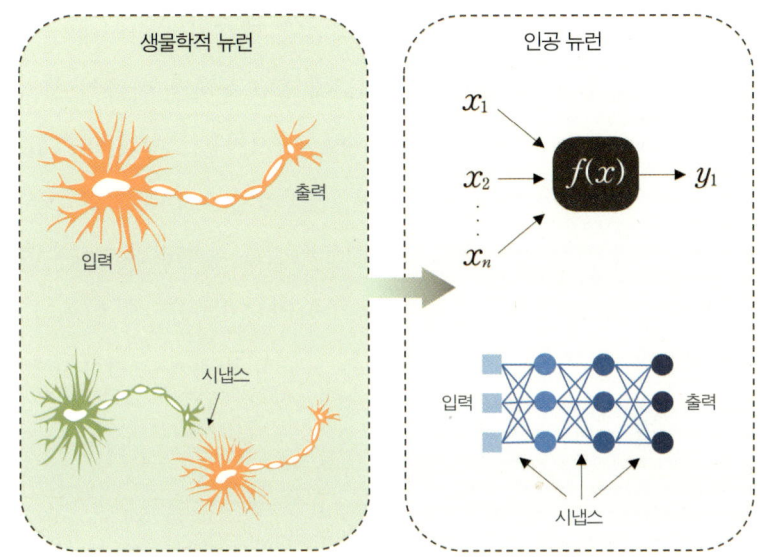

실제 생물학적 신경세포 구조(왼쪽)를 본뜬 인공신경망(오른쪽).

네트워크'라는 개념을 고안했다. 홉필드 네트워크는 불완전하거나 잡음이 섞인 정보에서도 전체 기억을 재구성할 수 있는 연상 기억 모델로, 뇌의 작동방식을 수학적으로 모방한 것이다.

네트워크가 연상 기억을 위해 최적화된 모델이라는 홉필드의 아이디어를, 힌튼이 더욱 발전시켜 '딥러닝'이라는 학습 모델을 제시했다. 홉필드가 이미지를 기억하는 일종의 방식을 개발했다면, 힌튼은 심층 신경망(Deep Neural Networks, DNN)의 효과적인 학습 방법을 고안하여 딥러닝 연구를 주류로 끌어올렸다. 특히 힌튼의 연구는 딥러닝이 이미지를 다루는 컴퓨터 비전 분야에서 강력한 도구임을 입증하며 인공지능

혁명의 기폭제가 되었다.

이처럼 두 사람 모두 물리학적 개념과 이를 해석하는 방식에서 인공지능의 주요 아이디어를 끌어냈기 때문에 물리학계가 이들의 성과에 더욱 주목한 것이다. 순수과학의 영역으로 여겨지는 노벨 물리학상 수상자 명단에 그들의 이름이 오른 것은, 인공지능이 현대 과학기술 발전에서 차지하는 비중이 그만큼 크다는 사실을 웅변한다. 이는 마치 20세기 초 양자역학의 등장이 과학계에 거대한 지각변동을 일으킨 것, 혹은 인상파의 출현이 미술계에 가져온 전복적 변화와도 같은 수준의 혁명이라 할 수 있다.

## 인공지능이 그린 그림에 감동할 수 있을까?

얼마 전 웃지 못할 해프닝이 있었다. 이미지 생성형 프로그램에 제주도를 상징하는 그림을 그려보라고 했다. 프로그램은 제주도를 상징하는 멋진 사진을 적절하게 편집해 마치 사람이 직접 찍은 듯한 그럴듯한 결과물을 보여주었다. 그런데 자세히 들여다보니 문제가 있었다. 그림 한가운데 자리한 산이 한라산이 아니라, 백두산 천지였던 것이다.

인공지능은 왜 이런 치명적인 실수를 저지를까. 학습량이 충분하지 않은 상태에서 만들어낸 결과물은 완성도가 떨어지기 마련이다. 결국 오류를 인지하고 바로잡는 일도 아직은 사람의 몫이다.

호기심이 일어 몇 가지 실험을 해보았다. 이번에는 "제주도의 한라산을 참고하라"고 더 구체적으로 지시해 가면서 이미지를 생성해 보았다. 그랬더니 이번에는 일본의 후지산을 보여줬다.

"아니, 아니! 한라산을 그려보라고!" 몇 시간 동안 인공지능과 답답한 싸움을 하면서 자연스럽게 깨달았다. 인공지능은 결국 자신이 학습한 범위 안에서만 결과물을 만들어낸다는 사실이다. 인공지능은 학습한 표현 기법을 이용해 다양한 아트 스타일(유화, 만화, 3D 렌더링 등)을 흉내 낼 수도 있다. 그러나 정확한 이미지를 표현하기에는 아직 갈 길이 멀다. 제대로 일을 하려면 훨씬 더 많이 보고 열심히 공부해야 할 것이다.

인공지능이 생성한 이미지를 두고 '창조로 볼 것인가, 단순한 모방인가'를 둘러싼 논쟁은 여전히 뜨겁다. 그만큼 결과물의 완성도가 놀라울 정도로 높다. 부인할 수는 없는 사실은, 학습을 거듭한 인공지능은 머지않아 '제주도'라는 단순 키워드만으로도 한라산을 정확하게 그려낼 것이라는 점이다. 현재 대부분의 국가는 인공지능이 만든 창작물에 대한 저작권을 허용하지 않지만, 이마저도 미래에 어떻게 바뀔지 알 수 없다.

그러나 정확도만이 예술의 전부는 아니다. 사람이 그린 그림은 보는 이의 마음 상태나 빛의 양과 방향에 따라 색채가 달라지고, 무엇보다 화가의 생각과 내면의 이야기가 담겨 있지 않은가.

한국 근대기 화가 이인성1912~1950의 풍경화 〈풍경〉과 〈아리랑고개〉를 보자. 그는 일본 유학을 통해 서양미술 기법을 익혔고, 유학 후반기에는 유화의 두텁고 무게감 있는 질감에 수채화의 맑고 투명한 색채를

이인성, 〈풍경〉, 1930년대, 캔버스에 유채, 44.5×51.5cm, 대구미술관

결합하며 자신만의 화풍을 창조했다. 그는 고흐·고갱·세잔으로 대표되는 후기 인상주의의 색채 실험과 형태 해석을 한국적 정서와 풍토에 어울리는 새로운 조형 언어로 변주해 냈다. 무엇보다 일제강점기라는 억압적 현실 속에서도 조선의 향토색을 집요하게 탐구하며, 우리 산천과 마을을 서양화법으로 그려내는 데 몰두했다.

 폴 세잔 Paul Cezanne, 1839~1906의 〈생 빅투아르 산〉을 떠올리게 하는 〈아리랑고개〉는, 서울 성북구 정릉고개를 그린 작품이다. 이곳은 1926년

이인성, 〈아리랑고개〉, 1934년, 종이에 수채, 57.5×77.8cm, 대구미술관

나운규 감독이 영화 〈아리랑〉을 촬영해 큰 인기를 얻으면서 '아리랑고개'라는 이름으로 불리게 되었다.

    북한산과 북악산 줄기 아래 자리한 정릉 일대는 1930년대만 해도 넓은 논밭과 과수원이 펼쳐진 전형적인 농촌 마을이었다. 주민 대부분은 소작농이거나 산에서 나무를 해 땔감을 팔아 생계를 유지했다. 당시 경제 불황과 경성(서울) 인구 팽창으로 도심에서 밀려난 도시 빈민들은 교외에 초가집을 짓고 모여 살았는데, 정릉고개 주변도 그들의 거주지 가운데 하나였다. 반면 정릉계곡 일대는 도시 중산층과 일본인들이 피서를 즐기는 유흥지로, 사회적 불평등이 극명하게 드러나는 공간이었다.

그림 속 산세는 정형화된 도형들의 조합처럼 보이기도 하고, 세잔의 다시점과 조형주의를 연상시키기도 한다. 그러나 굽이친 능선과 그 사이에 촘촘히 자리한 집과 나무들은 그 시절, 이 땅에서만 볼 수 있었던 풍경과 정서를 생생히 증언한다. 그림이 그려진 시대상을 아는 우리에게는, 풍경 속에 굽이굽이 이어진 삶의 고단함과 한이 전해진다. 과연 아무리 정교한 알고리즘을 개발한다 해도, 이러한 민족의 정서와 시대의 공기까지 인공지능이 화폭에 담아낼 수 있을까.

## 예술은 인간다움의 가장 확실한 증거

인공지능은 더 이상 낯선 손님이 아니다. 어느새 일상의 깊은 곳까지 스며들어, 알고리즘을 통해 삶의 편리를 제공하고 세상의 흐름을 함께 만들어가는 존재가 되었다. 그렇다면 인공지능이 글도 대신 쓰고 그림도 그려주는, 그야말로 컴퓨터와 알고리즘, 가상현실이 지배하는 세상에서 마지막까지 살아남을 물리적 장소는 과연 어디일까.

몇 해 전, 코로나19가 종식되고 반가운 마음으로 가장 먼저 달려간 곳은 다름 아닌 미술관이었다. 필자는 가상현실과 인공지능이 주도하는 미래 사회에서도, 끝내 사라지지 않을 공간이 바로 미술관이라고

고구려 무용총(중국 지린성)의 벽화 중 〈수렵도〉.

생각한다. 인간의 창조에 대한 욕망은 그 무엇으로도 막을 수 없기 때문이다.

  이제 겨우 불을 피울 수 있게 되었고 모든 도구와 기술이 오직 생존을 위해 쓰이던 구석기 시대에도 인간은 동굴 벽에 그림을 그렸다. 그것은 단순한 흔적이 아니라, 창조 본능이 분출된 최초의 예술 행위였다. 바로 그 순간 인간은 단순히 생존 본능에 충실한 존재를 넘어, 의미를 추구하는 존재로 거듭났다. 주린 배를 채우고 안전을 지키는 일만으로는 설명할 수 없는, 자신을 표현하고 타인과 소통하려는 갈망이 그 속에 담겨 있기 때문이다. 그래서 예술은 우리를 다른 종과 구별 짓

피테르 파울 루벤스, 〈성모승천〉, 1626년, 판넬에 유채, 490×325cm, 안트베르펜 성모대성당

는, 인간다움의 가장 확실한 증거다.

영국 작가 위다Ouida, 1839~1908의 『플랜더스의 개』 주인공 네로는 플랑드르 지역에 살며 우유 배달로 생계를 이어가는 가난한 소년이다. 소년의 꿈은 위대한 화가가 되는 것이었지만, 제대로 된 화구조차 가질 수 없어 목탄으로 이면지에 그림을 그렸다. 설상가상 방화범으로 몰려 집까지 빼앗기고 추위와 굶주림에 시달리던 네로가 마지막까지 열망했던 것은 단 하나, 성당에 걸린 페테르 파울 루벤스Peter Paul Rubens, 1577~1640의 그림을 직접 보는 일이었다. 마침내 성당 안에서 꿈에 그리던 그림을 마주한 네로는 성모의 따스한 품에 안겨 지상에서의 고단한 삶을 조용히 내려놓는다. 누군가에게 예술은 살아가게 하는 힘이자, 존재의 이유가 된다.

## 위기는 전환점의 다른 이름

우리는 저마다 다른 이유로 미술관을 찾는다. 그러나 그 모든 이유를 관통하는 공통된 진실이 하나 있다. 그것은 단 몇 초 만에 완벽하게 생성된 그림을 보기 위해서 미술관을 찾는 게 아니라는 점이다. 미술관을 찾는 까닭은 오래전 시간의 빛과 색을 화폭에 담아낸 화가의 손길을 직접 느끼기 위해서다. 수없이 그리고 지우기를 반복하며, 수십 겹 덧칠해 완성해 낸 그들의 시간과 붓끝에 응축된 생각을 오롯이 마주하기 위해 우리는 미술관을 찾는다.

19세기 말, 사진 기술이 발달하면서 초상화가 주류를 이루던 미술계는 거대한 변혁을 맞이했다. 아무리 뛰어난 테크닉으로 사람의 얼굴을 그려낸다 한들 사진만큼 정확할 수는 없었다. 많은 예술가가 이 첨단 기술이 붓을 든 이들의 일자리를 빼앗을 것이라며 절망했다. 그러나 오히려 사진의 등장으로 오랫동안 미술계를 지배하던 사실주의가 무너지고 인상파와 모더니즘 같은 새로운 사조들이 열렸다. 사진이 결코 대체할 수 없는 인간만의 상상력, 창조와 재구성이 그림의 주제가 된 것이다.

혹자는 지금이 두 번째로 그런 위기가 닥친 시기라고 말한다. 그러나 달리 생각해 볼 필요가 있다. 위기처럼 보이는 이 순간은 예술계에 또 다른 화두를 던지고 있다. "예술은 무엇인가?", "무엇이 우리를 진정으로 감동하게 하는가?" 우리는 이 물음을 어떻게 풀어갈 것인가. 커다란 질문 앞에 선 지금, 우리의 발걸음은 다시 어디로 향해야 할까. 그 해답은, 오래된 역사가 이미 귀띔해 주었듯, 바로 미술관에 있을 것이다.

―― Physics & Art 05 ――

# 그림 속 미스터리를 풀다

"어! 이 그림이 왜 여기 또 있지?"

분명 네덜란드에 있는 미술관에서 빈센트 반 고흐Vincent van Gogh, 1853~1890의 〈해바라기〉를 봤는데, 영국 내셔널갤러리에도 고흐의 〈해바라기〉가 있다. 그러고 보니 고흐의 〈해바라기〉는 다른 미술관에 또 있다. 제작된 시기도 1888~1889년도로 비슷하다.

고흐의 〈해바라기〉는 세계 여러 미술관에 있는데 얼핏 보면 같은 그림이라고 착각할 정도로 구도나 형태가 비슷비슷하다. 그러나 자세히 보면 해바라기 꽃잎이 시든 정도와 작은 잎사귀들의 모양과 누워있는 방향이 조금씩 다르다. 고흐는 생전에 총 12점의 〈해바라기〉를 그렸다.

빈센트 반 고흐, 〈해바라기〉, 1889년, 캔버스에 유채, 95×73cm, 암스테르담 반 고흐 미술관

## <해바라기>는 고흐의 자화상

고흐는 1888년 가을에 파리 시내를 떠나 프랑스 남부 아를로 이사했다. 고흐 그림 <노란 집>(224~225쪽 그림)에 나오는 노란 집을 구해, 그곳을 화가들만의 유토피아로 만들고자 했다. 고흐는 폴 고갱Paul Gauguin, 1848~1903에게 아를로 와달라는 편지를 계속 보냈고, 마침내 고갱이 그의 초청에 응했다. 고흐는 고갱을 환영하는 의미로 해바라기를 그리기 시작했다.

고흐는 동생 테오에게 보낸 편지에 "해바라기는 빨리 시들기 때문에 온종일 해바라기만 그린다"고 썼다. 노란색 가운데서도 크롬옐로를 무척 좋아했던 고흐는 해바라기 꽃과 배경을 모두 노란색으로 칠했다. 고흐의 노란색은 그의 열정이자 기쁨이고 설렘이다. 그렇게 기다렸던 고갱이 노란 집에 잠시 머무르다 떠났을 때, 고흐가 그린 해바라기의 노란색에는 그의 슬픔과 좌절이 담겼다.

## 고흐의 <해바라기>를 시들게 한 범인

유화는 접착제 역할을 하는 바인더나 기름, 색을 내는 안료 등 여러 가지 물질이 서로 혼합된 일종의 화합물로 그린다. 복잡한 화합물로 이루어진 유화 물감은 빛을 받을 때 특정 파장의 빛을 선택적으로 흡수하거나 반사 또는 산란시키기도 한다. 그림은 한 번 그리고 나면 영원

빈센트 반 고흐, 〈고갱의 초상화〉, 1888년, 캔버스에 유채, 38.2×33.8cm, 암스테르담 반 고흐 미술관

할 것 같지만, 실상은 그림 표면에서 복잡한 화학적 그리고 물리학적 반응이 치열하게 일어나는 셈이다. 이러한 격렬한 화학반응 중에 물감은 일부 성분이 변화하기도 한다.

유난히 코발트블루 파란색과 크롬옐로 노란색을 즐겨 사용했던 고흐 그림에서 노란색은 여러 가지 면에서 큰 의미가 있다. 고흐는 자화상처럼 많은 애정을 담아 그린 〈해바라기〉 연작에서 해바라기와 화병, 화병이 놓인 탁자와 배경을 모두 노란색으로 칠하기도 했다. 태양을 연상시키는 노란색은 고흐의 열정이자 힘의 원천이다. 고흐가 집착적으로 자주 사용하던 노란색은 그의 정체성이기도 하다. 안타깝게도 고흐가 사랑했던 노란색이 시간에 따라 점차 빛을 잃고 탁해지며, 심한 경우 갈색으로 변하고 있다.

고흐가 1888년에 그린 〈고갱의 초상〉도 크롬옐로를 사용해 그렸다. 〈고갱의 초상〉도 노란색 부분이 일부 갈색으로 변하는 현상이 나타났다. 벨기에 안트워프대학교 화학과의 코엔 얀센스Koen Janssens 교수와 연구진은 2011~2012년 다양한 색의 빛 스펙트럼이 크롬옐로 물질에 미치는 영향을 조사했다. 오른쪽 사진에서 보듯이 크롬옐로 안료에 여러

**빛에 노출된 노란색**

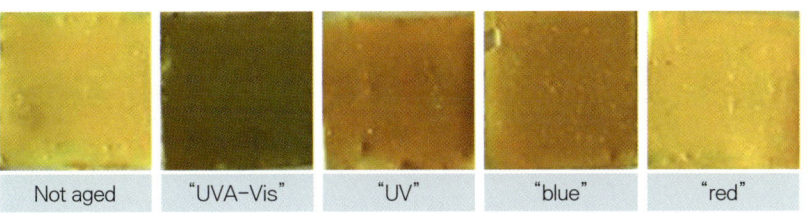

UVA-Vis : 넓은 가시광선 및 자외선, UV : 자외선, blue : 파란빛, red : 빨간빛. (ⓒ University of Antwerp, Department of Chemistry)

가지 다른 색의 빛을 비추었을 때, 파란빛이 결정적으로 노란빛을 가장 많이 변색시켰음을 확인할 수 있었다.

몇 가지 종류의 노란색을 내는 안료는 녹색 및 파랑색 빛에 매우 민감한 것으로 알려져 있다. 고흐의 해바라기를 시들게 한 범인은 다름 아닌 미술관의 LED 조명이었다. 미술관에서 그림을 밝게 비추려고 설치한 조명이 파란색을 다량 방출하는 발광다이오드Light-Emitting Diode, LED였다. 거듭된 연구로 LED가 결정적으로 고흐 그림을 변색시킨 범인이라는 것을 확인한 것이다. 미술관은 이제 공학자들과 함께 푸른빛을 많이 방출하지 않으면서도 그림을 밝게 비출 수 있는 LED 조명에 대한 연구와 그림 보존 방법을 함께 고민하게 되었다.

조명에 의한 물감 변색은 비단 고흐의 노란색에만 국한되는 문제가 아니다. 대부분 물감을 구성하는 물질에서 이러한 화학반응이 일어날 수 있으며, 작품이 전시되면 미술관 측에서는 조명을 선택할 때 신중을 기할 수밖에 없다.

## 뭉크의 <절규> 속 120년간 풀리지 않은 미스터리

노을 지는 저녁 무렵 오슬로의 한 해변에서 다리를 걸어가던 인물이 두 손으로 귀를 막고 비명을 지르고 있다. 어스름한 저녁 이글거리는 노을빛 하늘과 소용돌이치는 바다, 높은 다리라는 설정은 불안한 인물의 심리를 표현한다. 에드바르 뭉크Edvard Munch, 1863~1944의 <절규>다. 뭉크는 길을 걷다가 갑작스럽게 자연으로부터 큰 절규를 느껴 그 느낌을 그대로 그림으로 표현했다. <절규>는 회화작품 중에서도 매우 드물게 인간 내면의 어두운 감정을 직접적으로 드러내고 있다. 그림의 독특한 주제와 구성 때문인지 의도와는 사뭇 다르게 매우 익살스러운 상황에 패러디되기도 한다.

그런데 이 유명한 작품에 120여 년간 풀리지 않는 미스터리가 있었다. 그것은 그림에서 절규하는 사람 오른쪽 어깨 근처와 다리 난간 사이에 묻어있는 의문의 하얀 얼룩이다. 오랫동안 이 얼룩의 정체에 대해 많은 논란이 있었다. 뭉크는 야외에서 직접 자연을 관찰하며 그리는 것을 즐겼기 때문에, '그가 작품을 그리는 중간에 새의 분비물이 떨어진 게 아닐까?'라는 추측이 있었다. 또 그림을 그리는 중에 실수로 흘린 흰색 물감이라는 등 여러 가지 추측이 난무했다.

그림을 소장하고 있는 노르웨이 오슬로국립미술관은 화학자인 벨기에 안트워프대학교 기어트 반 데 스니크트Geert Van der Snickt 교수와 그의 팀을 오슬로에 초청했다. 스니크트 교수팀은 엑스선 형광 스캐너로 작품에 묻은 얼룩을 분석했고, 얼룩의 미세한 입자를 떼어내 함부르크

에드바르 뭉크, 〈절규〉, 1893년, 보드에 템페라, 83.5×66cm, 오슬로국립미술관

〈절규〉에 묻어있던 정체불명의 얼룩은 밀랍이었다.

에 있는 입자 가속기로 성분을 분석했다. 그 결과 얼룩에서 새의 분비물이라면 포함돼 있어야 하는 칼슘, 뭉크가 실수로 그렸을 경우 있어야 할 안료 성분이 없음을 확인했다. 놀랍게도 흰 얼룩의 정체는 촛농이 떨어지면서 묻어난 '밀랍'인 것으로 확인되었다.

120년간 풀리지 않던 오래된 미스터리가 풀리는 과정은, 마치 법의학자가 사건 현장에 희미하게 남아있는 단서를 과학적으로 분석해 사건의 실마리를 풀어나가는 과정과 유사하다. 법의학과 마찬가지로 문화유산 과학 분야 또한 날로 발전해가는 첨단 과학기술을 신속하게 도입해 적용해야만 한다. 그렇게 함으로써 오랫동안 베일에 싸여있던 그림의 비밀을 하나하나 풀 수 있게 된다.

―――― Physics & Art 06 ――――

# 그림의 시간을 되돌리는 자

2019년 4월 15일, 파리 노트르담 대성당이 화염에 휩싸였다. 보수 공사 중이던 첨탑 주변에서 발생한 화재는 성당 첨탑과 그 주변 지붕을 검게 태웠다. 노트르담 대성당은 프랑스 왕이 국교를 가톨릭으로 채택하고 세운 성당으로, 1163년 공사가 시작돼 1345년 완공된 프랑스의 대표적 고딕 양식 건축이다. 노트르담은 프랑스어로 '우리의Notre'와 '귀부인Dame'의 합성어로 성모 마리아를 뜻한다. 빅토르 위고Victor Marie Hugo, 1802~1885가 1831년 쓴 소설 《노트르담의 꼽추》의 무대였으며, 1804년 12월 2일에는 나폴레옹 보나파르트Napoléon Bonaparte, 1769~1821의 대관식이 열린 곳이기도 하다.

화염에 휩싸인 노트르담 대성당을 보며 사람들은 자연스럽게

화염에 휩싸인 파리 노트르담 대성당.

2008년 2월 10일 국보 1호 숭례문 화재를 떠올렸을 것이다. 노트르담 대성당과 숭례문 모두 목재가 주재료였던 건축물이라, 화재로 인한 피해가 훨씬 컸다. 소중한 문화유산을 후손들이 지켜내지 못했다는 자책감과 수백 년 역사가 불타버렸다는 안타까움이 더해진, 모두에게 잊을 수 없는 사건이었다.

### 문화재 복원에서 가장 중요한 점

특히 숭례문은 화재 사건 자체도 큰 이슈였지만, 이후 복구 및 복원 과정에서도 끊임없는 잡음이 일었다. 복구한 서까래 단청이 박리되는 문제가 발생한 것이다. 단청을 그리는 데 사용된 아교 등 재료의 전통성과 재현성에 대해 많은 논란이 일었다. 전통 재료를 정의하는 데 있어 국산이고, 천연이며, 우리 민족 고유의 방법으로 만들어낸 재료만을 포함할 것인가 등 많은 고민이 뒤따랐다. 전통적인 방식이 반드시 현대 문명과 기계적인 모든 것을 거부한다는 의미는 절대 아닐 것이다. 실제 숭례문 복구에 큰 도움을 준 것 가운데 2002년 숭례문을 3차원으로 스캔해 남겨둔 도면을 들 수 있다. 이후 정부는 미술품과 문화재의 3차원 스캔의 중요성을 인지해 다른 작품에도 이 기술을 이용해 관련 자료를 최대한 확보한 것으로 알려져 있다. 문화재 복원에는 '전통 재료를 사용해 전통적인 방식으로 복원한다'는 큰 명제를 두고 현실과 적절한 타협 및 융화를 통해 전통의 재해석이 전제되어야 할 것이다.

왼쪽부터 시계방향으로 최근 복원된 숭례문의 홍예문 천장 용 그림 단청, 화재 전 단청, 복원의 기준이 된 1963년 용 그림 단청.

숭례문의 홍예문 용 그림 복원에 관한 논란도 있었다. 홍예문 그림이 이미 여러 차례 복원되었기 때문에, 과거 어느 시점을 기준으로 복원하는지 결정하는 문제를 수반하고 있었다. 실제 숭례문 단청은 1954, 1963, 1973, 1988년에 복원 작업을 거쳤기 때문에 이 중 어느 시점 그림을 참고할 것인지가 중요한 문제로 부각되었다. 현재 용 그림은 역사적 고증에 가장 충실했던 1963년 단청 그림을 참고한 것으로 알려져 있다. 이러한 내막을 알지 못한다면 왜 화재 직전 그림으로 복원하지 않았는지 엉뚱한 의문을 가질 수도 있는 일이다.

숭례문 복원은 단순히 외관을 그대로 되돌리는 것이 아니라, 각 재료와 사용된 기법을 모두 전통 방식 고증을 거쳐 재현해야 하기에 충분한 시간과 연구가 필요하다. 복원에는 역사적 사실 고증은 물론이고, 그 사실과 전통의 실제 의미 등 어떤 점을 가장 중요한 기준으로 놓고 복원 작업을 할 것인지 충분한 사회적 합의가 수반되어야 함을 알게 해준 중요한 사건이었다.

### 우스꽝스러운 복원으로 오히려 유명해진 그림

전통의 정의 및 범위에 대한 사회적 합의가 얼마나 중요한지 우리는 이제 잘 알고 있다. 그러나 이 문제는 완성도 높은 기술적 복원이 가능하다는 전제가 있는 다음에야 생각할 부분이다. 복원 기술의 완성도마저 떨어지는 상황에 발생하는 참사는 차마 떠올리고 싶지 않다.

스페인 화가 엘리아스 가르시아 마르티네스Elías García Martínez, 1858~1934의 〈에케 호모〉는 스페인 사라고사 보르하 지역의 한 교회 기둥에 그려진 면류관을 쓴 예수 얼굴을 그린 프레스코화다. 오랜 세월 습기 때문에 그림이 손상되자, 2012년 교회의 80대 신도가 복구를 시도했다. 그러나 예수 얼굴은 원본과 전혀 다른 엉뚱한 형태가 되었다. 비록 신도는 선의로 행한 일이었지만, 비전문가에 의한 섣부른 복구 시도는 참혹한 결과로 이어지고 말았다.

우스꽝스럽게 복구된 예수 얼굴은 인터넷을 통해 빠르게 번져나가 각종 명화 얼굴과 합성되거나 패러디되며 큰 유명세를 탔다. 이전까지 예술적 가치를 그다지 높게 평가받지 못했던 그림이 잘못된 복원으로 오히려 유명해지면서, 교회로 많은 관광객이 몰리는 웃지 못할 상황이 전개되기도 했다.

그림 원본 　　　　　 손상된 상태 　　　　　 복구된 그림

엘리아스 가르시아 마르티네스, 〈에케 호모〉, 19세기, 캔버스에 유채, 40×50cm, 스페인 Santuario de Misericordia 미술관

이 밖에도 스페인에서는 500년 된 성 조지 목조상이 복원 과정에서 지나치게 현대적이고 밝은 색채와 만화 캐릭터 같은 얼굴로 변해, 또 하나의 복원 참사로 비난을 받기도 했다. 이 또한 복원 전문가가 아닌 수공예 교사를 고용해 행한 작업이어서 더욱 문제가 되었다. 일련의 사건들을 두고 각종 문화재 관련 단체에서 전문 복원 교육에 대한 목소리가 높아지게 되었음은 두말할 것도 없다.

### 모작을 참고해 복원한 원본

타인을 속이려는 의도를 가지고 그림을 흉내 내 그리고 이를 팔아 금전적인 이윤을 얻는 위작 행위는 엄연하게 사기로 분류되지만, 순수하

〈최후의 만찬〉 복원 전 모습.

게 그림 공부를 위해 또는 출처를 밝히고 남의 작품을 그대로 본떠 만드는 것을 모작이라고 한다. 역사적으로 모작 때문에 다시 빛을 보게 된 작품이 있다. 바로 레오나르도 다 빈치Leonardo da Vinci, 1452~1519의 걸작 〈최후의 만찬〉이다.

〈최후의 만찬〉은 다 빈치의 그림 중 가장 많이 손상된 그림이다. 실험 정신이 강했던 다 빈치는 유화 물감을 처음으로 접하고 프레스코 기법과 유화를 혼용해서 〈최후의 만찬〉을 그렸다. 유화 물감의 특성을 충분히 인지하지 못한 탓에 안료는 세월을 이기지 못하고 벗겨졌다. 또한 〈최후의 만찬〉이 걸려 있던 밀라노 산타마리아 델레 그라치에 수도원 식당은 1796년 나폴레옹 군대에 의해 마구간으로 사용되기도 했다. 열악한 조건에 전시된 그림은 급기야 습기 때문에 썩어갔다. 1943년 제2차 세계대전 중에는 수도원 식당이 폭격을 맞기도 하는 등

지오바니 피에트로 리졸리, 〈최후의 만찬〉, 1520년, 캔버스에 유채, 770×298cm, 런던 로열아카데미

레오나르도 다 빈치, 〈최후의 만찬〉, 1498년, 회벽에 유채와 템페라, 460×880cm, 밀라노 산타마리아 델레 그라치에 성당 (1999년 복원된 버전)

그림의 시간을 되돌리는 자　431

〈최후의 만찬〉이 겪은 수난은 어마어마했다.

〈최후의 만찬〉은 1978~1988년 사이 20여 년에 걸쳐 원형 복원 작업을 거쳤다. 이때 참고한 그림이 바로 지오바니 피에트로 리졸리 Giovanni Pietro Rizzoli, 1508~1549의 〈최후의 만찬〉(396쪽 그림)이다. 리졸리가 다 빈치의 그림을 보고 모작해둔 작품이다. 리졸리의 〈최후의 만찬〉에는 다 빈치 작품에는 희미하게 남아있던 사람들의 발부분이 훨씬 선명하게 그려져 있다. 게다가 이 작품은 유화로 그려져 보관 상태도 좋았기 때문에 모작을 참고해 원본을 복원했다.

어려운 복원 작업을 거쳐 다 빈치의 〈최후의 만찬〉은 다시금 관광객들에게 공개되어 있다. 복원이 순탄치 않았던 만큼 각종 현대 기술을 동원해 '보존'에 각별히 신경을 쓰고 있다. 관광객들은 먼지 등을 충분히 제거하고 신선한 공기로 샤워한 후에야 〈최후의 만찬〉을 감상할 수 있다.

### 문화유산을 훼손하려는 사람들과 지키려는 사람들

이탈리아 밀라노에는 미켈란젤로Michelangelo Buonarroti, 1475~1564의 '3대 조각상' 중 하나인 〈피에타〉가 있다. 높이가 175cm에 이르는 거대한 대리석 조각은 성모 마리아가 죽은 예수 그리스도를 무릎 위에 안고 있는 모습을 표현했다. 〈피에타〉는 정면에서 볼 때 마리아가 다소 크게 표현된 것이 아닌가 하는 의구심을 낳았으나, 미켈란젤로는 신에게 바치는 의미로 이 작품을 구상했다고 한다. 실제 〈피에타〉는 위에서 내려다봤을 때 예수의 모습이 훨씬 크고 성스럽게 보인다.

〈피에타〉는 1972년 헝가리 출신의 한 남자가 망치로 내려찍으며 100개 이상의 파편으로 부서지는 수난을 겪었다. 미켈란젤로가 마치 살아있는 듯 섬세하게 표현한 성모 마리아의 손가락 마디는 모두 절단되고, 코가 부서졌다. 끔찍한 사고와 복원 과정을 겪은 〈피에타〉는 현재 방탄유리에 둘러싸여 있다.

〈야경〉으로 알려졌던 렘브란트의 〈프란스 반닝 코크 대위의 민병대〉(111쪽 참조)도 1975년 조각칼을 휘두른 괴한에 의해 훼손돼 복원됐다. 이렇게 인류 역사에서 중요한 예술작품이 때때로 훼손되기도 하는데, 이러한 행위를 '반달리즘Vandalism'이라고 한다. 반달리즘은 문화유산이나 예술, 공공시설, 자연경관 등을 파괴하는 행위다. 게르만 민족의 하나인 반달족은 5세기 초 유럽의 민족 대이동기 때 피레네산맥을 넘어 스페인을 정복하고, 아프리카로 건너가 반달 왕국을 세웠다.

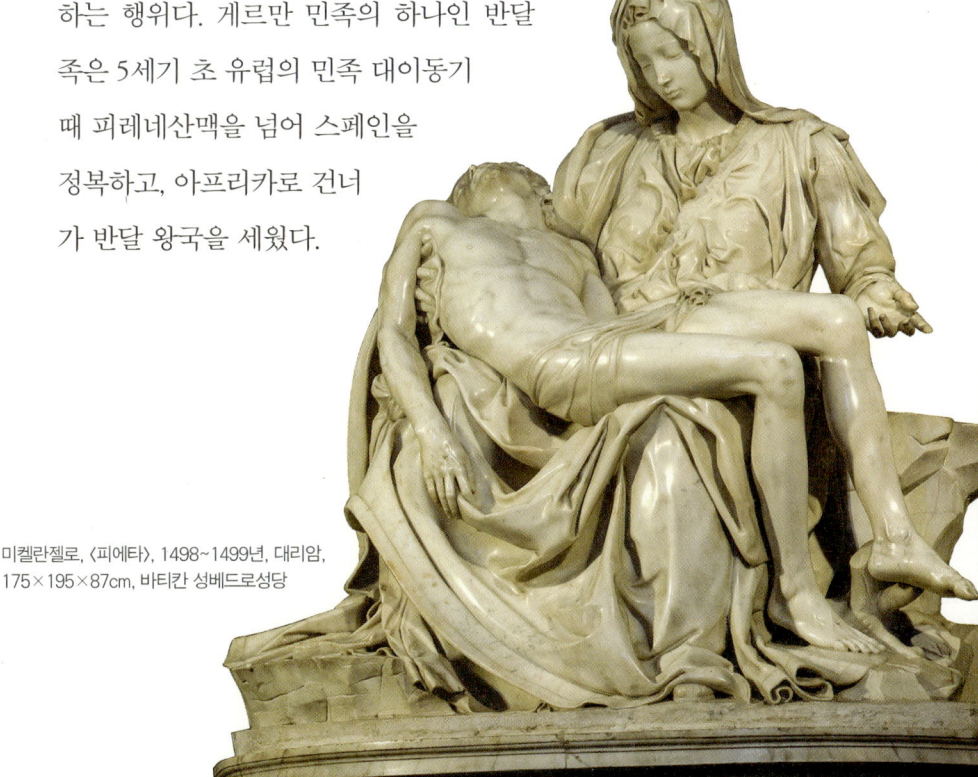

미켈란젤로, 〈피에타〉, 1498~1499년, 대리암, 175×195×87cm, 바티칸 성베드로성당

6세기경 아프가니스탄 바미안주 힌두쿠시 산맥 절벽 한 면을 파서 만든 바미안 석불. 2001년 3월 8~9일 이슬람 원리주의를 내세운 탈레반 정권이 로켓탄으로 파괴해 현재는 흔적만 남아 있다.

반달족이 로마를 점령하는 과정에서 문화와 시설을 무차별적으로 파괴한 데서 유래한 용어다. 폭넓게는 낙서나 무분별한 개발 등 공공시설이나 자연경관을 훼손시키는 행위도 반달리즘에 포함된다.

문화유산을 훼손하거나 약탈하는 행위는 역사적으로 '전쟁'이라는 큰 사건 중에 흔하게 발생했다. 전쟁 동안 침략자는 그 나라의 중요한 문화유산을 빼앗거나 일부러 훼손시켜 역사 기저에 깔린 사상과 정신을 와해시키기도 한다. 대표적으로 한국사에서는 고려 시대 몽골의 침입이나 조선 시대 임진왜란을 들 수 있다. 전쟁으로 황룡사 9층 목탑이 불에 타 소실되었고, 불국사와 경복궁 등도 화재 피해를 보았다.

세계사에서는 제2차 세계대전 당시의 히틀러Adolf Hitler, 1889~1945와 나치의 예술품 약탈을 들 수 있다. 종전 후에 독일 남부에서 발견된 나치의 약탈 미술품 보관소만 백여 곳이 넘었다고 한다. 이들은 회화는 물론이고 스테인드글라스, 와인, 보석, 종교 관련 물품 등 다양한 문화재를 약탈했다.

당시 연합군이 결성한 문화재 보호를 위한 특별 부대도 있었다. 이들은 '기념물과 미술품 및 기록물 전담반Monuments, Fine Arts, and Archives program, MFAA'으로 불렸다. MFAA의 주요 임무는 예술품을 지키거나 나

제2차 세계대전 중에 그림을 지켜낸 미술품 전담반, MFAA 대원들의 모습.

치의 손에 들어간 문화재를 환수하는 일이었다. MFAA가 환수한 작품 중에 미켈란젤로의 〈성모자상〉이나 얀 반 에이크Jan van Eyck, 1395~1441의 〈겐트 제단화〉도 있었다고 한다. 인류의 소중한 유산을 잃을 수도 있었다고 생각하니, 아찔하다. 역사에는 문화유산을 해치려는 사람과 목숨 걸고 지키려는 사람들이 있었다.

## 시간을 되돌리는 사람들

영화 〈냉정과 열정 사이〉에는 손상된 그림을 되살리는 미술품 복원 전문가가 주인공으로 등장한다. 복원 전문가들은 마치 다친 그림을 치료

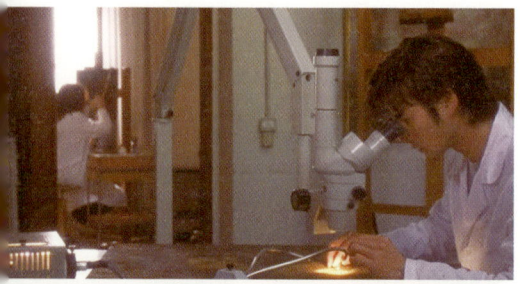
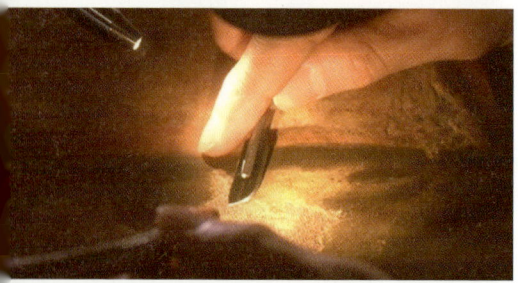

영화 〈냉정과 열정 사이〉에서 주인공 준세이가 그림을 복원하는 장면.

하듯이 조심스럽게 손상된 부분을 복원한다. 영화 주인공 준세이는 미술품 복원하는 일을 이렇게 표현했다. "마치 죽은 화가의 영혼이 나를 빌려 작업하는 듯 영혼이 맑게 씻기는 느낌이었다."

영화의 배경인 이탈리아 피렌체에는 14~16세기에 르네상스 시대를 풍미했던 화가들의 작품이 많이 남아있다. 대표적으로 미켈란젤로의 〈다비드〉를 들 수 있다. 오래된 회화, 조각, 건축물 등 도시 전체가 하나의 예술품 전시장 같은 피렌체에는 자연스럽게 예술품을 복원하는 사람도 많이 있고, 복원가를 양성하는 전문 기관도 있다.

미술품 복원 전문가라는 생소한 직업은 그야말로 문화, 예술, 과학, 역사, 인문을 아우르는 융합 학문의 정점에 있다. 기본적으로 회화 복원가라면 그림의 재료에 대한 이해가 필요할 것이다. 작가가 어떤 안료를 썼는지, 어떤 기법을 사용했는지 파악해야 한다. 그리고 미술사적인 사실 관계와 역사적 맥락을 이해하고 회화의 예술적 가치에 대해 알고 있어야 한다.

복원이나 보존은 원본에 최소한으로 개입해야 한다는 전제를 가지고 있다. 그래서 아무리 최신 기술과 최첨단 재료를 이용할 수 있다고 해도 복원 범위에 대해서는 사전에 충분한 검토가 이루어져야 한다. 예를 들어 이탈리아 복원 전문학교에서는 전통문화를 이해하기 위해 이탈리아어와 라틴어를 구사할 것을 요구한다. 또 미술사와 보존과학 외에도 유기화학과 물리학을 배울 것을 요구한다. 그림을 복원하는 데 있어 단순히 미술사적인 의미나 표면적인 형태의 재구성만 중요한 게 아니라, 다양한 측면에서 과학적 분석이 필요하기 때문이다.

우리 눈앞에 있는 문화예술 유산은 제한된 기록과 역사적 사실만으로 다 풀어낼 수 없는 수많은 이야기를 간직하고 있다. 미술품에 얽힌 미스터리를 풀고, 물려받은 유산을 온전히 지켜 후대에 물려주는 일은 우리 의무다. 그 일에 가장 앞장서 있는 게 미술품 복원 전문가, 바로 시간을 되돌리는 사람들이다.

## 작품 찾아보기

화가의 출생 및 작품 제작 연도순

### 에이크 1395~1441

〈겐트 제단화〉, 1432년, 패널에 유채, 겐트 성바보대성당 ·················· 250~251
〈수태고지〉, 1435년, 패널에 유채, 워싱턴D.C.국립미술관 ·················· 147

### 안견 1400년 이전~?

〈몽유도원도〉, 1447년, 비단에 채색, 38.6×106cm, 나라현 덴리대학 부속 덴리도서관 ·················· 00

### 다 빈치 1452~1519

〈최후의 만찬〉, 1498년, 회벽에 유채와 템페라, 밀라노 산타마리아 델레 그라치에 성당
·················· 134, 430~431
〈모나리자〉, 1503~1506년 사이 추정, 캔버스에 유채, 파리 루브르박물관 ·················· 369
〈성 안나와 함께 있는 성 모자상〉, 1510년경, 패널에 유채, 파리 루브르박물관 ·················· 133

### 미켈란젤로 1475~1564

〈피에타〉, 1498~1499년, 대리암, 바티칸 성베드로성당 ·················· 433

### 리졸리 1508~1549

〈최후의 만찬〉, 1520년, 캔버스에 유채, 런던 로열아카데미 ·················· 429

### 브뢰헬 1525~1569

〈새덫이 있는 겨울 풍경〉, 1565년, 패널에 유채, 브뤼셀국립미술관 ·················· 22~23
〈베들레헴의 인구조사〉, 1566년, 패널에 유채, 브뤼셀국립미술관 ·················· 24

### 카라바조 1573~1610

〈잠자는 에로스〉, 1608년, 캔버스에 유채, 피렌체 팔라티나미술관 ·················· 103

### 루벤스 1577~1640

〈무지개가 있는 풍경〉, 1636년, 캔버스에 유채, 런던 월리스컬렉션 ········· 152
〈성모승천〉, 1626년, 패널에 유채, 얀트베르펜 성모대성당 ········· 412

### 아베르캄프 1585~1634

〈성 근처에서 스케이트 타는 사람들과 겨울 풍경〉, 1608~1609년, 오크에 유채, 런던 내셔널갤러리
········· 29

### 렘브란트 1606~1669

〈웃고 있는 렘브란트〉, 1628년, 동판에 유채, 로스앤젤레스 J.폴게티미술관 ········· 101
〈천장이 높은 방에서 탁자에 앉아 글을 읽고 있는 남자〉, 1628~1630년, 패널에 유채, 런던 내셔널
갤러리 ········· 104
〈자화상〉, 1629년, 패널에 유채, 뉘른베르크 게르마니아국립박물관 ········· 106
〈시므온의 찬미가〉, 1631년, 패널에 유채, 헤이그 마우리츠하이스왕립미술관 ········· 107
〈자화상〉, 1640년, 캔버스에 유채, 런던 내셔널갤러리 ········· 110
〈야경 : 프란스 반닝 코크 대위의 민병대〉, 1642년, 캔버스에 유채, 암스테르담국립미술관 ········· 111
〈자화상〉, 1658년, 캔버스에 유채, 뉴욕 프릭콜렉션 ········· 112
〈자화상〉, 1669년, 캔버스에 유채, 런던 내셔널갤러리 ········· 114

### 혼디우스 1631~1691

〈얼어붙은 템스 강〉, 1677년, 캔버스에 유채, 런던박물관 ········· 30

### 베르메르 1632~1675

〈열린 창가에서 편지를 읽는 여인〉, 1657~1659년, 캔버스에 유채, 드레스덴 고전 거장 미술관
········· 400
〈작은 거리〉, 1657~1658년경, 캔버스에 유채, 암스테르담국립미술관 ········· 6
〈우유 따르는 여인〉, 1660년경, 캔버스에 유채, 암스테르담국립미술관 ········· 130
〈델프트 풍경〉, 1661년, 캔버스에 유채, 헤이그 마우리츠하이스왕립미술관 ········· 141
〈음악 수업〉, 1662~1664년, 캔버스에 유채, 영국 왕실 소장(엘리자베스 2세 컬렉션) ········· 138
〈편지를 읽는 여인〉, 1664년, 캔버스에 유채, 암스테르담국립미술관 ········· 380
〈버지널 앞에 서 있는 여인〉, 1672년, 캔버스에 유채, 런던 내셔널갤러리 ········· 401

### 네츠허르 1639~1684
〈크리스티안 호이겐스 초상화〉, 1671년, 캔버스에 유채, 헤이그미술관 ·············· 321

### 넬러 1646~1723
〈아이작 뉴턴의 초상화〉, 1702년, 캔버스에 유채, 런던 국립초상화미술관 ·············· 321

### 프라고나르 1732~1806
〈그네〉, 1767년, 캔버스에 유채, 런던 월리스컬렉션 ·············· 124

### 고야 1746~1828
〈Sacrifice to Vesta〉, 1771년, 캔버스에 유채, 개인 소장 ·············· 389
〈눈보라〉, 1786년, 캔버스에 유채, 마드리드 프라도미술관 ·············· 31

### 신윤복 1758~1814년경
〈미인도〉, 조선 후기, 비단에 채색, 서울 간송미술관 ·············· 117
〈단오풍정〉, 18세기 말~19세기 초, 종이에 채색, 서울 간송미술관 ·············· 122

### 프리드리히 1774~1840
〈무지개가 떠 있는 산의 풍경〉, 1809~1810년, 캔버스에 유채, 에센 폴크방미술관 ·············· 154

### 터너 1775~1851
〈전함 테메레르호의 마지막 항해〉, 1839년, 캔버스에 유채, 런던 내셔널갤러리 ·············· 97

### 컨스터블 1776~1837
〈건초 마차〉, 1821년, 캔버스에 유채, 런던 내셔널갤러리 ·············· 85
〈구름 습작〉, 1822년, 종이에 유채, 멜버른 빅토리아국립미술관 ·············· 90
〈무지개가 있는 햄스테드 히스〉, 1836년, 캔버스에 유채, 런던 테이트갤러리 ·············· 94

### 밀레 1814~1875
〈별이 빛나는 밤〉, 1855~1867년, 캔버스에 유채, 코티네컷주 뉴헤이븐 예일대학교미술관 ·············· 353

### 와츠 1817~1904
〈카오스〉, 1875년, 캔버스에 유채, 런던 테이트브리튼 ······································· 280~281

### 처치 1826~1900
〈열대지방의 우기〉, 1866년, 캔버스에 유채, 샌프란시스코 드영미술관 ······································· 158

### 마네 1832~1883
〈로슈포르의 탈출〉, 1881년, 캔버스에 유채, 파리 오르세미술관 ······································· 41

### 모네 1840~1925
〈라 그르누예르〉, 1869년, 캔버스에 유채, 뉴욕 메트로폴리탄미술관 ······································· 35
〈지베르니의 나룻배〉, 1887년경, 캔버스에 유채, 파리 오르세미술관 ······································· 172
〈건초더미, 지베르니의 여름 끝자락〉, 1891년, 캔버스에 유채, 파리 오르세미술관 ······································· 165
〈건초더미, 눈의 효과, 아침〉, 1891년, 캔버스에 유채, 로스앤젤레스 J.폴게티미술관 ······································· 167
〈루앙대성당, 정문과 생 로맹 탑, 강한 햇빛, 파란색과 금색의 조화〉, 1892~1893년, 캔버스에 유채,
 파리 오르세미술관 ······································· 168
〈루앙대성당의 정문, 아침 빛〉, 1894년, 캔버스에 유채, 로스앤젤레스 J.폴게티미술관 ······································· 168
〈수련〉, 1906년, 캔버스에 유채, 시카고미술관 ······································· 174

### 르누아르 1841~1919
〈라 그르누예르〉, 1869년, 캔버스에 유채, 스톡홀름국립박물관 ······································· 34
〈물랭 드 라 갈레트의 무도회〉, 1876년, 캔버스에 유채, 파리 오르세미술관 ······································· 74
〈그네〉, 1876년, 캔버스에 유채, 파리 오르세미술관 ······································· 127
〈보트 파티에서의 오찬〉, 1881년, 캔버스에 유채, 워싱턴 필립스미술관 ······································· 82~83
〈도시의 무도회〉, 1882~1883년, 캔버스에 유채, 파리 오르세미술관 ······································· 80
〈시골의 무도회〉, 1883년, 캔버스에 유채, 파리 오르세미술관 ······································· 79

### 루소 1844~1910
〈잠자는 집시〉, 1897년, 캔버스에 유채, 뉴욕 현대미술관 ······································· 263
〈뱀을 부리는 주술사〉, 1907년, 캔버스에 유채, 파리 오르세미술관 ······································· 266
〈꿈〉, 1910년, 캔버스에 유채, 뉴욕 현대미술관 ······································· 270

### 고흐 1853~1890

〈카페에서, 르 탱부랭의 아고스티나 세가토리〉, 1887년, 캔버스에 유채, 암스테르담 반 고흐 미술관 ·················· 398
〈카페에서, 르 탱부랭의 아고스티나 세가토리〉 엑스선 촬영 ·················· 393
〈노란 집〉, 1888년, 캔버스에 유채, 암스테르담 반 고흐 미술관 ·················· 224~225
〈아를의 포룸 광장의 카페 테라스〉, 1888년, 캔버스에 유채, 오테를로 크뢸러뮐러미술관 ·················· 232
〈우체부 조셉 룰랭의 초상〉, 1888년, 캔버스에 유채, 보스턴미술관 ·················· 228
〈고갱의 초상화〉, 1888년, 캔버스에 유채, 암스테르담 반 고흐 미술관 ·················· 418
〈론강의 별이 빛나는 밤〉, 1888년, 캔버스에 유채, 파리 오르세미술관 ·················· 360
〈별이 빛나는 밤〉, 1889년, 캔버스에 유채, 뉴욕 현대미술관 ·················· 362
〈해바라기〉, 1889년, 캔버스에 유채, 암스테르담 반 고흐 미술관 ·················· 416
〈오베르-쉬르-우아즈의 교회〉, 1890년, 캔버스에 유채, 파리 오르세미술관 ·················· 364
〈까마귀가 있는 밀밭〉, 1890년, 캔버스에 유채, 암스테르담 반 고흐 미술관 ·················· 235~236

### 마르티네스 1858~1934

〈에케 호모〉, 19세기, 캔버스에 유채, 스페인 Santuario de Misericordia 미술관 ·················· 427

### 쇠라 1859~1891

〈앉아 있는 인물들〉, 1884년, 목판에 유채, 보스턴 포그미술관 ·················· 182
〈그랑드 자트 섬의 소풍객들〉, 1884년, 목판에 유채, 시카고아트인스티튜트 ·················· 182
〈그랑드 자트 섬의 일요일 오후 (습작)〉, 1884~1885년, 캔버스에 유채, 뉴욕 메트로폴리탄미술관 ·················· 183
〈그랑드 자트 섬의 일요일 오후〉, 1884~1886년, 캔버스에 유채, 시카고아트인스티튜트 ·················· 178~179, 190
〈서커스〉, 1891년, 캔버스에 유채, 파리 오르세미술관 ·················· 192

### 클림트 1862~1918

〈아델레 블로흐 바우어Ⅰ〉, 1907년, 캔버스에 유채와 금, 뉴욕 노이에갤러리 ·················· 209
〈연인, 키스〉, 1908년, 캔버스에 유채와 금, 벨베데레오스트리아갤러리 ·················· 210

### 시냐크 1863~1935

〈펠릭스 페네옹의 초상〉, 1890년, 캔버스에 유채, 뉴욕 현대미술관 ...... 195

### 뭉크 1863~1944

〈절규〉, 1893년, 보드에 템페라, 오슬로국립미술관 ...... 421
〈별이 빛나는 밤〉, 1893년, 캔버스에 유채, 로스앤젤레스 J.폴게티미술관 ...... 358

### 칸딘스키 1866~1944

〈인상 Ⅲ : 콘서트〉, 1919년, 캔버스에 유채, 개인 소장 ...... 202
〈노랑 빨강 파랑〉, 1925년, 캔버스에 유채, 파리 조르주퐁피두센터 ...... 200
〈구성 9〉, 1936년, 캔버스에 유화, 생테티엔현대미술관 ...... 220
〈푸른 하늘〉, 1940년, 캔버스에 유화, 파리 조르주퐁피두센터 ...... 216

### 마티스 1869~1954

〈생의 기쁨〉, 1905년, 캔버스에 유채, 필라델피아 반즈파운데이션 ...... 337
〈춤 Ⅱ〉, 1909~1910년, 캔버스에 유채, 상트페테르부르크 에르미타주미술관 ...... 332
〈음악〉, 1910년, 캔버스에 유채, 상트페테르부르크 에르미타주미술관 ...... 335

### 몬드리안 1872~1944

〈붉은 나무〉, 1908~1910년, 캔버스에 유채, 헤이그시립현대미술관 ...... 347
〈꽃 피는 사과나무〉, 1912년, 캔버스에 유채, 헤이그시립현대미술관 ...... 347
〈구성 10〉, 1915년, 캔버스에 유채, 오테를로 크뢸러뮐러미술관 ...... 348
〈빨강, 파랑, 노랑의 구성〉, 1930년, 캔버스에 유채, 취리히 쿤스트하우스 ...... 341
〈브로드웨이 부기우기〉, 1942년, 캔버스에 유채, 뉴욕 현대미술관 ...... 349
〈빅토리 부기우기〉, 1944년, 캔버스에 유채, 헤이그시립현대미술관 ...... 351

### 피카소 1881~1973

〈아비뇽의 처녀들〉, 1907년, 캔버스에 유채, 뉴욕 현대미술관 ...... 313
〈바이올린과 포도〉, 1912년, 캔버스에 유채, 뉴욕 현대미술관 ...... 315
〈거울 앞의 소녀〉, 1932년, 캔버스에 유채, 뉴욕 현대미술관 ...... 316

### 샤갈 1887~1985

〈나와 마을〉, 1912년, 캔버스에 유채, 뉴욕 현대미술관 ······ 328
〈비테프스크 위에서〉, 1914년, 캔버스에 유채, 뉴욕 현대미술관 ······ 341
〈생일날〉, 1915년, 카드보드지에 유채, 뉴욕 현대미술관 ······ 242
〈도시 위에서〉, 1914~1918년, 캔버스에 유채, 모스크바 트레티야코프미술관 ······ 247
성 슈테판 교회 스테인드글라스, 1964년 ······ 60
〈꽃다발 속의 거울〉, 1964년, 파리 오페라하우스 ······ 62
랭스 대성당 스테인드글라스 ······ 64

### 오키프 1887~1986

〈검은 메사 풍경〉, 1930년, 캔버스에 유채, 산타페 조지아 오키프 미술관 ······ 58
〈흰 구름과 페더널 산의 붉은 언덕〉, 1936년, 캔버스에 유채, 산타페 조지아 오키프 미술관 ······ 45
〈Pedernal〉, 1941년, 캔버스에 유채, 산타페 조지아 오키프 미술관 ······ 51
〈구름 위 하늘 IV〉, 1965년, 캔버스에 유채, 시카고아트인스티튜트 ······ 54~55

### 메헤렌 1889~1947

〈악보를 읽는 여인〉, 1936년, 캔버스에 유채, 암스테르담국립미술관 ······ 381
〈간음한 여인과 그리스도〉, 1937년, 캔버스에 유채, 로테르담 보이만스반뵈닝겐미술관 ······ 385

### 미로 1893~1983

〈어릿광대의 사육제〉, 1925년, 캔버스에 유채, 버팔로 올브라이트녹스미술관 ······ 197

### 마그리트 1898~1967

〈이미지의 배반〉, 1929년, 캔버스에 유채, 로스앤젤레스 카운티미술관 ······ 330
〈인간의 조건〉, 1933년, 캔버스에 유채, 워싱턴D.C.국립미술관 ······ 305
〈피레네의 성〉, 1959년, 캔버스에 유채, 이스라엘미술관 ······ 307
〈데칼코마니〉, 1966년, 캔버스에 유채, 개인 소장 ······ 300

## 달리 1904~1989

〈기억의 지속〉, 1931년, 캔버스에 유채, 뉴욕 현대미술관 ······················· 287
〈비키니 섬의 세 스핑크스〉, 1947년, 캔버스에 유채, 후쿠시마 모로하시근대미술관 ············· 293
〈폭발하는 라파엘의 머리〉, 1951년, 캔버스에 유채, 스코틀랜드국립현대미술관 ············· 295

## 폴록 1912~1956

〈가을 리듬(No. 30)〉, 1950년, 캔버스에 에나멜, 뉴욕 메트로폴리탄박물관 ············· 276~277
〈수렴〉, 1952년, 캔버스에 에나멜과 오일·알루미늄 페인트, 뉴욕 올브라이트녹스미술관 ······· 285

## 이인성 1912~1950

〈풍경〉, 1930년대, 캔버스에 유채, 대구미술관 ······················· 408
〈아리랑고개〉, 1934년, 종이에 수채, 대구미술관 ······················· 409

## 쿠쉬 1965~

〈해돋이 해변〉, 1990년경, 캔버스에 유채, 개인 소장 ······················· 319

## 호크니 1937~

〈A Bigger Grand Canyon〉, 1998년, 60개의 캔버스에 유채, 캔버라 호주국립미술관 ············· 261

## 앨런

〈스페이스 오페라 극장〉, 2022년, 디지털아트 ······················· 403

## 작자미상

〈색동 당의(여아 의례복)〉, 조선시대, 비단, 서울 숙명여자대학교 ··················· 149
〈해학반도도 10폭 병풍〉, 조선시대, 비단에 채색, 서울 이화여자대학교박물관 ············· 255
〈도시풍경〉, 조선 후기, 비단에 채색, 서울 국립중앙박물관 ··················· 256~257

ⓒ Georgia O'Keeffe Museum / SACK, Seoul, 2020
ⓒ Marc Chagall / ADAGP, Paris - SACK, Seoul, 2020 Chagall ®
ⓒ Successió Miró / ADAGP, Paris - SACK, Seoul, 2020
ⓒ Victor Vasarely / ADAGP, Paris - SACK, Seoul, 2020
ⓒ Salvador Dalí, Fundació Gala-Salvador Dalí, SACK, 2020
ⓒ René Magritte / ADAGP, Paris - SACK, Seoul, 2020
ⓒ 2020 - Succession Pablo Picasso - SACK (Korea)

## 미술관에 간 물리학자 | 개정증보판 |

초판 1쇄 발행 | 2025년 10월 10일

지은이 | 서민아
펴낸이 | 이원범
기획 · 편집 | 김은숙
마케팅 | 안오영
표지 및 본문 디자인 | 강선욱
일러스트 | 김수미 · 강선욱

펴낸곳 | 어바웃어북 aboutabook
출판등록 | 2010년 12월 24일 제2010-000377호
주소 | 서울시 강서구 마곡중앙로 161-8 C동 808호 (마곡동, 두산더랜드파크)
전화 | (편집팀) 070-4232-6071 (영업팀) 070-4233-6070
팩스 | 02-335-6078

ⓒ 서민아, 2025

ISBN | 979-11-92229-70-6   03420

* 이 책은 어바웃어북이 저작권자와의 계약에 따라 발행한 것이므로 본사의 서면 허락 없이는 어떠한 형태나 수단으로도 책의 내용을 이용할 수 없습니다.
* 본문 수록 작품 중 저작권 관리자와 연락이 닿지 않는 것은 추후 연락이 닿는 대로 사용을 허락받고 비용을 지급하도록 하겠습니다.

## 개념은 어떤 유형의 문제든
## 정확히 꿰뚫는 창이다!

개념력 = 절대로 흔들리지 않는 기본의 힘
# 개념 있는 수학자
| 이광연 지음 | 306쪽 | 25,000원 |

중·고교 개정교과서 집필위원이
11차 개정교과서를 가장 빨리 낱낱이 해부해
내신과 수능에 꼭 필요한 개념을 집대성!

수학은 한 부분이라도 개념의 결손이 생기면 앞으로 나아갈 수 없는 위계적인 학문이다. 이 책은 고등학교 1학년이 배우게 될 《공통수학 1·2》를 범위로 하고 있지만, '근의 공식'과 '판별식', '나눗셈', '피타고라스 정리', '일차함수와 직선의 방정식'처럼 중학교와 초등학교 과정까지 거슬러 내려가 개념의 가장 밑바닥부터 단단히 다진다. 또한 출제 경향과 학습 전략을 콕 집어 안내함으로써, 수학 공부의 방향을 제시한다.

개념력 = 절대로 흔들리지 않는 기본의 힘
# 개념 있는 수학자
| 이광연 지음 | 287쪽 | 25,000원 |

2028년 수능부터 선택과목에서 공통과목이 되는
'대수', '미적분', '확률과 통계'를
49개의 개념으로 완벽하게 정리!

거듭제곱 → 지수와 로그 → 지수함수와 로그함수, 삼각비 → 삼각함수, 수열의 극한 → 함수의 극한 → 미분과 적분처럼 중학교 과정까지 거슬러 올라가 따로따로 존재했던 개념들을 서로 연결해 개념의 줄기를 찾는다. 또한 현행 교육과정에서 생략되었으나 정석적 이해에 꼭 필요한 구분구적법 등의 설명을 복원함으로써, 교과서 속 개념의 간극을 메운다. 개념만큼 유형도 중요한 '확률과 통계'는 어떤 상황에서 어떤 공식을 적용해야 하는지 명쾌하게 풀어낸다.

• 어바웃어북의 지식 교양 총서 '美미·知지·人인 시리즈' •

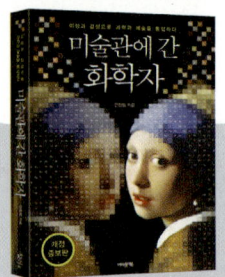

### 이성과 감성으로 과학과 예술을 통섭하다 | 첫 번째 이야기 |
# 미술관에 간 화학자
| 전창림 지음 | 372쪽 | 18,000원 |

- 한국출판문화산업진흥원 '이달의 읽을 만한 책' 선정
- 교육과학기술부 '우수과학도서' 선정
- 행복한아침독서 '추천도서' 선정
- 네이버 '오늘의 책' 선정

### 의학의 눈으로 명화를 해부하다 | 개정증보판 |
# 미술관에 간 의학자
| 박광혁 지음 | 424쪽 | 22,000원 |

**의학은 타인의 고통에 응답하는 학문!**
미술 작품 감상은 의료인에게 꼭 필요한 공감력을 기르는 훈련

의대 MMI 면접 필독서 | 의대 자소서 필독서 | 의학 논술 대비 필독서

### 명화로 읽는 인체의 서사 | 개정증보판 |
# 미술관에 간 해부학자
| 이재호 지음 | 452쪽 | 23,000원 |

- 한국출판문화산업진흥원 '세종도서' 선정
- 교육과학기술부 '우수과학도서' 선정
- 행복한아침독서 '추천도서' 선정
- 서울대 영재교육원 '추천도서' 선정

### 화가의 날선 붓으로 그린 판결문
# 미술관에 간 법학자
| 김현진 지음 | 424쪽 | 22,000원 |

"예술은 우리가 진실을 깨닫게 하는 거짓말이다."
_ 파블로 피카소

진실을 밝히는 미술과 법에 얽힌 25가지 불꽃논쟁들!